糖料产业技术体系丛书

XIANDAI GANZHE
BINGCHONGCAOHAI
ZHENZHI CAISE TUPU

# 现代甘蔗病虫草害诊治彩色图谱

黄应昆　李文凤　主编

中国农业出版社
北　京

# 内容提要

甘蔗是我国主要的糖料作物，在推进现代甘蔗产业过程中，有效防控甘蔗病虫草害是“双高”甘蔗栽培技术的一个重要环节。实践证明，抓好病虫草害防治工作，能显著提高甘蔗的产量和品质，使甘蔗生产取得更大的社会效益和经济效益。本书以图文并茂的形式，系统地对甘蔗生产中普遍发生的20种病害、41种害虫、7种害虫天敌以及杂草，以清晰的彩色照片和科学、准确的文字进行了描述，内容包括病害发生为害、症状识别、侵染流行特点、防治措施，害虫发生为害、形态识别、生活习性及发生规律、防治措施，害虫天敌的寄生（捕食）特点、形态识别、生活习性及发生规律、保护利用途径，蔗田主要杂草及分布、田间消长规律和化学防除等。

本书内容新颖、通俗易懂，具有科学性、准确性、实用性和可读性的特点，可供科研、教学、生产、管理等有关方面人员及农业院校师生阅读、参考。

# 编写人员名单

**主　编**　黄应昆　李文凤

**编　者**　黄应昆　李文凤　张荣跃
李　婕　卢文洁　李银煳
李庆红　单红丽　王晓燕
王长秘

# 前言

甘蔗是世界上重要的经济作物，也是食糖的主要来源。在我国，蔗糖产量占全国食糖总产量的90%以上，我国成为继巴西、印度之后的世界第三大产糖国家。蔗糖产业已成为我国区域经济发展的重要支柱和部分地区农民增收、地方财政增长的主要来源。但是，随着甘蔗生产的发展、农业耕作制度的变革、频繁的引种、化学农药的滥用，再加上气候和环境复杂多变，随之而来的病、虫、草害往往给甘蔗生产带来很大的损失，且发生程度日趋严重。据不完全统计，全世界甘蔗有害生物种类多达1 770多种，其中甘蔗病害120多种，甘蔗害虫1 000多种，蔗田杂草600多种，蔗田害鼠50多种。联合国粮食及农业组织（FAO）统计显示，全球农作物遭受病、虫、草等为害，收获前产量平均损失30%～35%。有害生物造成甘蔗生产的潜在损失率达15%～30%。在推进现代甘蔗产业过程中，品种是基础，栽培是关键，病、虫、草害是最大威胁。防治甘蔗病、虫、草害是甘蔗栽培的一个重要环节。实践证明，如果抓好病、虫、草害防治工作，不仅能显著提高甘蔗的产量和品质，而且可使甘蔗生产取得更大的社会效益、经济效益和生态效益。多年来，我国甘蔗科研院所、糖料产业技术体系从生产实际出发，针对我国蔗区主要病、虫、草害进行了系统的深入研究，明确了不同蔗区主要病、虫、草害的分布、发生及消长规律，总结制定了切实可行的综合防治技术，积累了大量的基础资料和实物图片，取得了一批成果，为我国蔗糖产业的降耗增效提供了强有力的技术支撑。但是，生产中广大农技人员、蔗农对于一些甘蔗病、虫、草害往往难以识别，不知如何防治，进而错过防治时机，最终发展成灾，损失严重，在一定程度上影响了我国蔗糖产业的发展。针对当前甘蔗生产中存在的病、虫、草害防治问题，为帮助广大的甘蔗生产者和科技人员了解和掌握蔗区病、虫、草害的种类、分布及为害等情况，提高甘蔗病、虫、草害的科学防控水平，有效控制病、虫、草害的发生，增强减灾防灾夺丰收能力，确保甘蔗品种质量和甘蔗生产安全，我们在有关部门的鼓励和大力支持下，结合我国现代甘蔗科技发展和蔗区生产实际，认真总结和整理多年来的科技成果及图片资料，编写了这本《现代甘蔗病虫草害诊治彩色图谱》。

本书以图文并茂的形式，系统地对甘蔗生产中普遍发生的20种病害、41种害虫、7种害虫天敌以及主要杂草，以清晰的彩色照片和科学、准确的文字进行了描述，内容包括病害发生为害、症状识别、侵染流行特点、防治措施，害虫发生为害、形态识别、生活习性及发生规律、防治措施，害虫天敌的寄生（捕食）特点、形态识别、生活习性及发生规律、保护利用途径，蔗田主要杂草及分布、田间消长规律和化学防除。本书可供甘蔗科研、教学、生产、管理等有关方面人员及农业院校师生阅读和参考。

《现代甘蔗病虫草害诊治彩色图谱》由云南省农业科学院甘蔗研究所组织编写，财政部和农业农村部国家现代农业产业技术体系专项资金、云岭产业技术领军人才培养项目资金提供资助。本书在编写过程中参阅和引用了同行的有关资料和图片，在此表示感谢。

由于编写时间有限，如有不足之处，望读者批评指正。

编　者

2022年1月29日

# 目录

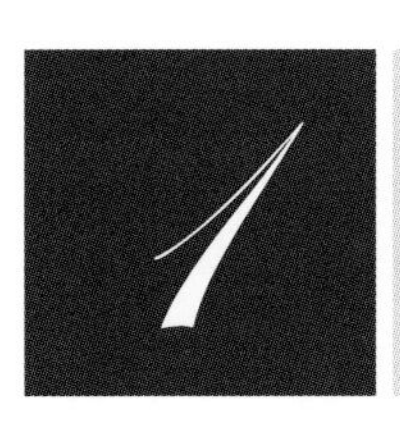

# 甘蔗重要病害诊治

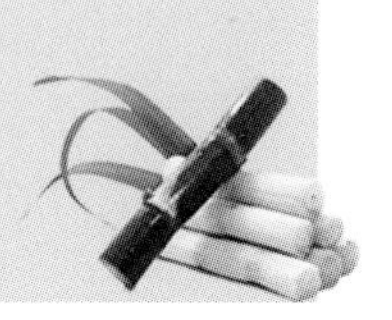

目前世界已发现的甘蔗病害有120种以上，我国报道的有60多种。掌握蔗区病害的种类、为害和分布等情况，可为甘蔗抗病育种、引种检疫、病害防治和研究提供科学依据。我国甘蔗产区冬春干旱，夏秋炎热，降水量充沛。春季气温回升时，如遇寒流降温降水，再加管理不善，冬春植蔗易受凤梨病为害，宿根蔗易受赤腐病为害；若整个苗期都处在干旱季节，则黑穗病易大量发生，造成缺塘断垄。6月以后，高温高湿，梢腐病、锈病、褐条病、叶焦病、黄点病、眼斑病、轮斑病等病害极易发生流行，尤其近几年引种频繁，蔗区间相互调种，使得一些危险性种传甘蔗病害（宿根矮化病、白条病、花叶病、黑穗病、黄叶病等）随种苗在蔗区间相互传播蔓延，发生更普遍，为害更严重，严重影响甘蔗产量、品质和宿根年限，给甘蔗安全生产带来了严重隐患。为科学防控甘蔗病害传播蔓延为害，增强减灾防灾能力，确保甘蔗品种质量和甘蔗生产安全，本章系统地对甘蔗生产中普遍发生的20种病害，以清晰的彩色照片和科学、准确的文字进行了描述，内容包括病害发生为害、症状识别、侵染流行特点、防治措施。

## 1.1 甘蔗凤梨病（sugarcane pineapple disease）

**【发生为害】**甘蔗凤梨病由一种真菌引起，病原菌有性阶段为奇异长喙壳［*Ceratocystis paradoxa*（Dade）Moreau］，在自然界很少产生，无性阶段为奇异根串珠霉［*Thielaviopsis paradoxa*（de Seynes）V. Hvohn］。此菌寄主范围很广，除甘蔗外还有菠萝、香蕉、玉米、芒果、可可、椰子和油棕等。此病于世界各植蔗国家和地区均有发生，是甘蔗萌芽期的重要病害。此病常为害蔗种、蔗桩，使其腐烂坏死、不能萌芽，造成缺塘断垄，损失惨重。

**【症状识别】**此病在储藏和播种期间，从蔗种的切口、蔗桩的断面侵入，感病初期常产生菠萝香味，病菌沿病部蔓延到蔗芽，使蔗种不萌发就死亡。感病蔗种两端切口初为淡红色，后出现黑斑，内部组织变为赤红色，并长出黑色烟煤状物（病菌的分生孢子），被害组织腐烂、髓部变黑，形成黑色圆柱体，日久只残存如散发状的黑色纤维。

**【侵染流行特点】**凤梨病的初侵染来源主要是带病菌的蔗种和土壤，以及蔗田附近其他感病寄主植物。气流、灌水、切蔗种的刀和昆虫等也可传播病菌。小分生孢子易萌发，靠风、灌溉水和昆虫传播，进行重复侵染。长期的低温和高湿是凤梨病发病严重的两个主导诱因。土壤黏重的蔗田，灌溉后立即犁翻，整地种植，易造成土壤板结，蔗种萌发缓慢，病害常常严重发生；冬植蔗、早春植蔗下种后遇低温阴雨，土壤排水不良时，发病严重；秋植采种宿根蔗及早春收砍宿根蔗易发生凤梨病引起败蔸；连作病重；蔗种运输、堆积时间长也易感病。

**【防治措施】**农业防治和药剂防治相结合是目前防治凤梨病最主要的方法。药剂防治是用杀菌剂进行种苗消毒来保护切口，减少病菌的侵害；农业防治是采取良好的栽培措施，促进蔗种在种植后早萌发和出土后早生快发。

（1）选种抗病良种。选用无病、健壮的蔗苗作种。

（2）选用梢头苗。梢头苗萌芽快，感病较轻。

（3）掌握下种适期。要求在下种后有适宜的温湿度（春植立春以后，秋植白露至寒露）。

（4）冬植、早春植蔗采用地膜覆盖，可起到保温保湿的作用，能促使蔗种早萌发，可以减轻凤梨病菌的侵害。

（5）重病区种苗消毒、浸种处理。选用2%～3%石灰水浸种12～24小时，或用50%多菌灵可湿性粉剂、70%甲基硫菌灵可湿性粉剂、32.5%苯醚甲环唑·嘧菌酯悬浮剂、28.7%精甲霜灵·咯菌腈·噻虫嗪悬浮种衣剂1 000倍液浸种3～5分钟。

（6）重病区秋植采种宿根蔗及早春收砍留养宿根蔗田块易发生凤梨病引起败蔸，可选用2%～3%石灰水、32.5%苯醚甲环唑·嘧菌酯悬浮剂、28.7%精甲霜灵·咯菌腈·噻虫嗪悬浮种衣剂或50%多菌灵、70%甲基硫菌灵可湿性粉剂600～800倍液均匀喷淋蔗桩进行消毒处理。

## 1.2 甘蔗眼斑病（sugarcane eye spot disease）

**【发生为害】**甘蔗眼斑病又名眼点病，属真菌病害，是由一种长蠕孢菌［*Helminthosprium sacchari*（van Breda de Haan）Butler.］引起的。此病原菌的有性阶段至今未被发现，只有分生孢子世代（即无性阶段）。除为害甘蔗外，也为害石茅、紫叶狼尾草、象草。眼斑病是甘蔗的一种毁灭性叶斑病，广泛分布于世界植蔗国家和地区，我国各蔗区均有发生，20世纪70—80年代曾在广东、云南等局部蔗区大发生流行。病菌在有利条件下极易发生流行，为害成灾。对一些易感染的甘蔗品种，可造成严重的损失。眼斑病除了影响甘蔗产量外，还会影响蔗糖分。

**【症状识别】**甘蔗眼斑病主要为害甘蔗叶片和蔗茎顶部。发病初期在嫩叶上出现水渍状小点，4～5天后扩展为长5～12毫米、宽3～6毫米的窄形病斑，其长轴与叶脉平行。病斑中央呈红褐色，周围有淡黄色的外晕，形状像眼睛，故称眼斑病。随后病斑顶端出现1条与叶脉平行的坏死病条，这些病条多向叶尖方向延伸，很少向叶鞘伸长。此后病斑和病条互相连合，大量的叶片组织坏死，嫩茎发生顶腐，整株甘蔗枯死。在适宜条件下，病斑生出暗色霉状物，为病菌分生孢子梗及分生孢子。发病严重时，常造成大面积甘蔗枯死，严重影响甘蔗产量和糖分。经测定感病品种印度419感病后，蔗茎质量减少33%，糖锤度减少50%，蔗糖分减少70%，重力纯度降低35%，可回收的糖减少60%。

**【侵染流行特点】**田间病株上产生的分生孢子是初次侵染的主要菌源。病斑上产生的大量分生孢子，主要依靠风和雨传播。分生孢子落在甘蔗叶片上，遇到雨水或露水便萌发，幼嫩叶片比老叶片更容易受到侵染。在病菌适宜生长的情况下，病菌繁殖很快，侵染周期很短，仅需5～7天菌体便能在病斑内发育成熟并产生新的分生孢子进行重复侵染。高温高湿条件下病害易发生，但在温度较低和降水量较多的条件下，病害也易发生。所以本病从6—7月开始发生，9—10月为发病高峰期。特别是在相对湿度高、连绵阴雨天、晨露重的天气和土壤肥沃或重施氮肥的蔗田，病害常暴发流行。印度290、印度419、新台糖23号、粤糖57-423、云蔗81-173、福农81-745、闽糖86-05、闽糖07-2005、勐蔗92-246、黔糖3号、云蔗11-3898、闽糖07-2005、柳城07-506、海蔗22号等易感病；而粤糖86-368、粤糖93-159、粤糖00-236、粤糖55号、桂糖29号、桂糖31号、云蔗99-91、云蔗03-194、云蔗05-49、云蔗05-51、福农91-21、福农38号、福农39号、福农42号、闽糖69-421、柳城05-136、黔糖5号、粤甘34号、粤糖40号、粤甘46号、云蔗08-1609、桂糖30号、桂糖32号、桂糖44号、柳城03-182、柳城07-500、福农0335及新台糖系列等较为抗病。

**【防治措施】**

（1）选用抗病品种。这是防治眼斑病最经济有效的方法。

（2）合理施肥。增施磷肥、钾肥，避免重施氮肥，以增强甘蔗的抗病能力。

（3）搞好排灌系统。及时排除蔗田积水，降低田间湿度，减少病原菌的侵染。

（4）除去病叶、老叶和无效分蘖，既可以减少侵染源，亦可改善蔗田通风透光，减轻病害的发生。

（5）发病初期喷施40%稻瘟净乳油和75%百菌清、50%克菌丹、40%菌核净等可湿性粉剂500～800倍液或1%波尔多液，有一定的防治效果。

## 1.3 甘蔗黑穗病（sugarcane smut）

**【发生为害】**甘蔗黑穗病又称鞭黑穗病、黑粉病、灰包病，是一种世界性分布的重要病害。它由一种真菌引起，即甘蔗鞭黑粉菌（*Ustilago scitaminea* Sydow）。病原菌在寄主体内属系统性寄生，除寄生甘蔗外，还寄生白茅。病原菌致病性和生理小种分化现象普遍存在，即不同蔗区存在不同的生理小种，不同小种对相同的甘蔗品种有不同的致病力，不同的甘蔗品种对相同的黑穗病菌生理小种的抗病力也有很大的差异。20世纪70年代以来已有几个国家（地区）报道了生理小种的分化，夏威夷存在A和B2个生理小种，巴西至少存在2个小种，巴基斯坦有5个小种。中国台湾存在小种1、小种2和新小种3，中国大陆仅许莉萍等初步报道存在2个生理小种，即小种1和小种2。黑穗病最初于1877年前后在纳塔尔栽培甘蔗的生长早期被发现，此后在东半球的甘蔗产区（包括中国）逐渐流行，直到1940年在阿根廷的图库曼被发现，迄今已遍布世界各甘蔗种植区，并成为几大蔗区的重要病害之一，造成较大的经济损失。该病曾在阿根廷、印度、巴西、津巴布韦、美国、古巴、菲律宾等国家或地区严重流行，从而危及制糖工业。该病于我国台湾曾发生过几次大流行。近年来，由于植期多样化、频繁大量从境外引种、蔗区间相互调种，加之甘蔗生长周期长、长期连作、宿根栽培和无性繁殖，导致甘蔗黑穗病在我国福建、云南、广东、广西、海南、四川和浙江等地的主产蔗区普遍发生，并呈日趋加重态势，特别在旱地甘蔗及宿根蔗地上更为严重。

纵观中国甘蔗生产发展史，不同时期的当家品种如印度 419、台糖 134、川糖 61－408、桂糖 11 号、桂糖 12 号等在一定程度上就因为高度感染甘蔗黑穗病造成蔗茎产量和糖分的严重损失而不得不被淘汰；当前主栽品种如新台糖 22 号、闽糖 69－421 等也因高度感染黑穗病而即将面临被淘汰，这在一定程度上严重制约了我国蔗糖产业的持续稳定发展。甘蔗黑穗病是一种系统性病害，历史上此病曾在一些蔗区流行并引起重大的经济损失，至今仍能造成不同程度的经济损失。黑穗病发生的轻重与甘蔗品种的抗病性和感病性有密切的关系，抗病性较强的品种发病率低于 10%，感病品种发病率可高达 50%以上，严重的甚至高达 80%～90%，能造成巨大的经济损失。

**【症状识别】**甘蔗黑穗病最明显特征是被害甘蔗植株梢头长出 1 条黑色鞭状物，称黑穗，长几厘米至几十厘米不等。黑穗不分枝，短的黑穗直或稍弯曲，长的黑穗向下卷曲绕转，中央有一条由薄壁组织和维管束组织构成的心柱，初期呈白色，软脆，后期逐渐变成黑色，坚韧。心柱外面有一层黑粉，是病菌的厚垣孢子。黑粉外面有一层银白色的薄膜，为寄主的表皮，随着孢子成熟，薄膜破裂，大量黑色厚垣孢子随风飞散，最后只剩下心柱。患病蔗株在未产生鞭状物时，可从蔗叶变小而狭长、淡绿，顶叶坚挺，茎细，节疏，分蘖增多呈丛簇状等特征来鉴别。发病严重时大量蔗株不能正常生长，有效茎数减少，造成减产。

**【侵染流行特点】**带病蔗种是远距离传播的来源，病区初次侵染的来源也是带菌的蔗种，感病的宿根蔗、带菌的土壤和田间感病杂草也可能是一些地区的菌种来源。在发病蔗田，厚垣孢子主要靠气流传播，其次靠灌溉水和降水，某些昆虫亦是传病的媒介。落到蔗芽上的厚垣孢子遇水萌发，形成侵染菌丝，随蔗芽的萌发生长，刺激甘蔗生长点而形成鞭状物。成熟的菌丝在鞭状物中产生厚垣孢子，散落在蔗芽上和土壤中进行重复侵染。厚垣孢子在干燥土壤中可存活数月至 1 年，高温高湿有利于病菌萌发和侵染，干旱有利于厚垣孢子在田间积累。所以遇冬春季长期干旱而夏季雨水偏多时，本病常暴发流行。积水低湿的蔗田，蔗株生长不良也容易感染此病。宿根蔗比新植蔗发病重，宿根年限越长发病越重。轮作地发病轻，连作地病菌积累量大因而发病重。精耕细作管理及时，增施有机肥，适当多施磷、钾肥，蔗苗早生快发、长势旺盛的田块发病轻，偏施氮肥的蔗田受害往往较严重。印度 419、台糖 134、新台糖 22 号、粤糖 89－113、桂糖 11 号、桂糖 12 号、云蔗 71－315、川糖 61－408、川糖 3 号、闽糖 69－421、柳城 03－182、粤糖 42 号、粤糖 55 号、粤甘 26 号、粤甘 46 号、桂糖 02－351、桂糖 29 号、云蔗 03－103、云蔗 03－422、云蔗 05－39、云蔗 05－51、云蔗 06－407、云蔗 06－362、云蔗 06－193、云蔗 08－1095、云蔗 09－1601、福农 1110、福农 40 号、福农 09－2201、赣蔗 07－538、柳城 03－1137、柳城 07－500、德蔗 03－83、德蔗 09－78、Q170、粤甘 39 号、粤甘 51 号、粤甘 52 号、云蔗 11－1074、云蔗 11－1204、云蔗 11－3898、云瑞 07－1433、云瑞 10－187、云瑞 12－263、德蔗 12－88、桂糖 42 号、桂糖 08－120、柳城 09－15、柳城 09－19、福农 08－3214、福农 09－12206、中糖 1202、中蔗 13 号等易感病；而新台糖 10 号、新台糖 16 号、新台糖 20 号、粤糖 86－368、粤糖 93－159、粤糖 96－86、粤糖 00－236、粤糖 00－318、粤糖 39 号、粤甘 43 号、桂糖 02－901、桂糖 31 号、云蔗 99－596、云蔗 01－1413、云蔗 03－194、云蔗 03－258、云蔗 04－241、云蔗 06－80、云蔗 08－2060、福农 91－21、福农

15号、福农36号、福农0335、福农07－2020、福农07－3206、赣蔗02－70、柳城05－136、云瑞06－189、黔糖5号、新台糖1号、新台糖25号、粤甘48号、粤甘49号、粤甘50号、云蔗07－2800、云蔗10－2698、云蔗13－1139、云瑞10－701、德蔗09－84、德蔗12－88、桂糖08－1589、福农39号、福农1110、福农11－2907、闽糖11－610、中蔗1号等较为抗病。

**【防治措施】**

（1）选用抗病品种。黑穗病发生的轻重与甘蔗品种的抗病性和感病性有密切的关系，国内外的研究表明，防治甘蔗黑穗病最为经济有效的措施就是选用抗病品种。因此，世界几个主产蔗区如美国、古巴、印度、巴西、澳大利亚、法国以及中国台湾等都把甘蔗无性系对黑穗病的抗性作为品种选择的一个主要目标。然而，由于甘蔗黑穗病菌致病性分化现象以及病菌生理小种-寄主间协同进化现象的普遍存在，从不同品种、不同地区、不同时间等分离的黑穗病菌间有不同的致病性及不同的生理小种。抗某一黑穗病菌生理小种的品种可能不抗其他小种；在一个地区抗病的品种在另一地区可能不抗病；在一个时期抗病的品种，可能一定时间以后，抗病性因病菌生理小种变化而有变化，甚至完全没有抗性。而且，因为品种抗性与小种间不同的缘故，田间甘蔗黑穗病的传播速度、为害程度及抗病品种的使用效果也各不相同。因此，弄清一个蔗区甘蔗黑穗病菌的生理小种类型、优势小种及其分布，以及主要栽培品种、推广品种和种质资源对这些小种的抗性程度，并且了解一个地区小种的变化趋势，可以针对性地选育和利用抗病品种，控制黑穗病的发生，避免造成重大的经济损失，还可用于指导制定合理的品种计划。

（2）种苗处理。2%～3%石灰水浸种24小时；52℃热水浸种20分钟；40%拌种双可湿性粉剂、40%拌种灵可湿性粉剂、25%三唑酮可湿性粉剂、80%代森锰锌可湿性粉剂、2.5%灭菌唑悬浮种衣剂500～800倍液浸种10分钟，有一定的防治效果；用50℃热水浸种2小时可彻底防除病菌。

（3）选择无病或少病种苗。在热水处理的基础上建立无病苗圃，种植无病材料，或在田间选择无病的田块留种等。

（4）清除田间侵染源。蔗田带菌的枯叶、残根、残茎和土壤是次年的主要初侵染源，病菌经传播扩散后会对蔗芽进行侵染为害。此外，宿根病蔗残留的病菌也会对蔗株造成侵染为害。因此，清除田间的病枯叶、残根、残茎、病宿根以及深翻土壤可以减少次年侵染源。

（5）加强田间管理。下种前施足基肥，适时灌溉，及时施肥培土，合理施用氮、磷、钾肥，促使蔗苗生长健壮，增强蔗株的抗病力；及时拔除病株（注意掌握在黑穗抽出前或鞭状物的白膜未破裂前拔出），并集中销毁，减少重复侵染源，控制病原菌扩展蔓延。

（6）合理轮作。重病区减少宿根年限，加强与水稻、玉米、甘薯、花生、黄豆、苜蓿等非感病作物轮作以避免病菌长期侵染为害甘蔗。

## 1.4 甘蔗赤腐病（sugarcane red rot disease）

**【发生为害】**甘蔗赤腐病又名红腐病，是由一种真菌引起的甘蔗病害。病原菌的无性阶段是镰形刺盘孢（*Colletotrichum falcatum* Went），有性阶段为图库曼囊孢壳（*Physa-*

*lospora tucumanensis* Spe.)。寄主主要有甘蔗、高粱、石茅等。赤腐病是我国分布发生较普遍的病害，各植蔗省份均有其相关报道，在甘蔗整个生长期都能发生为害。本病以为害蔗茎和叶片中脉为主，也为害叶鞘和宿根蔗桩。叶中脉染病，一般对产量的影响不大。但由于病部会产生大量分生孢子，因此成为蔗茎赤腐病的接种体的主要来源。蔗茎受害后，病菌分泌蔗糖转化酶，使蔗汁重力纯度降低，使蔗糖分减少，此外病部的红色素还给蔗糖生产工艺带来难度。发病率高时对产量造成影响。若蔗种带病则常使蔗芽不能萌发，造成严重缺株。2017—2021 年，广西及云南临沧、普洱、玉溪、西双版纳、红河等地的主产蔗区因螟害严重损坏蔗茎、蔗头，引发蔗茎、蔗头赤腐病暴发成灾，减产减糖严重。

**【症状识别】**甘蔗赤腐病为害蔗叶中脉，初生红色小点，进而沿中脉上下扩展成纺锤形或长条形赤色斑，中央枯白色，并生出黑色小点，为病菌的分生孢子盘，一条中脉上常有多个病斑，病部后期破裂，叶片常因此而折断。受害蔗茎，初期外表症状不明显，但内部组织变红并向上下扩展，可贯穿几个节间，变色部分常夹杂圆形或长圆形的白色斑块，若为长圆形时则与蔗茎垂直，嗅之有似淀粉发酵的酸味。后期病茎的表皮皱缩、无光泽、有明显的红色斑痕，其上着生褐色分生孢子盘，髓部中空，充满灰白色菌丝，茎内组织腐败干枯，上部叶片失水凋萎，严重时整株枯死。宿根蔗桩受害易引起腐烂，影响萌发。发病严重时常使甘蔗生长不齐和严重缺株，有效茎数减少，造成减产。

**【侵染流行特点】**病菌以菌丝、分生孢子和厚垣孢子在蔗种、病株和土壤里越冬，第二年进行初次侵染。病叶上病菌的分生孢子或厚垣孢子借风雨、昆虫等传播进行重复侵染。幼苗的发病与蔗种的带菌有直接关系。病菌主要通过伤口如螟害孔、生长裂缝和机械伤口等侵入叶片和茎内组织。所以螟害严重的地方蔗茎赤腐病也会严重发生。冬春植蔗下种后常因低温阴雨发芽慢，抗病力弱和湿度大的环境易诱发此病而造成缺株；土壤过湿、过酸也有利于病害发生。暴风雨多，机械损伤率高，或虫害严重、虫孔多，则发病严重。印度 290、桂糖 15 号、桂糖 42 号、桂糖 49 号、桂糖 55 号、川糖 79－15、新台糖 1 号、粤糖 93－159、新台糖 22 号、云蔗 05－51 等品种易感病；粤糖 86－368、粤糖 00－236、粤糖 55 号、桂糖 02－901、桂糖 29 号、桂糖 31 号、云蔗 99－91、云蔗 99－596、云蔗 01－1413、云蔗 03－194、云蔗 05－49、福农 91－21、福农 15 号、福农 38 号、福农 39 号、闽糖 69－421、柳城 05－136、新台糖 10 号、新台糖 20 号、粤糖 40 号、粤甘 46 号、海蔗 22 号、云蔗 08－1609、桂糖 30 号、桂糖 44 号、柳城 07－500 及新台糖系列等品种较为抗病。

**【防治措施】**

（1）选种抗病品种。

（2）选用无病、无螟害种苗，病区留种应尽量选用梢头苗。

（3）种苗消毒。1%硫酸铜液浸种 2 小时；50%苯菌灵可湿性粉剂、75%百菌清可湿性粉剂 1 000～1 500 倍液加温至 52 ℃浸种 20～30 分钟。

（4）冬植、早春植蔗采用地膜覆盖，促进早萌芽，避过病菌的侵袭。

（5）加强田间管理，及时消灭蔗螟等害虫，防除田间杂草，促进蔗苗生长健壮，增强抗病能力。

（6）实行轮作，适当减少宿根年限。

（7）甘蔗收获后及时清除销毁田间病株残叶。

（8）结合宿根管理，用50%多菌灵可湿性粉剂1 500克/公顷+75%百菌清可湿性粉剂1 500克/公顷+磷酸二氢钾2 400克/公顷，兑水900千克，人工或用机动喷雾器均匀喷淋蔗蔸后及时常规盖膜或全膜盖膜；7—8月结合梢腐病防控，选用50%多菌灵悬浮剂1 500毫升/公顷+72%百菌清悬浮剂1 500毫升/公顷+磷酸二氢钾2 400克/公顷+农用增效助剂150毫升/公顷；或用50%多菌灵可湿性粉剂1 500克/公顷+75%百菌清可湿性粉剂1 500克/公顷+磷酸二氢钾2 400克/公顷+农用增效助剂150毫升/公顷；或用50%甲基硫菌灵悬浮剂1 500毫升/公顷+25%吡唑醚菌酯悬浮剂750毫升/公顷+磷酸二氢钾2 400克/公顷+农用增效助剂150毫升/公顷，每公顷用药兑水900千克进行人工或用机动喷雾器叶面喷施（或每公顷用药兑飞防专用助剂及水24千克，无人机飞防叶面喷施），每7～10天喷1次，连续喷施2次。

## 1.5 甘蔗梢腐病（sugarcane pokkah boeng disease）

**【发生为害】**甘蔗梢腐病属真菌性病害，病原菌的有性阶段为串珠赤霉菌［*Gibberella moniliformis*（Sheldon）Wineland］，无性阶段为多种镰刀菌单独或复合侵染，包括*Fusarium verticillioides*、*Fusarium proliferatum*、*Fusarium sacchari*、*Fusarium andiyazi*、*Fusarium subglutinans*、*Fusarium incarnatum*和*Fusarium oxysporum*等。目前，我国报道的梢腐病病原菌包括*Fusarium sacchari*、*Fusarium verticillioides*、*Fusarium proliferatum*、*Fusarium andiyazi*和*Fusarium oxysporum*，优势种为*Fusarium verticillioides*。梢腐病菌的中间寄主甚多，就栽培植物而言，有水稻、高粱、玉米、香蕉、南瓜等。甘蔗梢腐病于1890年最先在爪哇被发现，1921年随着POJ2878品种的育成和推广应用，此病在世界各地广泛流行。该病于我国各植蔗省区均有分布为害，20世纪70年代前一般都是零星发生，未对甘蔗生产造成威胁。20世纪80年代曾在广西严重发生，主栽品种桂糖11号病株率高达52.4%，减产14%，锤度降低7%；1989年在珠江三角洲蔗区突然暴发，粤糖57-423和粤糖54-176高度感病，受害面积达400多公顷，发病率30%～50%，高的达80%以上，曾给当地甘蔗生产造成一定程度影响。1998年以来，随着新台糖1号、新台糖10号、新台糖16号、新台糖22号、新台糖25号以及粤糖93-159、福农91-21等感病品种在我国蔗区大面积推广应用，梢腐病发生频繁并呈日趋严重态势，已成为甘蔗生长期的重要病害。2017年以来，感病品种遇上适宜气候条件（多雨高湿）导致梢腐病在广西和云南临沧、玉溪、西双版纳、普洱、红河等主产蔗区大面积暴发危害成灾，减产减糖严重。调查表明，感病品种常使大量蔗茎枯死，病株率60%～100%，甘蔗减产30.2%～48.5%，蔗糖分降低2.13%～4.21%。可见，甘蔗梢腐病发生危害严重，造成甘蔗产量及品质影响巨大，已成为甘蔗产业高质量发展的主要障碍之一。

**【症状识别】**本病主要发生在甘蔗梢头的嫩叶部，初期嫩叶基部处呈现黄白色大斑，病蔗幼叶变形、扭曲，有时形成皱纹状。病斑上长有红褐色小点或小条纹，此条纹逐渐沿叶脉扩张，最后楔形纵裂，形似阶梯。受害叶片的基部通常较健叶狭小，严重时则畸形扭曲或缠结在一起不能展开；当病菌从嫩叶侵染至生长点附近时，便会产生长短不一的红褐色纵向条纹，蔗茎内部和外皮楔形裂开，顶部生长得很细小，严重时梢头腐烂而死。

**【侵染流行特点】**初次侵染主要由田间病株和腐生在病株残余部分的分生孢子导致，随风、雨传播到梢头心叶上，萌芽侵入心叶组织，再从心叶侵入生长点附近的蔗茎，随后病部产生分生孢子，再行重复侵染。高温高湿、通风不良、偏施氮肥等因素有利于此病发生流行；在久旱后遇雨或干旱后灌水过多，都易诱发此病，云南蔗区 7—10 月极易发生。生长势强的品种发病轻，生长势弱的品种发病重，新台糖 1 号、新台糖 10 号、新台糖 16 号、新台糖 22 号、新台糖 25 号、新台糖 26 号以及粤糖 93 - 159、桂糖 02 - 901、桂糖 31 号、云蔗 99 - 91、云蔗 99 - 596、云蔗 03 - 258、云蔗 05 - 49、云蔗 08 - 2060、云蔗 09 - 1601、福农 91 - 21、福农 1110、福农 0335、川糖 79 - 15、柳城 03 - 1137、柳城 07 - 506、云瑞 06 - 189、云瑞 07 - 1433、云瑞 10 - 701、粤糖 86 - 368、粤糖 00 - 236、粤甘 43 号、粤甘 51 号、粤甘 52 号、粤甘 53 号、云蔗 03 - 103、云蔗 08 - 1609、云蔗 11 - 3208、云蔗 11 - 3898、盈育 91 - 59、德蔗 83 - 88、桂糖 42 号、桂糖 55 号、柳城 05 - 136、柳城 09 -19、福农 07 - 2020、福农 08 - 3214、福农 10 - 0574、闽糖 02 - 205、中糖 1301、中蔗 13 号、中蔗 6 号等品种易感病；新台糖 20 号、云引 10 号、云引 58 号、云蔗 03 - 194、云蔗 05 - 51、云蔗 11 - 1074、德蔗 07 - 36、桂糖 30 号、桂糖 36 号、桂糖 40 号、桂糖 44 号、桂糖 06 - 1492、桂糖 06 - 2081、桂糖 08 - 1180、桂糖 08 - 1589、桂糖 11 - 1076、柳城 03 - 182、柳城 05 - 136、柳城 07 - 500、福农 38 号、福农 09 - 2201、福农 09 - 6201、福农 09 - 7111、福农 10 - 14405、福农 11 - 2907、闽糖 06 - 1405、闽糖 11 - 610、闽糖12 - 1404、粤糖 83 - 88、粤甘 46 号、粤甘 47 号、粤甘 48 号、粤甘 49 号、海蔗 22 号等品种较抗病。土壤肥力差、氮素不足、生长缓慢，或氮素过多、甘蔗组织纤弱，均易发病。

**【防治措施】**

（1）选用抗病品种，选用生长势强的品种。

（2）加强田间水肥管理，合理施肥，避免施用过量的速效氮肥；及时排除蔗田积水，使甘蔗正常生长，增强抗病力。

（3）及时清除发病蔗田中的病株，减少重复侵染源，控制扩展蔓延。

（4）甘蔗收获后，及时清除蔗地中的病叶及病株残体，集中销毁病株，以减少侵染源。

（5）加强田间病情监测，7—8 月梢腐病发病初期，选用 50%多菌灵可湿性粉剂 1 500 克/公顷＋75%百菌清可湿性粉剂 1 500 克/公顷＋磷酸二氢钾 2 400 克/公顷＋农用增效助剂 150 毫升/公顷人工或机动喷施，50%多菌灵悬浮剂 1 500 毫升/公顷＋72%百菌清悬浮剂 1 500 毫升/公顷＋磷酸二氢钾 2 400 克/公顷＋农用增效助剂 150 毫升/公顷或 50%甲基硫菌灵悬浮剂 1 500 毫升/公顷＋25%吡唑醚菌酯悬浮剂 750 毫升/公顷＋磷酸二氢钾 2 400 克/公顷＋农用增效助剂 150 毫升/公顷无人机飞防喷施，每公顷用药兑水 900 千克进行人工或机动喷雾器叶面喷施（或每公顷用药兑飞防专用助剂及水 24 千克，无人机飞防叶面喷施），每 7～10 天喷 1 次，连续喷施 2 次。

## 1.6 甘蔗褐条病（sugarcane brown stripe disease）

**【发生为害】**甘蔗褐条病属真菌性病害，病原菌的有性阶段为狭斑旋孢腔菌［*Coch-*

*liobolus stenospilus* (Drech.) Mat. and Yam.]，无性阶段为狭斑平脐蠕孢[*Bipolaris stenospila* (Drech.)] 和狗尾草平脐蠕孢[*Bipolaris setariae* (Sawada) Shoemaker]。寄主主要有甘蔗、玉米、石茅、稗、狐尾草等。甘蔗褐条病是为害甘蔗叶部的重要病害之一，于1924年最先在古巴被发现，至今已有20多个植蔗国家报道发生此病。我国各植蔗省区都有发生褐条病的报道。该病在云南蔗区分布广泛，以前一般都是零星发生，对甘蔗生产威胁不大。但近年来，全球气候异常，该病在大部分蔗区时常发生流行，尤其是在大面积种植感病品种新台糖25号、粤糖93-159、桂糖02-761、桂糖42号、福农91-21、柳城03-1137的蔗区。长期连续种植甘蔗的宿根田块发病更重，蔗株发病率达80%以上，一眼望去似火烧状。

**【症状识别】**病斑最先发生于嫩叶，初期呈透明水渍状小点，之后病斑很快向上下扩展为水渍状条斑，与主脉平行。后变为黄色，并在病斑中央出现红色小点，不久后整个病斑都变成红褐色，周围有狭窄的黄晕，在阳光透射下特别明显，病斑在叶片两面表现相同。成熟的条斑一般长5～25毫米，有时甚至达50～75毫米，宽一般为2～4毫米。与甘蔗眼斑病不同，甘蔗褐条病没有向叶尖延伸的坏死病条，很少发生顶腐。本病发病严重时，条斑合并成大斑块，使叶片提早干枯，甘蔗生长受抑制，叶片减少，植株矮小，造成减产减糖。发病严重田块，一般减产19%～32.8%，重的可达40%以上，蔗糖分降低1.38%～3.71%。

**【侵染流行特点】**留在田间的病株残叶和生长在蔗田中的病株是本病的初次侵染菌源，病斑产生大量分生孢子后，借气流传播蔓延。分生孢子在湿润的叶片上萌芽，主要通过气孔侵入。从病斑上不断产生分生孢子进行重复侵染。褐条病不能由蔗种带菌传病，但附着在蔗种上的病叶所产生的分生孢子也可成为初次侵染源。该病在贫瘠或缺磷的土壤上发生严重；宿根蔗较新植蔗发病重；低温多雨、长期的阴雨天易暴发流行。新台糖20号、新台糖25号、粤糖93-159、粤糖00-236、粤糖55号、粤甘24号、粤甘42号、桂糖11号、桂糖02-761、桂糖30号、桂糖31号、桂糖32号、云蔗99-596、云蔗03-194、福农91-21、福农0335、福农40号、福农09-4095、闽糖69-421、闽糖02-205、柳城03-1137、柳城07-506、云瑞07-1433、黔糖3号、粤甘42号、粤甘43号、粤甘50号、粤甘53号、海蔗22号、桂糖40号、桂糖42号、桂糖49号、桂糖08-120、桂糖13-334、桂糖14-811、桂南亚14-6210、云蔗01-1413、云瑞10-187、德蔗12-88、福农41号、福农07-3206、福农08-3214、福农09-6201、福农09-4095、福农09-12206、福农10-0574、闽糖07-2005、闽糖11-610、中蔗6号、中蔗10号、中糖1201、中糖1211等品种易感病；新台糖10号、新台糖16号、新台糖22号、新台糖26号、粤糖86-368、粤糖00-318、桂糖02-467、云蔗99-91、云蔗05-49、云蔗05-51、福农15号、福农36号、福农38号、福农39号、川糖13号、柳城05-129、柳城05-136、柳城07-536、黔糖5号、新台糖1号、粤糖83-88、粤甘48号、粤甘51号、云引10号、云引58号、云蔗08-1095、云蔗08-1609、云蔗11-1204、云蔗11-3208、盈育91-59、德蔗07-36、桂糖36号、桂糖44号、桂糖08-1180、桂糖11-1076、柳城03-182、柳城07-150、柳城09-15、柳城09-19、福农09-2201、福农10-14405、闽糖12-1404、川糖79-15、中蔗13号等品种较抗病。抗病品种的茎和叶片含硅质比感病品种多。

**【防治措施】**

（1）选用抗病品种。

（2）培肥土壤，增施有机肥，适当多施磷、钾肥，可减少褐条病的发生。

（3）穴植配施硅肥，可增强蔗株的抗病能力，减轻病害。

（4）及时去除发病严重的病叶，减少田间菌源，控制传播蔓延。

（5）剥除老脚叶，间去无效株、病弱株，使蔗田通风透气，降低蔗田湿度，可以减轻病害发生。

（6）加强田间病情监测，7—8月褐条病发病初期，选用50%多菌灵可湿性粉剂1 500克/公顷+75%百菌清可湿性粉剂1 500克/公顷+磷酸二氢钾2 400克/公顷+农用增效助剂150毫升/公顷人工或机动喷施，也可用50%多菌灵悬浮剂1 500毫升/公顷+72%百菌清悬浮剂1 500毫升/公顷+磷酸二氢钾2 400克/公顷+农用增效助剂150毫升/公顷或50%甲基硫菌灵悬浮剂1 500毫升/公顷+25%吡唑醚菌酯悬浮剂750毫升/公顷+磷酸二氢钾2 400克/公顷+农用增效助剂150毫升/公顷无人机飞防喷施，每公顷用药兑水900千克进行人工或机动喷雾器叶面喷施（或每公顷用药兑飞防专用助剂及水24千克，无人机飞防叶面喷施），每7～10天喷1次，连续喷施2次。

## 1.7 甘蔗黄斑（点）病（sugarcane yellow spot disease）

**【发生为害】**甘蔗黄斑（点）病又称赤斑病，由散梗尾孢［*Cercospora koepkei* Kruger］引起，属真菌病害。黄斑（点）病是甘蔗叶部病害中最常见的一种，遍及世界植蔗国家和地区，我国各蔗区常发生流行，近年来于滇西南湿热蔗区发生较多。甘蔗受害后叶片绿色组织面积减少并早衰，严重阻碍蔗叶的光合作用，影响产量和蔗糖分。高度感染的品种枯叶面积达25%～35%，特别是早期收获的甘蔗含糖率显著减少，一般蔗糖损失率为25%～30%。

**【症状识别】**此病除新叶和梢头最嫩的2～3片叶外，其他叶片均可侵染。发病初期叶片上出现边缘不整齐的黄色小点，随着病情的发展，斑点逐渐扩大形成不规则或星形病斑，后期病斑相连成片变为赤红色。通常在蔗株叶片上黄斑和赤斑同时发生，严重的全叶变赤黄色。一般感病叶从叶尖端向下逐渐枯死。气候潮湿时病斑背面可长出浅灰色霉层，为病菌的分生孢子梗和分生孢子。

**【侵染流行特点】**甘蔗黄斑（点）病的病原菌不存在病株的蔗茎内，因此不能由蔗种带菌传染。病菌可在土壤中、枯叶上潜伏生存，也可在病叶组织内以菌丝形态越冬，埋在土中病叶上的分生孢子，一般能存活3周以上。分生孢子借气流和雨水传播，萌芽后从气孔侵入或直接侵入叶片组织。病斑产生不久即长出大量分生孢子，不断引起再次侵染。本病在高温多湿的环境下最容易发生流行。当高温多雨、土壤及空气湿度大、通风透光性差、偏施氮肥时，此病常严重发生。合理施肥、生长正常、通风透光好的蔗田发病较轻。在蔗田上风位发病较轻。选蔗3号、垄垦80-27、元江76-14、印度419、台糖134、粤糖55号、桂糖31号、云蔗99-596、福农0335、赣蔗07-538等品种较感病，粤糖86-

368、粤糖93－159、粤糖00－236、桂糖02－467、桂糖29号、云蔗99－91、云蔗01－1413、云蔗05－49、云蔗05－51、福农15号、福农36号、福农38号、福农39号、柳城05－129、柳城05－136、柳城07－536及新台糖系列等品种较抗病。

**【防治措施】**

（1）选种抗病品种。

（2）加强栽培管理，防止积水，合理施肥，增施有机肥，多施磷、钾肥。

（3）及时剥除病叶，间去无效、病弱株，以改善田间湿度及透气性，并可减少侵染源。

（4）甘蔗收获后及时清除病株残叶，减少田间菌源。

（5）发病初期喷药防治，可用50%苯菌灵可湿性粉剂、50%多菌灵可湿性粉剂600～1 000倍液、30%王铜可湿性粉剂200～300倍液或1%波尔多液喷雾，每周1次，连续喷2～3次，或用0.5千克硫黄粉加2千克石灰粉混匀在晨露未干时喷洒在叶上，也有一定的效果。

## 1.8 甘蔗轮斑病（sugarcane ring spot disease）

**【发生为害】**甘蔗轮斑病又称环斑病，属真菌病害，病原菌的有性阶段为甘蔗小球腔菌（*Leptosphaeria sacchari* Breda de Haan），无性阶段为蔗生叶点菌（*Phyllosticta saccharicola* P. Henn）。甘蔗轮斑病是为害甘蔗叶片的一种常见病害，各蔗区均有分布。此病主要为害老叶，对甘蔗生产一般不会造成大的经济损失。

**【症状识别】**轮斑病主要发生在叶片上，但也可发生在叶鞘上，有时在茎上出现。发病初期出现稍呈长方形的斑点，边缘有一狭窄的黄晕。病斑大小一般为（2.5～4）毫米×（10～12）毫米，病斑扩大后呈不规则形，几个病斑可合并成大的红褐色斑块。老病斑的中央常为黄色，有明显的淡红色边缘。此病多在老叶上发生，当条件适宜、发病严重时，最高肥厚带以下的所有叶片均被感染，甘蔗生长受抑制，产量和糖分受影响。

**【侵染流行特点】**遗落在土表的病残体和堆置田间附近的病叶是初次侵染的菌源，其子囊孢子随风、雨传播落到蔗叶上，在适宜的条件下即萌发侵入。产生病斑不久即长出大量子囊孢子，不断引起再侵染。高温高湿易发病。当高温多雨、蔗田湿度大、通风透光性差及偏施氮肥时，此病常严重发生。具印度蔗血统的成分比例较高的甘蔗品种易感病；而具割手密血统的成分比例高的甘蔗品种则较抗病。新台糖16号、新台糖22号、粤糖42号、桂糖31号、粤甘24号、云蔗71－388、云蔗03－258、云蔗05－49、云蔗08－2060、福农07－3206、柳城05－136、云瑞06－189、粤甘39号、粤甘59号、云蔗11－1074、云蔗11－3898、云瑞10－701、云瑞11－450、福农09－2201、福农10－14405、闽糖06－1405、桂糖06－2081、桂糖11－1076、中蔗13号易受侵染。

**【防治措施】**

（1）选种抗病品种。

（2）加强田间管理，促进甘蔗健壮生长，增强抗病力。

（3）及早剥除病叶，可控制其扩展蔓延。

（4）甘蔗收获后及时清除病株残叶，减少田间菌源。

（5）发病初期喷 80%代森锰锌可湿性粉剂 500～600 倍液或 1%波尔多液进行防治保护。

## 1.9 甘蔗锈病（sugarcane rust）

**【发生为害】**甘蔗锈病是真菌性病害，包括由黑顶柄锈菌（*Puccinia melanocephala* H. Sydow et P. Sydow）［异名蔗茅柄锈菌（*Puccinia erianthi* Padw. et Khan）］引起的褐锈病和由曲恩柄锈菌［*Puccinia kuehnii*（Kruger）Butler］引起的黄锈病。黄锈病是突发性的，重要性不大，一般不会发展为流行性病害，分布范围相对较窄，主要分布于澳大利亚、印度和中国等地区；褐锈病是流行性的，常常引起病害大发生流行，其广泛分布在印度、中国、澳大利亚、非洲、南美洲和北美洲等地区。该病的病原菌是一种专性寄生菌。甘蔗锈病是世界性的甘蔗重要病害之一，常造成巨大的经济损失。该病最早于 1890 年在爪哇被发现。在印度，自 1949 年以来该病经常发生流行，主栽品种印度 475 曾因高度感病而被迫取消栽种。20 世纪 70 年代后，该病在加勒比海地区（古巴、牙买加等）、澳大利亚、美国、墨西哥、印度、泰国和非洲的毛里求斯等植蔗国家和地区普遍发生，并多次暴发流行。我国于 1977 年首次发生甘蔗锈病，当年台湾主栽品种台糖 176 受害严重；1982 年云南调查发现甘蔗锈病在昌宁、耿马等局部蔗区零星发生，之后在福建、广东、四川、江西、广西、海南等蔗区也先后发生，目前甘蔗锈病已遍及中国各主产蔗区。锈病发病严重的田块，一般减产 17.3%～31.7%，重的可达 40%以上，蔗糖分减少 1.48%～4.24%。

**【症状识别】**甘蔗锈病主要发生在甘蔗叶片上。病叶上最早出现的症状是形成长形黄色小斑点，叶片上下两面均可见。斑点的大小主要在长度上增大，色泽变褐色至橙褐色，周围有一窄小的黄色晕环。后期病斑由于形成夏孢子堆而呈现脓疱状。夏孢子堆大多在叶片下表皮，夏孢子堆在压力作用下胀破表皮释放出高密度的橙色夏孢子，最后病斑变为黑色，其周围叶组织坏死。此病严重时，叶上出现大量病斑，病斑合并而形成大幅不定型的坏死区域，结果蔗叶未熟先死，甚至嫩叶也是这样。

**【侵染流行特点】**病株上残留的病叶和其他中间寄主是主要的侵染来源。由风吹水溅使夏孢子从夏孢子堆迁移到新的侵染位置而发生侵染。病菌只能在活的寄主组织上存活，寄主主要是甘蔗和其他多年生禾本科植物。锈病发生和温湿度有密切的关系，平均温度在 18～26 ℃易发生流行。一般每年 5 月起，云南德宏、西双版纳蔗区的气温非常适合此病流行。但高温不利于夏孢子存活萌发，病菌孢子必须与水膜接触才能萌发，孢子堆的形成也需要较高的相对湿度。雨多、露水重、湿度大时病害容易发生流行。管理不善、土壤贫瘠、甘蔗生长较差的田块锈病发生较重。选蔗 3 号、Q124、P44、桂糖 15 号、桂糖 17 号、桂引 9 号、新台糖 26 号、新台糖 28 号、台糖 90－7909、粤糖 60 号、粤甘 35 号、粤甘 39 号、粤甘 42 号、粤甘 43 号、桂糖 31 号、桂糖 44 号、桂糖 46 号、云蔗 99－599、云蔗 06－407、云蔗 08－1278、云蔗 09－1134、云蔗 09－1601、福农 94－0304、福农 15 号、福农 30 号、福农 39 号、福农 40 号、福农 1110、福农 07－2020、柳城 03－1137、德蔗03－83、德蔗05－77、德蔗09－84、云瑞99－155、粤甘46号、粤甘49号、粤甘52号、海蔗28号、桂糖29号、桂糖32号、桂糖40号、桂糖13－386、柳城07－150、柳城07－506、福农0335、福农08－3214、福农09－12206、福农13－11808、闽糖07－2005、闽糖11－610、巴西45号、云瑞10－187、云瑞12－263、德蔗07－36、中糖1301等品种易感病；新台糖10号、新台糖16号、新台糖25号、粤糖86－368、粤糖93－159、粤糖00－236、粤糖00－318、桂糖02－467、云蔗99－91、云蔗99－596、云蔗01－1413、云蔗03－194、云蔗05－49、云蔗05－51、福农36号、福农38号、闽糖12－1404、柳城05－129、柳城05－136、柳城07－536、新台糖1号、新台糖20号、新台糖22号、粤糖83－88、粤甘34、粤甘48号、粤甘50号、粤甘51号、粤糖40、桂糖30号、桂糖06－1492、桂糖08－120、桂糖08－1180、桂糖08－1533、桂糖11－1076、柳城03－182、柳城07－500、柳城09－15、柳城09－19、云蔗08－1095、云蔗08－1609、云蔗11－1074、云蔗11－1204、云蔗11－3208、云蔗11－3898、云引58号、盈育91－59、德蔗09－78、德蔗12－88、福农09－2201、福农09－6201、福农09－12206、福农09－71111、福农11－2907、闽糖69－421、川糖79－15、中蔗1号、中蔗6号、中蔗13号、中糖1201等品种较抗病。

**【防治措施】**

（1）选种抗病品种，避免栽种感病品种或暂缓栽种感病品种。这是最经济有效的防治甘蔗锈病的措施。

（2）加强水肥管理，防止积水、降低田间湿度。

（3）合理施肥，增施有机肥，多施磷、钾肥，增强蔗株抗病能力。

（4）剥除老叶，间去无效病弱株，及时防除杂草，改善蔗田通风透气程度，降低蔗田湿度。

（5）及时割除发病严重的病叶，减少传播。

（6）甘蔗收获后及时清除销毁病株残叶，压低田间菌源。

（7）药剂防治。加强田间病情监测，6—7月锈病发病初期，选用80%代森锰锌可湿性粉剂1 500克/公顷、65%代森锌可湿性粉剂1 500克/公顷、12.5%烯唑醇可湿性粉剂1 500克/公顷之一＋72%百菌清悬浮剂1 500毫升/公顷＋磷酸二氢钾2 400克/公顷＋农用增效助剂150毫升/公顷；或选用30%苯甲·嘧菌酯悬浮剂900毫升/公顷＋磷酸二氢钾2 400克/公顷＋农用增效助剂150毫升/公顷，每公顷用药兑水900千克进行人工或机动喷雾器叶面喷施（或每公顷用药兑飞防专用助剂及水24千克，无人机飞防叶面喷施），每7～10天喷1次，连续喷施2次。喷药时需做到叶面、叶背喷洒均匀。

## 1.10 甘蔗褐斑病（sugarcane brown spot）

**【发生为害】**甘蔗褐斑病属真菌病害，由长柄尾孢（*Cerccspora longipes* E. J. Butler）侵染引起。此病因使蔗叶产生红褐色斑点而得名，于我国各蔗区均有发生，是甘蔗上的一种常见病害。近年来滇西南湿热蔗区发生较普遍。发生严重时，影响甘蔗产量、蔗糖分和蔗汁重力纯度。

**【症状识别】**甘蔗褐斑病主要为害叶片，发病初期病斑呈卵圆形或线形，病斑扩展后，大小自小斑点至长13毫米不等，由一狭窄的黄色环带或斑点环围绕。老斑点中心干燥变为草黄色，由一红色地带及外面的黄色斑点环围绕。感病的品种斑点较大，常数斑点合并而形成形状不规则的红褐色大斑块。通常斑点数很多，分布于整个叶片上，两表面不相上下。斑点先在老叶上出现，随着蔗株的生长不断地向上侵染。受侵染严重的蔗叶未成熟而先死亡，至生长季末期，由于已死或垂死的蔗叶数多，受害蔗株或整块蔗田常呈现火烧状。发病严重田块，甘蔗产量、蔗糖分和蔗汁重力纯度全都降低，一般产糖量减少12.3%。

**【侵染流行特点】**遗留在土表的病株残体和堆置在田间附近的病叶是初次侵染的菌源，其分生孢子随风、雨传播落到蔗叶上，在适宜的条件下即萌发侵入。低温多雨、长期的阴雨天、土壤及空气湿度大、通风透光性差及偏施氮肥时，此病常严重发生；而在合理施肥、生长正常、通风透光好的蔗田，此病发生较轻。冬季温度低，则次年发病晚、发病程度轻。小茎种甘蔗最易感病，含有割手密遗传性的后代也易感病；一般大茎种甘蔗较抗病。新台糖16号、新台糖22号、云蔗01-1413、粤糖55号、柳城05-136、粤甘39号、粤甘43号、粤甘46号、粤甘51号、福农07-3206、桂糖06-2081、德蔗06-24、福农1110、福农07-3 206、新台糖20号、云引10号、海蔗22号、桂糖06-1492、桂糖08-1180、柳城07-150等品种较感病；新台糖10号、新台糖24号、新台糖25号、新台糖26号、粤糖86-368、粤糖93-159、粤糖00-236、粤糖00-318、桂糖02-467、桂糖29号、云蔗99-91、云蔗05-49、云蔗05-51、福农15号、福农36号、福农38号、福农39号、柳城05-129、柳城07-536、新台糖1号、云蔗08-1609等品种较抗病。

**【防治措施】**

（1）选种抗病品种。

（2）加强栽培管理，防止积水，合理施肥，增施有机肥，多施磷、钾肥。

（3）及时剥除病叶，间去无效、病弱株，以改善田间湿度及通透性，减少侵染源。

（4）甘蔗收获后及时清除病株残叶，减少田间菌源。

（5）发病初期喷药防治，选用50%多菌灵可湿性粉剂1 500克/公顷+75%百菌清可湿性粉剂1 500克/公顷+磷酸二氢钾2 400克/公顷+农用增效助剂150毫升/公顷，人工或机动喷施也可用50%多菌灵悬浮剂1 500毫升/公顷+72%百菌清悬浮剂1 500毫升/公顷+磷酸二氢钾2 400克/公顷+农用增效助剂150毫升/公顷，或用50%甲基硫菌灵悬浮剂1 500毫升/公顷+25%吡唑醚菌酯悬浮剂750毫升/公顷+磷酸二氢钾2 400克/公顷+农用增效助剂150毫升/公顷无人机飞防喷施，每公顷用药兑水900千克进行人工或机动喷雾器叶面喷施（或每公顷用药兑飞防专用助剂及水24千克，无人机飞防叶面喷施），每7～10天喷1次，连续喷施2次。

## 1.11 甘蔗叶焦病（sugarcane leaf scorch disease）

**【发生为害】**甘蔗叶焦病也称叶烧病或焦枯病，属真菌病害，由甘蔗壳多孢（*Stagonospora sacchari* Lo and Ling）侵染引起。叶焦病最初于1948年在我国台湾中部的蔗区被发现，随后扩展蔓延至整个台湾的蔗区，为害严重时整块蔗田似被火烤过一样，产糖量损失可达25%，为当地甘蔗的主要病害。随后该病继续传播，阿根廷、孟加拉国、古巴、斐济、印度、印度尼西亚、日本、尼日利亚、巴拿马、巴布亚新几内亚、南非、泰国、委内瑞拉、越南、肯尼亚等国均有该病的报道。1983年以来，该病在滇西的陇川、滇南的开远等局部蔗区的一些品种上有零星发生。20世纪90年代末，在广东湛江和云南蒙自蔗区大面积暴发危害，对当地甘蔗生产造成严重影响。自2009年以来，由于气候异常，我国大部分蔗区连年干旱少雨，叶焦病在云南开远、弥勒、红河、元阳、元江、勐海、耿马等滇南蔗区和广西、广东部分蔗区时常发生，为害损失严重，且有不断扩大蔓延的趋势。

**【症状识别】**甘蔗叶焦病主要为害叶片。最先在幼嫩的叶片上出现密布或疏布的红色或红褐色小斑点，斑点逐渐伸长呈纺锤形，并有明显的淡黄色痕环。病斑进一步发展时，小斑点合并并沿维管束延伸至叶尖而成纺锤状的条纹，大小通常为（1～17）厘米×（0.3～5）厘米或更大。病斑开始时呈淡红褐色，然后呈草黄色并具深红色的边缘，后期在叶的坏死组织上有许多黑色小分生孢子器产生。病斑的扩大受品种和田间条件的影响，从侵染至发展成为条纹共需20天左右。天气干燥时，多数条纹合并扩展，病组织未成熟而先变色，最后整片叶表面呈典型的灼烧状。

**【侵染流行特点】**初次侵染源主要是成熟的甘蔗植株和残留在田间的病株残叶。该菌不能通过土壤、种苗和农具传播，主要通过气流和风雨传播。田间甘蔗叶组织中的病菌，于条件适宜时产生分生孢子器。分生孢子在空气潮湿时被排出，随风吹雨溅传播蔓延。叶焦病的发生与气候密切相关。在台湾，雨后病害传播较快，特别是在夏季，高温多雨天气更有助于病害的传播和发展。久旱后遇雨或干旱后灌水过多，都易诱发此病，7—10月极易发生流行。3—5月少雨，春植蔗和宿根蔗上很少发生此病。旱地蔗较水田蔗发病重。此外，该病的发生与品种也有很大关系，在干旱的秋季，感病品种表现出典型而严重的叶焦症状。感病品种主要有印度290、H37-1933、H44-3098、SP70-1284、新台糖10号、粤糖93-159、粤糖96-86、桂糖11号、桂糖04-153、云蔗99-91、云蔗03-258、福农30号、福农39号、福农03-35、福农09-7111、赣南02-70、闽糖69-421、闽糖01-77、德蔗03-83、粤甘51号、粤甘52号、桂糖02-208、柳城09-19、闽糖11-610、中糖1301、中蔗6号、云瑞14-662等。

**【防治措施】**

（1）选用抗病品种。

（2）加强栽培管理，防止积水，合理施肥，增施有机肥，多施磷、钾肥，促进甘蔗健壮生长，增强抗病能力。

（3）及早剥除病叶，间去无效、病弱株，以改善田间湿度及透气性，减少侵染源。

（4）甘蔗收获后及时清除病株残叶，减少田间菌源。

（5）发病初期喷药防治，选用50%多菌灵可湿性粉剂1 500克/公顷+75%百菌清可湿性粉剂1 500克/公顷+磷酸二氢钾2 400克/公顷+农用增效助剂150毫升/公顷人工或机动喷施，也可用50%多菌灵悬浮剂1 500毫升/公顷+72%百菌清悬浮剂1 500毫升/公顷+磷酸二氢钾2 400克/公顷+农用增效助剂150毫升/公顷，或用50%甲基硫菌灵悬浮剂 1 500 毫升/公顷+25%吡唑醚菌酯悬浮剂 750 毫升/公顷+磷酸二氢钾 2 400 克/公顷+农用增效助剂 150 毫升/公顷无人机飞防喷施，每公顷用药兑水 900 千克进行人工或机动喷雾器叶面喷施（或每公顷用药兑飞防专用助剂及水 24 千克，无人机飞防叶面喷施），每 7～10 天喷 1 次，连续喷施 2 次。

## 1.12 甘蔗煤烟病（sugarcane sooty mold）

**【发生为害】**甘蔗煤烟病又称烟霉病，属真菌病害，由煤苔属（*Capnodium* sp.）和扩散烟霉菌（*Fumago* sp.）单独或混合侵染引起。寄主主要有甘蔗，世界各植蔗国家和地区均有发生。此病主要为害甘蔗叶片，严重时茎部亦可受害。在田间，严重发生时蔗田一片黑色。被害植株光合作用受阻，叶片易干枯，影响甘蔗生长和产量。

**【症状识别】**被害叶片和茎部表面部分或全部被黑色膜状霉层覆盖，霉层色泽深浅不一，受风雨冲刷可以自然剥离，也可人为使霉层部分剥离，剥离有难有易。严重发生时蔗田一片黑色，相当触目惊心。

**【侵染流行特点】**病菌以菌丝体在病株上或随病残体遗落在土中存活越冬。以子囊孢子或分生孢子作为初侵染源，借风雨传播，孢子落到叶片或茎部表面，即萌发为菌丝并扩展蔓延，在寄主表面发展为膜状菌膜，有的可产生吸孢伸入寄主表皮细胞中吸取养分而繁殖蔓延，有的借刺吸式口器害虫（如甘蔗绵蚜等）的排泄物（俗称蜜露）作为养料而繁殖蔓延。能产生吸孢伸入寄主表皮细胞吸取养料的烟霉菌，与寄主建立了寄生关系；而靠昆虫蜜露为养料而繁殖的烟霉菌与寄主并未建立寄生关系，其发生轻重视虫害猖獗与否而定，属于附生关系。它们都阻碍寄主正常光合作用，影响寄主生长。甘蔗绵蚜、介壳虫等刺吸式口器害虫猖獗，发病严重。

**【防治措施】**

（1）对以蜜露为养料而繁殖的烟霉菌，防治上主要抓好药剂防虫控病。

（2）对已产生吸孢伸入寄主细胞内吸取养料的寄生烟霉菌，视实际需要喷施杀菌剂进行防治。用 1%波尔多液，或 30%氧氯化铜+80%代森锰锌可湿性粉剂 800～1 000 倍液喷雾，连喷 2～3 次，每 7～10 天 1 次，喷匀喷足，有一定防效。

（3）结合管理及时进行剥壳，有助于改善蔗田生态环境，增加株间通透性，减轻煤烟病的为害。

## 1.13 甘蔗花叶病（sugarcane mosaic disease）

**【发生为害】**甘蔗花叶病又称嵌纹病，是系统性传染病害，由一类病毒侵染引起，目前我国蔗区已确定的花叶病病原有甘蔗花叶病毒（*Sugarcane mosaic virus*，SCMV）和高粱花叶病毒（*Sorghum mosaic virus*，SrMV），以 SrMV 为主。花叶病病毒的寄主范围较广，能侵染甘蔗属 5 个种中的一些类型和若干栽培或野生禾本科植物，如玉米、高粱、马唐和蟋蟀草等。甘蔗花叶病是一种重要的世界性甘蔗病害，1892 年 Musschenbroek 在爪哇首次记述了甘蔗花叶病，至今该病于全世界各大蔗区普遍发生，并成为几大蔗区的重要病害之一。该病曾在阿根廷、美国、古巴等国家或地区严重流行，最终危及制糖工业。在我国蔗区，由于蔗区生态的多样化和复杂化、立体气候及种植制度等原因，尤其近几年，频繁大量从境外引种、蔗区间相互调种，使得一些危险性病虫害随种苗在蔗区间相互传播蔓延，加之甘蔗生长周期长、长期连作、宿根栽培、无性繁殖、连片种植、植期多样化，导致甘蔗花叶病已成为我国蔗区发生最普遍、为害最严重的病害之一。甘蔗花叶病在福建、云南、广西、广东、海南、浙江、江西、四川等地的主产蔗区均有分布，其对甘蔗产量的影响各地不同，损失为3%～50%。大田研究表明，当病毒的侵染率达75%时，甘蔗的产量降低5%～19%，而且蔗汁中还原糖的含量增加，蔗糖的结晶率降低。据调查，华南各地尤其是云南、广西旱地甘蔗花叶病的发病株率达到30%以上；对于感病品种，严重田块发病率高达100%，种茎发芽率下降10.6%～35.3%，产量损失3%～50%，蔗糖分下降6%～14%，病株节间变短，品质变差，严重影响商品价值，每年造成数以亿计的经济损失。

**【症状识别】**甘蔗花叶病的症状主要表现在叶片上。但发病蔗株可使整丛发病，病毒遍及全株。主要是叶绿素受到破坏或不正常发展而使叶部产生许多与叶脉平行的纵短条纹(有的品种在夏季高温时症状会消失，即隐症现象)。纵短条纹长短不一，布满叶片，有的呈浅黄色，有的呈浅绿色，与正常部分参差间隔成花叶，新叶症状最为明显。染病蔗株矮化，分蘖减少，但病状在感病当年通常不明显，多在次年宿根蔗生长时才表现出来；宿根病蔗则发芽缓慢、生长不良，甘蔗种苗感病后，萌芽率低；病株生长差、矮化、分蘖减少，汁液量减少。

**【侵染流行特点】**本病主要靠蚜虫和带病蔗种传播，初次侵染源主要为带病的蔗种。蚜虫是甘蔗花叶病自然传播的媒介，蚜虫取食带病蔗株后转移到无病蔗株就会传播，能传病的蚜虫有好几种，最重要的是黍蚜，然后是锈李蚜、桃蚜等。种茎带毒是甘蔗花叶病的主要传播和扩散途径。生产上，长期采用蔗茎作为无性繁殖材料，没有严格选用无病蔗种，种苗带毒十分突出，加快了病毒的积累和传播、扩散。收砍、耕作刀具未经消毒处理，交叉重复使用，有利于病毒交叉重复侵染。病毒传入健康蔗后，即在各部位表现症状，其潜育期为2～4周，快则1周左右。病害发生的轻重同品种抗性、天气条件、中间寄主及带病蔗种等因素有密切关系。品种的抗病性是影响发病的重要因素，在甘蔗属的5个种中，热带种高度感病，印度种和大茎野生种感病，中国种和割手密血统的蔗种高度抗病或免疫，用含有抗病性强的血缘栽培种作种，其植株都表现出免疫或高度抗病。粤糖79－177、粤糖00－236、川糖61－408、云蔗89－151、云蔗98－46、新台糖22号、新台糖26号、桂糖11号、SP61－7180、云瑞99－601、拔地拉、柳城03－182、粤糖35号、粤甘24号、粤甘46号、桂糖02－467、桂糖29号、桂糖31号、云蔗03－103、云蔗04－241、云蔗05－49、云蔗08－2060、福农15号、福农39号、福农40号、福农1110、柳城03－1137、柳城05－136、德蔗06－24、黔糖5号、福农28号、福农38号、福农08－3214、福农09－2201、福农09－6201、福农09－7111、福农10－0574、福农10－14405、福农11－2907、福农13－11808、闽糖11－610、桂糖30号、桂糖32号、桂糖08－120、桂糖08－1180、桂糖08－1589、桂糖13－334、桂糖13－386、桂南亚14－6210、柳城03－182、柳城09－15、柳城09－19、粤甘26号、粤甘39号、粤甘42号、粤甘43号、粤甘

47 号、粤甘 48 号、粤甘 49 号、粤甘 52 号、粤甘 59 号、海蔗 22 号、海蔗 28 号、云蔗 99－596、云蔗 05－39、云蔗 06－193、云蔗 07－2800、云蔗 08－1095、云蔗 11－1074、云蔗 11－1204、云蔗 11－3898、云蔗 13－1098、云蔗 15－505、云瑞 07－1433、云瑞 10－187、赣蔗 07－538、中蔗 1 号、中蔗 6 号、中蔗 8 号、中蔗 10 号、中蔗 13 号、中蔗 14 号、中糖 1201、中糖 1301 等品种易感病；新台糖 16 号、新台糖 25 号、粤糖 86－368、粤糖 93－159、粤糖 96－86、粤糖 00－318、粤糖 34 号、粤糖 40 号、粤糖 42 号、粤糖 55 号、粤甘 26 号、粤甘 43 号、海蔗 22 号、桂糖 97－69、桂糖 02－351、桂糖 30 号、桂糖 06－2081、云蔗 99－596、云蔗 01－1413、云蔗 03－258、云蔗 06－80、云蔗 06－407、福农 30 号、福农 36 号、福农 0335、福农 09－7111、福农 09－2201、赣蔗 02－70、赣蔗 07－538、闽糖 01－77、柳城 05－129、柳城 07－150、柳城 07－536、德蔗 03－83、德蔗 07－36、云瑞 06－189、云瑞 07－1433、福农 10－14405、粤甘 50 号、粤甘 51 号、桂糖 02－467、云蔗 04－241、云蔗 05－51、云瑞 11－450、云瑞 12－263、德蔗 12－88、中糖 1202 等品种较抗病。高温少雨天气，有利于虫媒的繁殖和活动，加快病害的传播、蔓延；高度炎热的气候则不利于病害传播、发病轻。幼嫩的植株比老熟的植株易感病。一般杂草多或间种高粱和玉米的蔗田，花叶病常严重发生。带病种蔗的调运有助于本病远距离传播。

**【防治措施】**

（1）培育和选用抗病品种。

（2）加强引种检疫，严防病毒随种苗远距离传播。蔗区间相互引种、调种，必须加强引种检疫。第一，掌握蔗区病害，应尽量避免从发病区引种，从发病区引种应选择不发病田块；第二，引进的蔗种应集中繁殖，并加强对病害的监测，一旦发现病害及时销毁，控制其传播；第三，认真清除砍种留下的残留物并集中销毁，同时对砍好的蔗种进行浸种消毒处理，以免病害扩散蔓延。

（3）生产及利用脱毒健康种苗。

（4）其他防控措施。选用无病种苗，从无病区或无病蔗田中留种，对有病的蔗种可用温汤处理，其方法是每隔 1 天处理 1 次，每次 20 分钟，共处理 3 次，每次的温度为：第 1 次 52 ℃，第 2 次和第 3 次均为 57.3 ℃，此法即可消除病毒又不伤害蔗芽；及时拔除病株、减少病毒源；及时防虫除草，消除转换寄主和传播本病的昆虫；及时施肥培土、合理施肥，增施有机肥，适当多施磷、钾肥，避免重施氮肥，促使蔗苗生长健壮，早生快发、增强蔗株抗病和耐病能力；重病田不留宿根、不连作，避免蔗田中套种或在蔗田附近种植玉米、高粱一类的作物，加强与水稻、大豆、甘薯、花生等非感病作物轮作，减少病毒源，改良土壤结构，提高土壤肥力，有利于甘蔗正常生长，从而增强其抗病能力。

## 1.14 甘蔗条纹花叶病毒病（sugarcane streak mosaic disease）

**【发生为害】**甘蔗条纹花叶病毒病是由甘蔗条纹花叶病毒（*Sugarcane streak mosaic virus*，SCSMV）引起的一种新的病毒病。1978 年，首次报道发现于美国自巴基斯坦引种的杂交甘蔗上。印度、巴基斯坦的商业种上和印度、法国、中国收集的种质资源上也发现了该病毒。另外，该病毒在斯里兰卡、孟加拉国、泰国、越南也有分布，主要分布于南亚和东南亚国家。1998年，Hall等将该病毒命名为甘蔗条纹花叶病毒，研究表明该病毒属于马铃薯Y病毒科内的一个新属，该属被暂命名为甘蔗条纹花叶病毒属。寄主主要有甘蔗、玉米、高粱等。2010年李文凤等从引自日本、印度尼西亚的3个甘蔗种质材料和采自中国云南新平、元江、保山等蔗区的样品中检测到甘蔗条纹花叶病毒，并对其全基因组序列进行了测定。据报道，甘蔗条纹花叶病毒病在印度的甘蔗上发病率接近100%，导致产量损失严重。

2012年云南蔗区199份花叶病样品，SCMV检出率为8.04%，SrMV检出率为46.23%，SCSMV检出率为38.69%。2015年云南蔗区770份花叶病样品，SCMV检出率为1.30%，SrMV检出率为27.27%，SCSMV检出率为100%。SCSMV为最主要病原（扩展蔓延十分迅速、致病性强），SrMV为次要病原，且存在2种病毒复合侵染。

**【症状识别】**甘蔗受SCSMV侵染后，病害症状与SCMV和SrMV致病的症状类似，在叶片上呈现黄绿相间的条纹花叶症状。

**【侵染流行特点】**自然条件下，甘蔗条纹花叶病毒病可通过带毒蔗茎传播，也可通过汁液摩擦传播，未有昆虫介体传播该病的报道，Hema等试图以豆蚜（*Aphis craccivora*）和玉米蚜（*Rhopalsiphum maidis*）传播SCSMV，但未能成功。自然条件下SCSMV仅侵染甘蔗，经人工接种可传播至高粱、玉米、粟、苏丹草、约翰逊草。有研究表明，自然条件下SCSMV也可传播至高粱。病害发生的轻重同品种抗性、天气条件、中间寄主及带病蔗种等因素有密切关系。品种的抗病性是影响发病的重要因素。粤糖79-177、云蔗89-151、新台糖22号、SP61-7180、云瑞99-601、云蔗92-19、拔地拉、崖城80-47、Q174、SP80-1842、Q200、KQ01-1390、粤甘39号、粤甘42号、粤甘43号、粤甘48号、桂糖02-901、桂糖29号、桂糖30号、桂糖32号、桂糖08-1533、云蔗99-91、云蔗99-596、云蔗03-103、云蔗03-194、云蔗05-49、云蔗06-407、云蔗07-2384、云蔗07-2800、云蔗08-2060、云蔗09-1601、云蔗11-3898、福农15号、福农38号、福农39号、福农1110、福农0335、福农07-2020、福农07-3206、柳城03-182、柳城05-136、柳城03-1137、德蔗06-24、德蔗03-83、云瑞06-189、福农28号、福农08-3214、福农09-2201、福农09-6201、福农09-7111、福农10-0574、福农10-14405、福农11-2907、福农13-11808、闽糖11-610、桂糖06-2081、桂糖08-120、桂糖08-1589、桂糖13-334、桂糖13-386、桂南亚14-6210、柳城09-15、柳城09-19、粤甘26、粤甘47、粤甘49号、粤甘52号、粤甘59号、海蔗22号、海蔗28号、云蔗05-39、云蔗08-1095、云蔗11-1074、云蔗11-1204、云蔗11-3898、云蔗13-1098、云蔗15-505、云瑞10-187、云瑞07-1433、德蔗07-36、中蔗1号、中蔗6号、中蔗8号、中蔗10号、中蔗13号、中蔗14号、中糖1201等品种易感病；新台糖16号、新台糖25号、粤糖86-368、粤糖93-159、粤糖96-86、粤糖00-318、粤糖34号、粤糖55号、粤甘26号、粤甘46号、海蔗22号、桂糖97-69、桂糖02-351、桂糖06-2081、云蔗06-80、福农30号、福农36号、福农09-7111、福农09-2201、赣蔗02-70、赣蔗07-538、闽糖01-77、柳城05-129、柳城07-150、柳城07-500、德蔗07-36、云瑞07-1433、Q179、Q190、Q192、福农10-14405、桂糖02-467、粤甘40号、粤甘50号、粤甘51号、云蔗03-258、云蔗04-241、云蔗05-51、云瑞11-450、云瑞12-263、德蔗12-88、中糖1202、中糖1301等品种较抗病。幼嫩的植株比老熟的植株更易感病。一般杂草多或间种高粱和玉米的蔗田，常严重发生该病。带病种蔗的调运有助于本病远距离传播。

**【防治措施】**

（1）培育和选用抗病品种。

（2）加强引种检疫，严防病毒随种苗远距离传播。

（3）生产及利用脱毒健康种苗。

（4）选用无病种苗，从无病区或无病蔗田中留种。

（5）及时拔除病株，减少病毒源；及时施肥培土，合理施肥，增施有机肥、适当多施磷、钾肥，避免重施氮肥，促使蔗苗生长健壮、早生快发，增强蔗株的抗病和耐病能力。

（6）重病田不留宿根、不连作，避免蔗田中套种或在蔗田附近种植玉米、高粱一类的作物，加强与水稻、大豆、甘薯、花生等非感病作物轮作，减少病毒源，改良土壤结构，提高土壤肥力，有利于甘蔗正常生长，从而增强其抗病能力。

## 1.15 甘蔗黄叶病（sugarcane yellow leaf syndrome，SYLS）

**【发生为害】**甘蔗黄叶病又称甘蔗黄叶综合征，是由甘蔗黄叶病毒（*Sugarcane yellow leaf virus*，SCYLV）引起的一种新发生的全球性流行病害。SCYLV属于黄症病毒科（*Luteoviridae*）未归属名的新成员，寄主主要有甘蔗、玉米、高粱等。自1989年在美国夏威夷发现以来，已经陆续在全球30多个国家和地区出现并不断蔓延扩大，成为严重为害甘蔗生长的世界性甘蔗病害。近年来，我国广西、广东、云南、福建、海南等主要蔗区种植的品种也出现了类似SYLS病症。2002年，广西蔗区大面积出现甘蔗黄叶病类似症状。华南地区果蔗和糖蔗均已受到SCYLV的侵染，大多田块病株零星分布，病株率0.5%～10%，但少数田块病株率超过80%。该病的发生导致甘蔗产量下降、品质变劣和种性退化，甘蔗减产10%～20%、糖产量减少5%～15%，严重时甘蔗产量降低高达40%～60%。由于CP品种是我国甘蔗育种的主要杂交亲本，而CP系列的甘蔗品种对黄叶病具有较高的感病性，其后代已表现易感现象。因此，甘蔗黄叶病是中国甘蔗生产潜在的危险性病害。

**【症状识别】**甘蔗黄叶病的病症主要见于+4叶、+5叶及老叶片，虽然心叶在温室人为接种的条件下也能发病，但是在大田条件下未见有发病的报道。病叶的典型症状为叶中肋下表皮由绿色变为鲜黄色（这种症状在成熟的植株最常见），中肋上表皮仍然是正常的白色或白中带绿、粉红或微红色。但是中肋上表皮的粉色并不是不变的，当新叶长出后，中肋上表皮最终变成黄色。甘蔗黄叶病的表现还受遗传和环境因素的影响。夏威夷群岛报道的甘蔗黄叶病的症状是：染病植株先在中肋出现黄化现象，接着叶尖黄化和坏死，并继续向整个叶片扩散，直至整个叶片黄化甚至坏死，这种症状可在整个生长期出现，但在6个月株龄的植株上更为常见。有的植株叶片中肋上还会出现红色斑点，有一些品种感染甘蔗黄叶病后所有叶片都变黄。一些品种在秋冬季节中肋的黄化向两边蔓延，黄化程度随时间和温度的变化而加重。甘蔗生长中后期，部分染病植株的叶片中脉汁液锤度明显比正常叶片中脉汁液锤度高。甘蔗黄叶病还会影响开花，有些品种如 CPSL－2149、CP88－769 和 TCP84－3244 在严重感染了该病后，就不能开花或毫无开花迹象，但这 3 个品种在轻度感染该病时，还能抽穗或孕穗。

**【侵染流行特点】**可由带毒种茎或种苗作为初侵染源，田间经蚜虫传播进行再侵染，主要的传播蚜虫有：高粱蚜（*Melanaphis sacchari*）、玉米叶蚜（*Palosiphum maidis*）和红腹缢管蚜（*Rhopalosiphum rufiabdominalis*）。病毒不能通过机械摩擦传播。该病毒除侵染甘蔗外，通过人工蚜虫接种还可以侵染玉米、水稻、高粱、大麦、小麦、燕麦等。该病发生的轻重及其对蔗茎产量和蔗糖分的影响与品种抗性和外界环境因素密切相关。甘蔗黄叶病症状的表现有一定的潜伏期，甘蔗生长前中期不表现病征，生长后期症状开始表现，随着植株的成熟，进入秋冬季节，天气变冷，加上土壤缺水或涝害、营养缺乏等环境条件的胁迫，症状表现更为明显。其他病虫害（花叶病、宿根矮化病、甘蔗螟虫等）也会加重甘蔗黄叶病的发生程度，同一品种宿根蔗发病率高于新植蔗。大面积种植感病品种是本病发生流行的主要条件，巴西的高糖品种 SP71－6163，种植面积曾占巴西圣保罗州 30%以上，但是其对甘蔗黄叶病非常敏感，最高减产高达 40%～60%。甘蔗黄叶病引起美国路易斯安那州主栽品种 LCP82－89 感病，可致产量减产 15%～20%，糖产量降低 6%～14%，曾为夏威夷和佛罗里达的主产品种 H65－7052 和 CP72－1210，因严重感染该病而使甘蔗减产 25%～50%。美国报道所有 CP 系列的甘蔗品种均感该病。我国蔗区发病品种主要有青皮果蔗、黑皮果蔗、FR93－435、新台糖 16 号、新台糖 20 号、粤糖 93－159、粤糖 79－177、桂糖 02－901、福农 38 号、赣蔗 95－108、闽糖 69－421、云蔗 11－1204、盈育 91－59、粤甘 46 号等，其中以粤糖 93－159 发病最严重。

**【防治措施】**

（1）培育种植抗病品种是最主要的措施。甘蔗黄叶病发生的轻重及其对蔗茎产量和蔗糖分的影响与品种抗性有密切相关，大面积种植感病品种是本病发生流行的主要条件。因此，加强抗病育种、培育和选种抗病品种将是有效控制甘蔗黄叶病最主要的途径。但是，由于 CP 系列品种是我国主要杂交亲本，因此，多数品种具有感黄叶病的潜在危险，有些高糖、高产品种表现为高感黄叶病。目前，云南省农业科学院甘蔗研究所国家甘蔗种质资源圃已从全世界范围内引进、收集、保存了 2 000 余份甘蔗种质资源，这些资源中蕴藏着丰富的抗病基因，这是我国独有的巨大财富，同时也为我国开展抗病育种奠定了坚实基础。应充分发挥这一优势，积极开展抗原材料筛选，从中发掘抗性基因资源，指导培育抗病品种。

（2）利用基因工程技术改良甘蔗抗病性是快速有效的辅助措施。利用基因工程技术改良抗病毒性状包括利用病毒外壳蛋白（coat protein，CP）基因、病毒复制酶（replicase）基因、病毒运动蛋白（movement protein，MP）基因和病毒反义 RNA（antisense RNA）的抗性，此外，还有干扰素基因、中和抗体基因、核酶（ribozyme）基因和病毒卫星 RNA（satellite RNA）介导对病毒的抗性等。其中利用病毒外壳蛋白基因介导的抗性是植物基因工程改良中应用最早、最广泛、成功案例也最多的方法。截至目前，已有 20 多个植物病毒组的 50 余种病毒的外壳蛋白基因成功导入水稻、玉米和甘蔗等双子叶和单子叶植物中。其中培育出的烟草、黄瓜、番茄、马铃薯和甘蔗的抗病毒株系，已进入田间试验，并显示试验结果与实验室一致，即对病毒抗性提高。

（3）选用无病种苗作种。从无病地区调运蔗种，或在轻病蔗田选择外表健康的甘蔗作种；禁止病区蔗种外调，未发生黄叶病的蔗区到外地调种一定要实行产地检疫制度。这是防止甘蔗黄叶病发生、传播的有效措施。

（4）对砍蔗刀具和耕作工具进行隔离和消毒。使用前可用75%的酒精擦拭，5%～10%的福尔马林溶液浸泡，也可用火焰灼烧进行消毒，以减少病毒的传播。

（5）加强栽培管理。科学施肥，合理排灌，防止干旱，雨后及时开沟排水，以增强蔗株的抗病力，可抑制病情发展，减少损失；加强田间巡查，及时喷药防除传毒昆虫媒介，减少再次传播。

## 1.16 甘蔗杆状病毒病（sugarcane bacilliform disease）

**【发生为害】**甘蔗杆状病毒病是由甘蔗杆状病毒（*Sugarcane bacilliform virus*，SCBV）引起的一种新的病毒病。SCBV属于杆状DNA病毒属（*Badnavirus*），1985年首次报道发生于古巴，并且首次由Lockhart和Autrey自Mex57－473品种上提纯到这种病毒，寄主主要有甘蔗、水稻、高粱、香蕉等。至今，在世界上多地的甘蔗种植区如澳大利亚、马达加斯加、毛里求斯、南美洲、美国、西班牙、摩洛哥、留尼汪（法属）、巴布亚新几内亚等地，以及中国台湾等均已发现有SCBV，并造成部分品种产量下降。2003—2004年广东田间调查，发现部分品种植株叶部有斑点、斑驳等症状，PCR检测和扩增产物核苷酸序列分析表明，病株样品中存在SCBV。2005年8月，在广西通过对表现斑点或斑驳症状疑似蔗株进行研究表明，分离得到的病毒与已报道的SCBV有较高的同源性。2008年9月从云南开远国家甘蔗种质资源圃及开远、弥勒良种繁育基地采集叶部表现典型斑驳或褪绿斑块症状疑似病株进行病原PCR检测和甘蔗品质检测，结果表明SCBV已随引种传入云南蔗区。甘蔗感染SCBV后，蔗汁蔗糖分平均下降1.55%，蔗汁锤度平均降低1.23°Bx，重力纯度平均下降2.22%，而甘蔗纤维分和蔗汁还原糖分则分别增加1.65%、0.21%，甘蔗平均单茎重减少0.21千克。

**【症状识别】**SCBV侵染甘蔗栽培品种（*Sacchrum hybrid*）后可产生多种症状，多数情况表现为叶部斑点或斑驳，也有些品种不表现明显症状。发病严重的植株表现叶部褪绿斑块或各种长度的褪绿条纹，叶片皱缩，茎秆节间出现裂缝，植株束顶矮化等。在甘蔗属热带种（*Sacchrum ofcinarum*）、印度种（*Sacchrum barberi*）、中国种（*Sacchrum sinense*）、大茎野生种（*Sacchrum robustum*）的一些无性繁殖系及少数杂交后代植株上也有类似症状。

**【侵染流行特点】**SCBV的主要传播介体是甘蔗糖粉蚧（*Saccharicoccus sacchari*），还可以通过无性繁殖材料（种质）传播，但很难通过机械传播。由于病毒经种茎传带，随着种茎的远距离调运及种质资源在全球范围内的频繁交换，病毒随之扩散的可能性非常大。由于甘蔗种苗及育种材料在世界范围内广泛交流，而病毒可通过种苗进行远距离传播，并且到目前为止，世界大多数国家并未对甘蔗种苗进行SCBV的检验检疫，因此该病毒的分布区域可能相当广泛。病害的发生受品种抗性、种蔗带毒率、传毒虫媒糖粉蚧的数量及环境条件等诸因素的影响。品种高度感病，种蔗带毒率高，加上环境条件又有利于介体昆虫的繁殖和传毒活动，带毒的虫口密度大，则病害往往发生较重，反之则发生较轻。宿根蔗一般比新植蔗发病重。我国蔗区发病品种主要有新台糖 26 号、粤甘 46 号、桂糖 95－53、桂糖 40 号、云蔗 92－19、云蔗 98－46、赣蔗 95－108、闽糖 92－505、SP80－1842、Q141、RB76－5418 等。

**【防治措施】**甘蔗杆状病毒病的症状变异大，有时隐症，因此很难在发病早期就进行防治。

（1）严格检疫，避免从疫区引进带病蔗种。

（2）培育和应用抗病品种。

（3）选用无病种苗，从无病区留种。提供无病的种植材料是重要的防治措施，只有在适当远离病源的无病蔗田中才能获得无病的蔗种。

（4）拔除病株。加强田间巡查，一旦发现病株，立即拔除，并喷药防除传毒昆虫媒介，减少再次传播。

（5）加强栽培管理。重病田不留宿根、不连作，提倡合理轮作，可减轻病害；科学施肥，合理排灌，防止干旱，雨后及时开沟排水，以增强蔗株的抗病力，可抑制病情发展，减少损失。

## 1.17 甘蔗白叶病（sugarcane white leaf，SCWL）

**【发生为害】**甘蔗白叶病是由 16Sr XI 组中的甘蔗白叶病植原体（Sugarcane white leaf phytoplasma）引起的一种检疫性甘蔗重要病害。甘蔗白叶病植原体为无细胞壁原核微生物，尚不能在人工培养基中离体培养，潜育期较长，最短的约为 30 天（少数），一般为 2～3 个月，有的甚至长达一年。寄主主要有甘蔗、百慕大草。甘蔗白叶病于 1954 年首次在泰国北部南邦府被发现，现已广泛发生于印度、巴基斯坦、斯里兰卡、日本、老挝、缅甸、越南、菲律宾等东南亚国家。中国台湾于 1958 年报道了该病的发生。SCWL 是极其危险的一种植原体病害，可对甘蔗造成毁灭性灾害。在泰国，SCWL 的发病率达 5%～35%，每年造成超过 2 000 万美元的损失。在新几内亚岛，该病害造成栽培品种拉格纳损失高达 100%，给当地甘蔗产业造成极大的经济损失。2012 年，李文凤等在云南保山施甸、隆阳采集的疑似 SCWL 蔗株上首次检测发现 SCWL 植原体，发现时病害发生面积已扩展到 667 公顷以上；2013—2014 年，先后在云南临沧耿马、镇康、双江、沧源、临翔等蔗区多地采集的疑似 SCWL 蔗株上检测到 SCWL 植原体，目前发生区域面积超过 6 667 公顷，并呈日趋扩展蔓延和加重态势；同时在云南普洱蔗区调查也发现疑似 SCWL 蔗株。甘蔗感染 SCWL 植原体后，株高、茎径、成茎率和单茎重明显降低或减少，造成大幅度减产减糖。发生严重田块新植蔗每公顷蔗茎产量减少 90～105 吨，第二年因 SCWL 为害严重造成毁灭无收。SCWL在云南蔗区扩展蔓延十分迅速，对云南蔗糖产业发展造成了严重威胁。

**【症状识别】**甘蔗白叶病症状类型可归纳为白叶型和草苗型两类。白叶型病株叶片表现为叶质柔软，叶绿素含量减少而白化。有的整叶白化，有的呈条纹状白化，有的呈斑驳状白化。草苗型病株茎部现白色长条纹，分蘖明显增多，病株矮缩，茎细，节间缩短，顶部叶片丛生，外观如草苗。草苗型病株和白叶型病株常混合出现，这种混合型病株最容易枯死，即使成活也常不成茎。仅叶片白化而无分蘖过多的病株虽可枯死，但不枯死的病株可恢复，有的恢复比例也较高，有的甚至恢复到与健株外观难以区别，但到宿根蔗又再现典型症状。

**【侵染流行特点】**SCWL植原体存在于病株韧皮部筛管中，甘蔗是无性繁殖作物，SCWL可通过带病蔗种进行远距离传播，且传播性极强。此外，SCWL在田间还可通过叶蝉传播。用病蔗留种，特别是基部数节留种，长出的幼苗几乎全为病苗，萌发后1个月左右就死亡。病害的发生受品种抗性、种蔗带毒率、传毒虫媒叶蝉的数量及环境条件等诸因素的影响。品种高度感病，种蔗带毒率高，加上环境条件又有利于介体昆虫的繁殖和传毒活动，则病害往往发生较重，反之则发生较轻。宿根蔗一般比新植蔗发病重。田间观察栽培品种粤糖86-368、粤糖93-159、粤糖00-236、云蔗86-161、云蔗03-194、PY3120、新台糖10号、新台糖22号、新台糖25号、桂糖12号、桂糖08-1533、福农09-12206、粤糖60号、盈育91-59、柳城05-136等均发病，其中尤以粤糖60号、粤糖86-368、新台糖22号发病最重。

**【防治措施】**自然条件下SCWL主要通过带病蔗种进行远距离传播，且传播性、危害性极强，是一种重要的检疫性病害。检疫是防治SCWL最经济有效的措施。

（1）实施检疫，严禁病区和病田种蔗外调。

（2）选用抗病良种，因地制宜调整播期和调整不同植期甘蔗种植比例，以减轻受害。例如在台湾，本病发生高峰期主要在7—9月，这期间也是介体叶蝉发生高峰期，当地推广春植蔗，使蔗株最感病的3～4叶期避过6—7月介体叶蝉高峰期，能收到避过再侵染、减轻发病之效，这个经验值得借鉴。

（3）从无病田选留种蔗。

（4）病田避免宿根连作。发病株率达10%以上的蔗园，不宜留宿根。

（5）加强检查及时发现和挖除病株。

## 1.18 甘蔗宿根矮化病（sugarcane ratoon stunting disease，RSD）

**【发生为害】**甘蔗宿根矮化病是由寄生于蔗株维管束中的一种棒杆菌属细菌［*Leifsonia xyli* subsp. *xyli*（Lxx）］引起的一种细菌性病害。目前，仅能从甘蔗上检测到甘蔗宿根矮化病病菌，尚未有从其他植物上检测到该病菌的报道。甘蔗宿根矮化病是普遍存在于所有植蔗地区的一种世界性的重要病害。自1944—1945年在澳大利亚昆士兰首次发现以来，已有美国、南非、毛里求斯、印度、巴西等47个国家和地区报道了该病的发生，该病害现已遍布世界各蔗区。我国台湾于1954年报道此病的发生。之后，广东、福建、广西、云南、海南曾对蔗区进行普查，结果表明均存在甘蔗宿根矮化病，田块发病率高达86.5%，蔗株平均感染率为69.05%，干旱缺水时感病率可达100%。采用PCR检测，对中国21个主产蔗区田间采集的21批1 270个样品进行甘蔗宿根矮化病检测，检出949个为阳性，阳性检出率74.7%；21个主产蔗区均检出甘蔗宿根矮化病，阳性检出率65.5%～88%；33个主栽品种均感染甘蔗宿根矮化病，阳性检出率48.9%～100%；新植宿根均感染甘蔗宿根矮化病，阳性检出率72.4%～77.3%。这一病害在干旱地区和种植感病品种的蔗区所造成的损失尤其重要，病害造成损失的程度随宿根年数的增加而增加，一般减产10%～30%，干旱缺水时可达60%以上，还可导致品种退化。由于甘蔗宿根矮化病无明显的外部和内部症状，病原菌难以分离、培养和检测，传统诊断方法极难实施，导致病害任意传播、扩展蔓延，对甘蔗生产危害极大。

**【症状识别】**甘蔗宿根矮化病无典型的外部症状，一般表现为蔗株发育阻滞，宿根发株少，蔗株矮化，蔗茎纤弱，生长不良。不同品种对该病的感染程度不同。有的品种表现为严重矮化，有的品种基本不矮化，感病品种的带病蔗种往往发芽很不整齐。宿根蔗一般较新植蔗发病多，矮化严重。病蔗对土壤缺水特别敏感，天气炎热时比健康蔗更容易表现出受旱症状，如出现萎垂、叶尖和叶缘枯死等症状。甘蔗宿根矮化病的内部症状表现在两个方面：①用利刀纵剖幼嫩蔗茎，在梢头部生长点之下1厘米左右的节部组织变成橙红色，这种橙红色的深浅常因甘蔗品种而不同，有些品种甚至即使染病也不表现这种变色；②成熟蔗茎的节部维管束变色，尤其是蜡粉带附近变色最明显，颜色从黄色到橙红色及至深红色。纵剖面上变色的维管束呈点状或逗点状，有的延伸成短条状，节部的维管束变色绝不会延伸至节间。变色的深浅常因品种而异，或者有的蔗株虽染病，却不呈现节部维管束变色症状。

**【侵染流行特点】**甘蔗宿根矮化病主要通过带病蔗种和收获工具（如蔗刀等）传播蔓延。初次侵染源主要为带菌蔗种。病原菌可以较长时间地存活在作种苗的蔗茎中或宿根蔗头中，在下一个生长周期开始时，带菌种苗或蔗头便长出带菌的植株。切割过带病蔗株的蔗刀或收获机在收获健康蔗或斩蔗种时，便可将病菌传播到健康蔗株或蔗种上，且传播性极强。病蔗的蔗汁稀释至10 000倍仍具有传染力，蔗汁在室内放置14天才失去传染作用，蔗刀受污染后放在阴暗处7天仍有传染力。嚼食过病蔗的老鼠再嚼食健康蔗株也可传染此病。土壤不传播此病，甘蔗根系接触或叶片摩擦也不易传播此病，育种过程中父母本所带的病也不会通过种子传给实生苗。高温少雨，尤其在干旱天气里，发病尤为严重。甘蔗染病后病菌可长期潜伏，当天气干旱或植株生长在干旱的土壤或缺少一种至多种元素的土壤里，此病发生严重。灌溉区比非灌溉区发病轻。宿根蔗比新植蔗发病重，且宿根年限越长发病越重。杂草多的蔗地，发病更加严重。不同品种发病程度有差异，新台糖10号、新台糖20号、新台糖25号、粤糖82－882、粤糖83－88、粤糖93－159、粤糖00－236、粤糖60号、桂糖11号、桂糖17号、桂糖94－119、桂糖02－761、云蔗99－91、云蔗01－1413、赣蔗95－108、闽糖69－421、德蔗93－94等品种易感病，应重点加强脱毒健康种苗生产繁殖和推广应用；而新台糖22号、台糖95－8899、云蔗89－151、云蔗91－790、柳城03－1137、柳城05－136、园林1号、Q96、SP80－1842等品种较抗病。

**【防治措施】**甘蔗宿根矮化病是一种重要的种苗传播细菌性病害，种植温水脱毒种苗是防治甘蔗宿根矮化病最经济有效的措施，在生产上应加快推广。在工厂化生产甘蔗温水脱毒种苗的基础上，建立无病种苗圃——三级苗圃制，温水脱毒种苗通过一级、二级、三级专用种苗圃扩繁，由三级专用种苗圃直接提供生产用无病种苗，可大幅度提高甘蔗的产量和糖分，延长宿根蔗年限，从而显著提高甘蔗生产的经济效益，增加蔗农收入，以解决中国甘蔗特别是宿根甘蔗长期以来低产、宿根年限短、生产成本高、效益差的问题。

（1）选用无病种苗作种。从无病地区调运蔗种，或在轻病蔗田选择外表健康的甘蔗作种，是防止甘蔗宿根矮化病发生、传播的有效措施。

（2）种苗温水处理。种苗播种前，采用流动水预浸泡 48 小时，然后再用 50 ℃温水处理 2 小时，宜采用成熟但不太老的中间节断作种苗，以 2～3 芽苗为好。

（3）建立无病苗圃。将经过温水处理或组培脱毒的种苗集中种植，建立脱毒种苗基地一级、二级、三级种苗圃，并实施耕作刀具的隔离和消毒，为大面积生产提供无病种苗。刀具可用 75%的酒精擦拭消毒，也可用火焰灼烧进行消毒。

（4）加强栽培管理。田间缺肥干旱，蔗株生长弱，抗病能力低，宿根矮化病发病多，减产严重。因此，甘蔗播种前要深耕蓄水，减少干旱，种蔗时要施足基肥，此后要及时施肥培土，促使蔗苗生长健壮，增强蔗株的抗病力。

## 1.19 甘蔗赤条病（sugarcane red stripe disease）

**【发生为害】**甘蔗赤条病是由燕麦噬酸菌燕麦亚种（*Acidovorax avenae* subsp. *avenae*）引起的一种广泛分布于世界各蔗区的细菌病害。寄主主要有甘蔗、玉米、野高粱、苏丹草等。1890 年首次报道夏威夷发生此病，1923 年澳大利亚的局部地区发生此病，造成严重损失。在中国的广东、广西、福建、云南、江西、浙江和台湾等地都有赤条病发生的记载，但多为局部蔗田零星发生，且发病率一般不高，尚未对甘蔗生产构成较大威胁。

**【症状识别】**甘蔗赤条病多发生在梢头部展开不久的心叶基部，很少发生在老叶上。最初出现水渍状褪绿条纹，不久即呈红色，最后转为栗色或深红色。条纹通常于叶的中部近中脉处发生，但有些条纹则集中于叶的基部。条纹沿维管束行走，与叶脉平行，向叶的上下方伸长。条纹整齐而不弯曲，与之相邻不受侵染的维管束的边缘线条边界分明。条纹宽度 0.5～4 毫米，长自数厘米至贯通全条蔗叶。常为 2～3 条或数条条纹合并形成宽带状病叶组织。病痕上常发现有白色薄片，这在叶的下表面尤为常见，这是细菌于夜间或凌晨自罹病组织的气孔流出干涸后形成的，在气候潮湿且温暖的季节里，特别易出现这种现象。半展开的心叶受到病菌的感染，如果发生严重向下可蔓延到甘蔗的生长点，使梢头部腐烂，并散发恶臭，此时心叶很容易被拉出来。

**【侵染流行特点】**甘蔗赤条病在田间的传播大多由于风雨导致，很少通过种苗或机械途径传播。在叶的薄壁组织中，病菌大量产生，从叶片的气孔或伤痕表面溢出形成细菌悬浮液。在风雨的作用下，病菌悬浮液从一株传至另一株，有时可能由一蔗田传至另一蔗田，从健康叶片的气孔或伤痕侵入。病菌侵入后，便在入口处的薄壁组织的细胞间隙中繁殖，然后侵入维管束的各种组织，特别是导管内充满了病菌。赤条病通过蔗种传播的可能性很小，因为染病蔗种的芽常烂掉而不能萌发或萌发后很快死亡。有时甘蔗在幼苗期便出现病株，主要是由田间的带病残叶传染所致。砍蔗刀和其他农具不会传播病原菌。多雨风大，尤其是兼有微雨的时候，温暖潮湿，空气湿度大，叶的气孔或伤痕表面常溢出形成大量的病菌悬浮液，侵染传播发病严重。不同品种的发病程度有差异。杂草多的蔗地，发病更加严重。我国蔗区发病品种主要有新台糖 16 号、新台糖 25 号、粤糖 93－159、粤糖 00－236、桂糖 94－116、桂引 5 号、桂糖 46 号、云蔗 03－194、云蔗 08－1609、桂糖 58 号、柳城 05－136、桂糖 08－1589、粤糖 94－128 等。

**【防治措施】**

（1）最有效且最经济的方法是用抗病品种代替感病的生产品种。因此，在选育甘蔗品种的过程中，可通过人工接种试验来淘汰感病品种。

（2）搞好田间卫生。病区甘蔗收获后要认真清除甘蔗残株病叶并集中处理，减少田间菌源。

（3）药剂防治。发病初期可用 72％农用链霉素可湿性粉剂 3 000～4 000 倍液或 1％波尔多液喷雾，每周 1 次，连续喷 2～3 次，可抑制病害的蔓延。

## 1.20 甘蔗白条病（sugarcane leaf scald disease）

**【发生为害】**甘蔗白条病又称叶烧病、叶灼病，是由白条黄单胞菌［*Xanthomonas albilineans*（Ashby）Dowson］引致的世界性甘蔗重要病害之一。寄主主要有甘蔗、玉米、龙头竹、羊草、两耳草、象草等。甘蔗白条病在美国、加拿大、菲律宾、澳大利亚、爪哇、缅甸、泰国、老挝、越南等国，以及中国的台湾、广西、云南、广东、江西、福建、海南等地均有分布，该病害也是国内外重要的植物检疫对象之一。甘蔗白条病是一种甘蔗细菌性维管束病害，常会在某些耐病品种中不露病状而悄悄地传播着，一旦遇到适合的环境条件便突然暴发。感染白条病植株会出现叶片灼伤症状而造成减产。

**【症状识别】**甘蔗白条病是系统性病害，有慢性型和急性型两种。慢性型甘蔗白条病主要为害叶片，在叶片上形成狭窄的白色至乳黄色条纹，沿维管束伸展，条纹有一条或数条，长度不等，长者和叶片同长，有的向下延伸至叶鞘，呈紫色。天气干旱时，病叶从叶尖至叶缘逐渐干枯至全叶枯萎。染病较重的病株蔗茎节间变短，叶片短直，茎的节部长出许多侧芽和细小的分蘖，分蘖的叶片上也出现上述的白色条纹。纵剖蔗茎可见一些变为红色的维管束，这些变色的维管束可穿过节间，发病严重时蔗株茎内会出现坏死的空腔。急性型甘蔗白条病的蔗丛叶片不表现出任何外表的症状便突然整丛或全株枯萎或全田叶片卷缩凋萎枯死，呈严重缺水状或蔗龟为害状。纵剖病茎，除连接主茎的分蘖处外，一般看不到红色的维管束病变。在甘蔗的生长旺季突然遇有干旱时，易发生急性型病斑，其与生理性缺水枯萎的不同之处在于病茎再行分蘖时，其叶片又可表现为慢性型病斑。

**【侵染流行特点】**病原菌主要在种蔗内及宿根蔗内存活越冬，并成为次年病害主要初次侵染源。病原菌在田间主要通过种苗和砍蔗工具传播蔓延，也可借风雨及水流传播，引种可以由带病的种苗从一地区传到另一地区。研究证明，病原菌通过蔗刀传染不可忽视。除砍蔗刀外，在正常的栽培操作中，农具和其他机械传播病原菌并不严重。土壤、昆虫、气流不携带此病。病原菌在土壤中不能长时间存活，只有在感病寄主中才能长期存活。病害发生的轻重同蔗田地势与土壤、栽培管理、品种等因素有关。蔗地低湿易积水，或土壤瘠薄，或施肥不足，或缺水受旱，或植株侧芽大量萌发，皆易诱发本病。病原菌的潜伏期很长，往往植株感染后很长一段时间内不表现病状，而当遇到干旱或渍水、缺肥、田间管理不善时便出现病状。品种间抗性有差异。大面积种植感病品种为本病发生流行的主要条件。在台湾经鉴定抗病的品种有纳印 310、台糖 156、台糖 160、台糖 170 和台糖 173 等。表现为较抗病的品种有 Q42、Q50、Q98、Q813、P0J36、POJ2725、CP807、CP29－116、印度 290、印度 301、印度 331、印度 421、和 B4908 等；而表现为较感病的品种则有 CP29－291、印度 281、印度 419、印度 7301、Q44、Q63、Q66、B34104、B37161、B070、桂糖 46 号、桂糖 06－2081、桂糖 08－1589、柳城 03－1137、新台糖 1 号、桂糖 44 号、柳城 03－182 等。

**【防治措施】**

（1）选用抗病品种。因地制宜选育并种植抗病品种是防治该病害最有效的措施。

（2）选用无病种苗作种。从无病地区调运蔗种，或在轻病蔗田选择外表健康的甘蔗作种，在发生区引种必须认真检查，确保引进的种苗无病。这是防止甘蔗白条病传播、发生的有效措施。

（3）种苗温水处理。种苗播种前，采用流动水预浸泡 48 小时，然后再用 50 ℃温水处理 2 小时，可达到 95%的防治效果。宜采用成熟但不太老的中间部分节断作种苗，以 2～3 芽苗为好。

（4）建立无病苗圃。将经过温水处理的种苗集中种植，建立脱毒种苗基地一级、二级、三级种苗圃，并实施耕作刀具的隔离和消毒，为大面积生产提供无病种苗。刀具的消毒可用 75%的酒精擦拭，用 5%～10%的福尔马林溶液浸泡，也可用火焰灼烧进行消毒，减少此病的传播。

（5）加强栽培管理。田间发现病株及时拔除，杜绝种苗带病；科学施肥，合理排灌，防止干旱，雨后及时开沟排水，这样可增强蔗株的抗病力，减轻病害发生。

（6）利用转基因植株。澳大利亚的研究者从生物防治甘蔗白条病的细菌中克隆到白条病解毒基因 *albD*，并导入甘蔗中，转基因甘蔗植株叶片经病菌接种后，抗病性明显比非转基因甘蔗高，虽然育成品种对白条病均有一定的抗性，可在一定程度上减轻由白条病引起的叶片灼伤症状，但并未得到能完全抗白条病的品种。

# 主要参考文献

J. P. 马丁，1982. 世界甘蔗病害 [M]. 陈庆龙，译. 北京：农业出版社.
安玉兴，管楚雄，2009. 甘蔗主要病虫及防治图谱 [M]. 广州：暨南大学出版社.
蔡燕清，周国辉，2005. 甘蔗杆状病毒病研究进展 [J]. 甘蔗糖业 (5)：13-16.
陈炯，陈剑平，2002. 由高粱花叶病毒和甘蔗花叶病毒引发的浙江甘蔗化叶病害 [J]. 病毒学报，18 (4)：362-366.
单红丽，李文凤，黄应昆，等，2014. 国家甘蔗体系繁殖和示范新品种（系）病虫害调查 [J]. 中国糖料 (2)：50-53.
单红丽，李文凤，黄应昆，等，2015. 甘蔗褐条病发生流行特点及防控对策措施 [J]. 中国糖料，37 (6)：71-73.
单红丽，李文凤，黄应昆，等，2012. 甘蔗叶焦病发生危害特点及防控对策 [J]. 中国糖料 (2)：52-54.
邓展云，王伯辉，刘海斌，等，2004. 广西甘蔗宿根矮化病的发生及病原检测 [J]. 中国糖料 (3)：35-38.
高三基，郭晋隆，陈如凯，等，2007. 福州地区甘蔗黄叶病病原分子鉴定及电镜检测 [J]. 作物学报，33 (7)：1210-1213.
龚得明，陈如凯，林彦铨，1993. 甘蔗抗黑穗病育种研究的进展 [J]. 福建农学院学报，22 (4)：404-409.
黄孟群，肖镇杰，1987. 广东甘蔗宿根矮化病调查报告 [J]. 甘蔗糖业 (2)：39-40.
黄应昆，李文凤，2014. 现代甘蔗有害生物及天敌资源名录 [M]. 北京：中国农业出版社.
黄应昆，李文凤，2016. 现代甘蔗病虫草害防治彩色图说 [M]. 北京：中国农业出版社.
黄应昆，李文凤，何文志，等，2013. 甘蔗温水处理脱毒种苗生产技术研究 [J]. 西南农业学报，26 (5)：2153-2157.
黄应昆，李文凤，卢文洁，等，2007. 云南蔗区甘蔗花叶病流行原因及控制对策 [J]. 云南农业大学学报，22 (6)：935-938.
黄应昆，李文凤，赵俊，等，2007. 云南甘蔗宿根矮化病病原检测 [J]. 云南农业大学学报，22 (5)：25-28.
李文凤，单红丽，黄应昆，等，2013. 云南甘蔗主要病虫害发生动态与防控对策 [J]. 中国糖料 (1)：59-62.
李文凤，丁铭，方琦，等，2006. 云南甘蔗花叶病病原的初步鉴定 [J]. 中国糖料 (2)：4-7.
李文凤，董家红，丁铭，等，2007. 云南甘蔗花叶病病原检测及一个分离物的分子鉴定 [J]. 植物病理学报，37 (3)：242-247.
李文凤，黄应昆，2012. 现代甘蔗病害诊断检测与防控技术 [M]. 北京：中国农业出版社.
李文凤，黄应昆，姜冬梅，等，2010. 云南甘蔗杆状病毒的分子检测及对甘蔗品质和产量的影响 [J]. 植物病理学报，40 (6)：651-654.
李文凤，黄应昆，罗志明，等，2009. 甘蔗宿根矮化病（RSD）温水脱菌研究 [J]. 西南农业学报，22 (2)：343-347.
李文凤，黄应昆，罗志明，等，2009. 甘蔗优良品种材料对花叶病的抗性鉴定与评价 [J]. 西南农业学报，22 (1)：92-94.
李文凤，王晓燕，黄应昆，等，2010. 潜在的检疫性甘蔗有害生物 [J]. 植物保护，36 (5)：174-178.

李文凤，王晓燕，黄应昆，等，2010. 云南甘蔗宿根矮化病调查及种茎温水处理脱菌效果检测 [J]. 植物病理学报，40 (5)：556 - 560.

李文凤，王晓燕，黄应昆，等，2014. 云南蔗区发现由植原体引起的检疫性病害甘蔗白叶病 [J]. 植物病理学报，44 (5)：556 - 560.

李文凤，王晓燕，黄应昆，等，2015. 34 份甘蔗栽培原种抗褐锈病性鉴定及 *Bru1* 基因的分子检测 [J]. 分子植物育种，13 (8)：1814 - 1821.

李文凤，王晓燕，黄应昆，等，2015. 甘蔗抗褐锈病基因 *Bru1* 分子检测体系的建立与应用 [J]. 植物保护，41 (2)：120 - 124.

李杨瑞，2010. 现代甘蔗学 [M]. 北京：中国农业出版社.

刘云龙，1986. 云南发现甘蔗叶焦病 [J]. 甘蔗糖业 (8)：48.

卢文洁，黄应昆，李文凤，等，2012. 甘蔗白叶病植原体巢式 PCR 检测方法的建立及初步应用 [J]. 植物病理学报，42 (3)：311 - 314.

鲁国东，黎常窗，潘崇忠，等，1997. 中国甘蔗病害名录 [J]. 甘蔗，10 (4)：19 - 23.

罗志明，李文凤，黄应昆，等，2013. 32.5SC 苯醚甲环唑嘧菌酯对甘蔗凤梨病的田间效果评价 [J]. 热带农业科学，33 (12)：50 - 52.

罗志明，李文凤，黄应昆，等，2014. 28.7%精甲霜灵·咯菌腈·噻虫嗪 FS 防治甘蔗凤梨病田间药效评价 [J]. 中国农学通报，30 (7)：316 - 320.

全国甘蔗重要病害研究协作组，1991. 中国大陆植蔗省 (区) (部分) 甘蔗病害种类调查初报 [J]. 甘蔗糖业 (1)：1 - 8.

阮兴业，杨雾，孙楚坚，1983. 云南省发现甘蔗茅柄锈菌 [J]. 真菌学报 (2)：260 - 261.

王晓燕，李文凤，黄应昆，等，2015. 云南蔗区首次发现由屈恩柄锈菌引起的甘蔗黄锈病 [J]. 中国农学通报，31 (18)：273 - 277.

韦金菊，邓展云，黄诚华，等，2012. 广西甘蔗主要真菌病害调查初报 [J]. 南方农业学报，43 (9)：1316 - 1319.

夏红明，黄应昆，吴才文，等，2009. 澳大利亚甘蔗抗黑穗病鉴定体系在云南甘蔗抗病育种上的应用研究 [J]. 西南农业学报，22 (6)：1610 - 1615.

熊国如，李曾平，赵婷婷，等，2010. 海南蔗区甘蔗病害种类及发生情况 [J]. 热带作物学报，31 (9)：1588 - 1594.

许东林，李俊光，周国辉，2006. 广东甘蔗黄叶病田间调查及病原病毒的分子检测 [J]. 植物病理学报，36 (5)：404 - 406.

许莉萍，陈如凯，2000. 甘蔗黑穗病及其抗病育种的现状与展望 [J]. 福建农业学报，26 (2)：26 - 31.

郑加协，甘勇辉，1998. 福建甘蔗宿根矮化病的发生及其诊断 [J]. 甘蔗糖业 (5)：20 - 24.

中国农业科学院植物保护研究所，中国植物保护学会，2015. 中国农作物病虫害 [M]. 3 版. 北京：中国农业出版社.

周国辉，李俊光，许东林，等，2006. 华南地区甘蔗黄叶病发生及甘蔗绵蚜传毒特性研究 [J]. 中国农业科学，39 (10)：2023 - 2027.

周国辉，许东林，蔡艳清，2006. 我国南方甘蔗病毒种类初步鉴定 [J]. 广西农业生物科学，25 (3)：226 - 228.

周至宏，王助引，陈可才，1999. 甘蔗病虫鼠草防治彩色图志 [M]. 南宁：广西科学技术出版社.

Autrey L J C，Boolell S，Lockhart B E L，et al.，1995. The distribution of *Sugarcane bacilliform virus* in various geographical regions. Bangkok：Kasetasart University Press.

Birch R G，2001. *Xanthomonas albilineans* and the antipathogenesis approach to disease control [J]. Molecular Plant Pathology, 2 (2): 1-11.

Birch R G, Patil S S, 1985. Preliminary characterization of an antibiotic produced by *Xanthomonas albilineans* which inhibits DNA synthesis in *Escherichia coli* [J]. Gene. Microbiol, 131 (5): 1069-1075.

Bourne B A, 1970. Studies on the bacterial red stripe disease of sugarcane in Florida [J]. Sugarcane Pathologists' Newsletter, 4: 27-33.

Braithwaite K S, Egeskov N M, Smith G R, 1995. Detection of *Sugarcane bacilliform virus* the polymerase chain reaction [J]. Plant Disease, 79: 792-736.

Chatenet M, Mazarin C, Girard J C, et al., 2005. Detection of *Sugarcane streak mosaic virus* in sugarcane from several Asian countries [J]. Sugar Cane International, 23 (4): 12-15.

Comstock J C, Lockhart B E L, 1990. Widespread occurrence of *Sugarcane bacilliform virus* in U. S. sugarcane germplasm collection [J]. Plant Disease, 74: 530.

Comstock J C, Lockhart B E L, 1996. Effect of *Sugarcane bacilliform virus* on biomass production of three sugarcane cultivars [J]. Sugarcane, 4: 12-15.

Cronje C P R, Bailey R A, Jones P, et al., 1999. The phytoplasma associated with Ramu stunt disease of sugarcane is closely related to the white leaf phytoplasma group [J]. Plant Disease, 83 (6): 588-588.

Damayanti T A, Putra L K, 2011. First occurrence of *Sugarcane streak mosaic virus* infecting sugarcane in Indonesia [J]. Journal of General Plant Pathology, 77: 72-74.

Dixon L J, Castlebury L A, Aime M C, et al., 2010. Phylogenetic relationships of sugarcane rust fungi [J]. Mycological Progress, 9: 459-468.

Flynn J L, Anderlini T A, 1990. Disease incidence and yield performance of tissue culture generated seedcane over the crop cycle in Louisiana [J]. Journal of American Society of Sugar Cane Technologists, 10: 113.

Gillaspie A G, Mock R G, Smith F F, 1978. Identification of *Sugarcane mosaic virus* and characterization of strains of virus from Pakistan, Iran, and Camaroon [J]. Proceedings - International Society of Sugar Cane Technology, 16: 347-355.

Girard J C, Noëll J, Larbre F, 2014. First Report of *Acidovorax avenae* subsp. *avenae* causing sugarcane red stripe in Gabon [J]. Plant disease, 98 (5): 684.

Hall J S, Adams B, Parsons T J, et al., 1998. Molecular cloning, sequencing, and phylogenetic relationships of a new potyvirus: *Sugarcane streak mosaic virus*, and a reevaluation of the classification of the Potyviridae [J]. Molecular Phylogenetics and Evolution, 10: 323-332.

Hanboonsong Y, Choosai C, Panyim S, et al., 2002. Transovarial transmission of sugarcane white leaf phytoplasma in the insect vector *Matsumuratettix hiroglyphicus* (Matsumura) [J]. Insect Molecular Biology, 11 (1): 97-103.

Hanboonsong Y, Ritthison W, Choosai C, et al., 2006. Transmission of sugarcane white leaf phytoplasma by *Yamatotettix flavovittatus*, a new leafhopper vector [J]. Journal of Economic Entomology, 99 (5): 1531-1537.

Hema M, Savithri H S, Sreenivasulu P, 2001. *Sugarcane streak mosaic virus*: occurrence, purification, characterization and detection [M]. Enfield: Science Publishers, Inc, USA.

Hoy J W, Grisham M P, 1994. Sugarcane leaf scald distribution, symptomatology, and effect on yield in Louisiana [J]. Plant Disease, 78 (11): 1083-1086.

James G A, 1997. Review of ratoon stunting disease. Sugar Cane, 4: 9-14.

Kumar B, Yonzone R, Kaur R, 2014. Present status of bacterial top rot disease of sugarcane in Indian

Punjab [J]. Plant Disease Research, 29 (1): 68 - 70.

Lee T S G, 1987. Micropropagation of sugarcane (*Saccharum* spp.) [J]. Plant Cell, Tissue and Organ Culture (PCTOC), 10 (1): 47 - 55.

Li W F, He Z, Li S F, et al., 2011. Molecular characterization of a new strain of *Sugarcane streak mosaic virus* (SCSMV) [J]. Archives of Virology, 156: 2101 - 2104.

Li W F, Shen K, Huang Y K, et al., 2013. PCR detection of ratoon stunting disease pathogen and natural resistance analysis in sugarcane core germplasms [J]. Crop Protection, 53: 46 - 51.

Li W F, Shen K, Huang Y K, et al., 2014. Incidence of sugarcane ratoon stunting disease in the major canegrowing regions of China [J]. Crop Protection, 60: 44 - 47.

Li W F, Wang X Y, Huang Y K, et al., 2013. First report of *Sugarcane white leaf phytoplasma* in Yunnan province, China [J]. Canadian Journal of Plant Pathology, 35: 407 - 410.

Li W F, Wang X Y, Huang Y K, et al., 2013. Screening sugarcane germplasm resistant to *Sorghum mosaic virus* [J]. Crop Protection, 43: 27 - 30.

Li W F, Wang X Y, Huang Y K, et al., 2014. Evaluation of resistance to *Sorghum mosaic virus* (SrMV) in 49 newelite sugarcane varieties/clones in China [J]. Crop Protection, 60: 62 - 65.

Mansour I M, Hamdi Y A, 1980. Red stripe disease of sugarcane in Iraq [J]. Agricultural Research Review, 57 (2): 133 - 141.

Marcone C, 2002. Phytoplasma disease of sugarcane [J]. Sugar Tech, 4: 79 - 85.

Martin J, Handojo H, Wismer C P B, 1989. Diseases of sugarcane: Major diseases [M]. Amsterdam: Elsevier.

Mohammed B, Lockhart B E L, Neil E O, 1993. An analysis of the complete sequence of a *Sugarcane bacilliform virus* genome infectious to banana and rice [J]. Journal of General Virology, 74: 15 -22.

Moonan F, Molina J, Mirkov T E, 2002. *Sugarcane yellow leaf virus*: an emerging virus that has evolved by recombination between luteoviral and poleroviral ancesters [J]. Virology, 269 (1): 156 - 171.

Orian G, 1942. Artificial hosts of the sugarcane leaf scald organism [J]. Rev. Agric. Sucr. Ile Maurice, 21: 285 - 304.

Parameswari B, Bagyalakshmi K, Viswanathan R, et al., 2013. Molecular characterization of Indian *Sugarcane streak mosaic virus* isolate [J]. Virus Genes, 46: 186 - 189.

Philippe R, Roger A B, Jack C C, et al., 2000. A guide to sugarcane diseases [M]. CIRAD and ISSCT.

Pieretti I, Royer M, Barbe V, et al., 2009. The complete genome of *Xanthomonas albilineans* provides new insights into the reductive genome evolution of the xylem - limited Xanthomonadaceae [J]. BMC Genomics, 10 (1): 7428 - 7436.

Putra L, Kristini A, Achadian E, et al., 2013. *Sugarcane streak mosaic virus* in Indonesia: Distribution, Characterisation, Yield Losses and Management Approaches [J]. Sugar Tech, 16 (4): 392 - 399.

Rao G P, Singh A, Singh H B, et al., 2005. Phytoplasma diseases of sugarcane: characterization, diagnosis and management [J]. Indian Journal of Plant Pathology, 23 (1 - 2): 1 - 21.

Rott P, Soupa D, Brunet Y, et al., 1995. Leaf scald (*Xanthomonas albilineans*) incidence and its effect on yield in seven sugarcane cultivars in Guadeloupe [J]. Plant Pathology, 44 (6): 1075 - 1084.

Ryan C C, Egan B T R, 1989. Diseases of Sugarcane: Major Diseases [M]. Amsterdam: Elsevier.

Saumtally A S, Dookun - Saumtally A, Rao G P, et al., 2004. Leaf scald of sugarcane: a disease of worldwide importance [M]. Enfield: Science Publishers, Inc, USA.

Scagliusi S M, Lockhart B E L, 2000. Transmission, characterization, and serology of a *Luteovirus* associated with yellow leaf syndrome of sugarcane. Phytopathology，90 (2)：120 - 124.

Schenck S，Pear H M，Liu Z，et al.，2005. Genetic variation of *Ustilago scitaminea* pathotypes in Hawaii evaluated by host range and AFLP marker [J]. Sugar Cane International，23：15 - 19.

Shan H L，Li W F，Huang Y K，et al.，2017. First detection of sugarcane red stripe caused by *Acidovorax avenae* subsp. *avenae* in Yuanjiang，Yunnan，China [J]. Tropical plant pathology，42 (2)：137 - 141.

Vesminsk G E，Chinea A，Canada A，1978. Causes of the spread and development of sugarcane bacterial red stripe in Cuba [J]. Ciencias De La Agricultura，2：53 - 64.

Viswanathan R，Premaehandran M N，1998. Occurrence and distribution of *Sugarcane bacilliform virus* in the sugarcane germplasm collection in India [J]. Sugar Cane，6：9 - 18.

Viswanathan R，Balamuralikrishnan M，Karuppaiah R，2008. Characterization and genetic diversity of *Sugarcane streak mosaic virus* causing mosaic in sugarcane [J]. Virus Genes，36：553 - 564.

Walker D I T，1987. Breeding for resistance sugarcane improvement through breeding [J]. Elsevier，445 - 502.

Wang X Y，Li W F，Huang Y K，et al.，2014. Analyses of the 16S - 23S intergenic region of the phytoplasma causing the sugarcane white leaf disease in Yunnan Province，China [J]. Trop Plant Pathol，39：184 -188.

Wang X Y，Li W F，Huang Y K，et al.，2017. Molecular detection and phylogenetic analysis of viruses causing mosaic symptoms in new sugarcane varieties in China [J]. European Journal of Plant Pathology，148：931 - 940.

Xu D L，Zhou G. H，Xie Y J，et al.，2010. Complete nucleotide sequence and taxonomy of *Sugarcane streak mosaic virus*，member of a novel genus in the family *Potyviridae* [J]. Virus Genes，40：432 - 439.

Zhang R Y，Shan H L，Li W F，et al.，2017. First report of sugarcane leaf scald caused by *Xanthomonas albilineans* (Ashby) Dowson in the province of Guangxi，China [J]. Plant Disease，101 (8)：1541.

Zia - ul - Hussnain S，Haque M I，Mughal S M，et al.，2011. Isolation and biochemical characterizations of the bacteria (*Acidovorax avenae* subsp. *avenae*) associated with red stripe disease of sugarcane [J]. African Journal of Biotechnology，10 (37)：7191 - 7197.

## 1.1 甘蔗凤梨病

甘蔗凤梨病为害新植蔗种（初期）

甘蔗凤梨病为害新植蔗种（中期）

甘蔗凤梨病为害新植蔗种（后期）

甘蔗凤梨病为害宿根蔗桩（初期）

甘蔗凤梨病为害宿根蔗桩（中期）

甘蔗凤梨病病田（新植）

甘蔗凤梨病病田（宿根）

## 1.2 甘蔗眼斑病

甘蔗眼斑病病叶（初期）

甘蔗眼斑病病叶（中期）

甘蔗眼斑病病叶（后期）

甘蔗眼斑病病株

甘蔗眼斑病病田

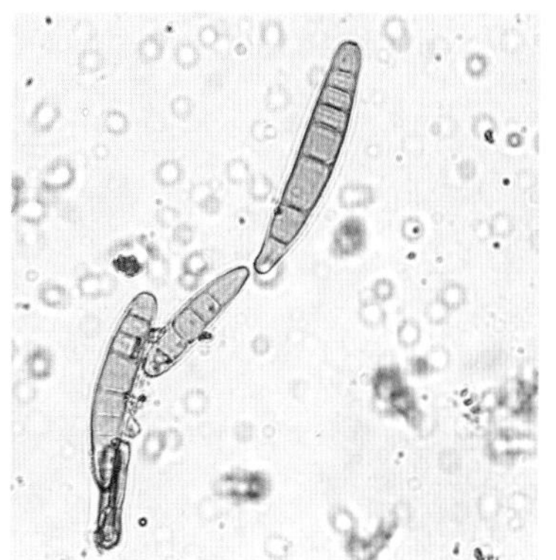
甘蔗眼斑病菌分生孢子

## 1.3 甘蔗黑穗病

甘蔗黑穗病黑鞭

甘蔗黑穗病病株

甘蔗黑穗病病丛

甘蔗黑穗病病田

## 1.4 甘蔗赤腐病

甘蔗赤腐病病叶（中脉赤腐）

甘蔗赤腐病病株表面

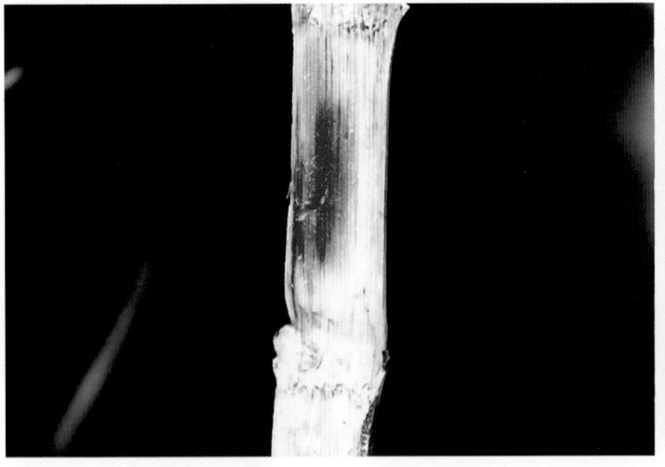

甘蔗赤腐病病茎纵剖面（初期）

甘蔗赤腐病病茎纵剖面（中期）

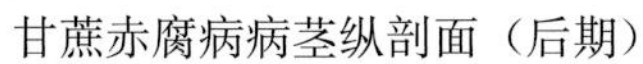

甘蔗赤腐病病茎纵剖面（后期）

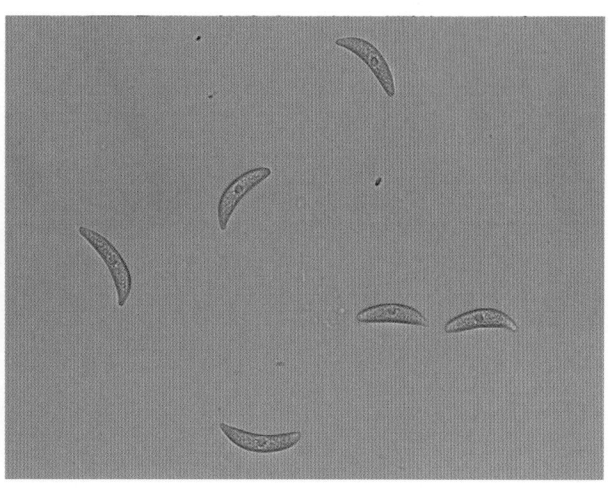

甘蔗赤腐病菌分生孢子

甘蔗赤腐病病株蔗头

## 1.5 甘蔗梢腐病

甘蔗梢腐病病叶基部（初期）

甘蔗梢腐病病叶扭曲缠结

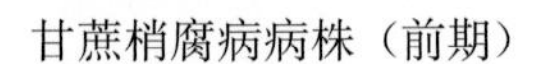

甘蔗梢腐病病株（前期）

甘蔗梢腐病病株（后期）

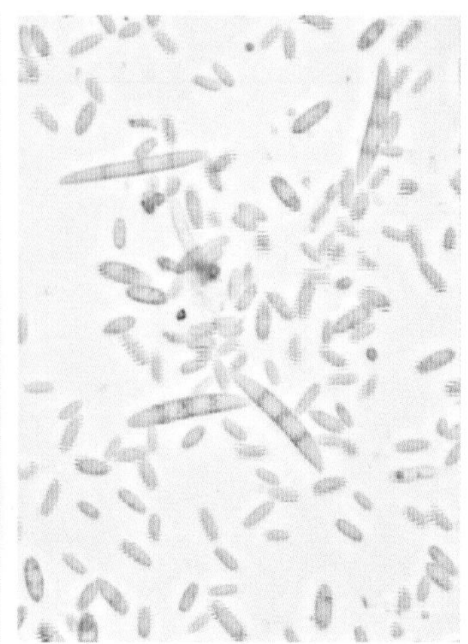

甘蔗梢腐病菌分生孢子

甘蔗梢腐病病田（苗期）

甘蔗梢腐病病田（后期）

## 1.6 甘蔗褐条病

甘蔗褐条病病叶（初期）

甘蔗褐条病病叶（中期）

甘蔗褐条病病叶（后期）

甘蔗褐条病病田（苗期）

甘蔗褐条病病田（后期）

甘蔗褐条病病株

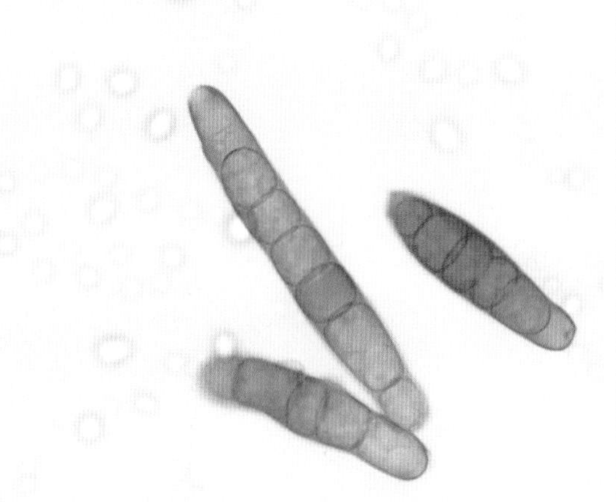

甘蔗褐条病菌分生孢子

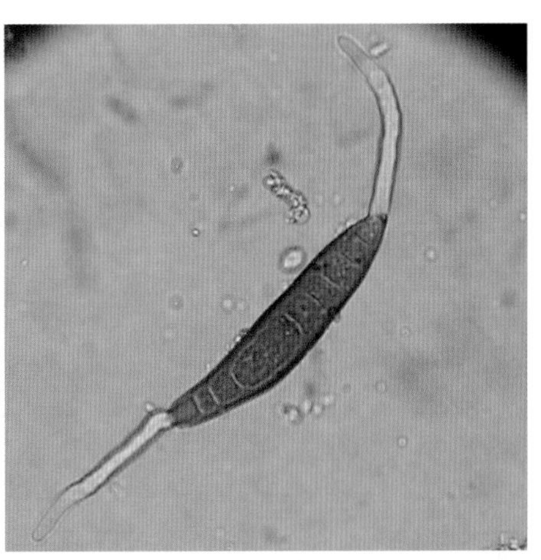

甘蔗褐条病菌分生孢子发芽状

## 1.7 甘蔗黄斑（点）病

甘蔗黄斑（点）病病叶（初期）

甘蔗黄斑（点）病病叶（中期）

甘蔗黄斑（点）病病叶（后期）

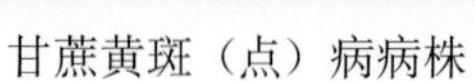

甘蔗黄斑（点）病病株

甘蔗黄斑（点）病病田

## 1.8 甘蔗轮斑病

甘蔗轮斑病病叶（初期）

甘蔗轮斑病病叶（中期）

甘蔗轮斑病病叶（后期）

甘蔗轮斑病病株

## 1.9 甘蔗锈病

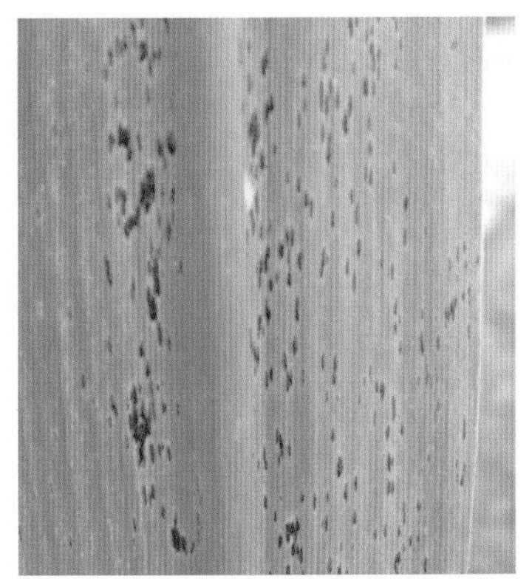

甘蔗锈病病叶（初期）

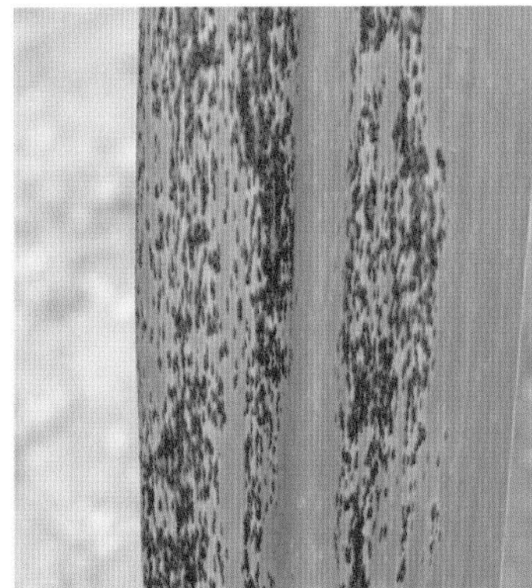

甘蔗锈病病叶（中期）

甘蔗锈病病叶（后期）

甘蔗锈病病株

甘蔗锈病病田

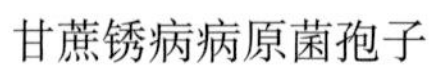

甘蔗锈病病原菌孢子

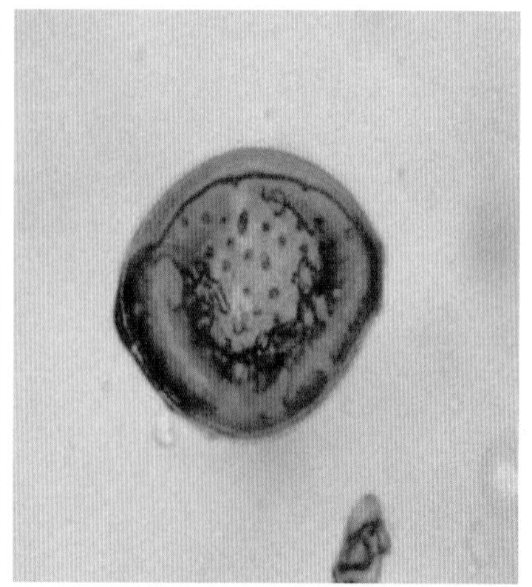

甘蔗锈病病原菌孢子体

## 1.10 甘蔗褐斑病

甘蔗褐斑病病叶（初期）

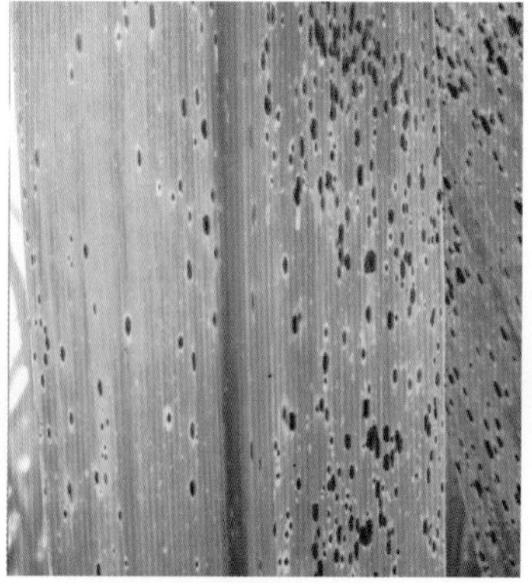

甘蔗褐斑病病叶（中期）

甘蔗褐斑病病叶（后期）

甘蔗褐斑病病株

甘蔗褐斑病病田

## 1.11 甘蔗叶焦病

甘蔗叶焦病病叶（初期）

甘蔗叶焦病病叶（后期）

甘蔗叶焦病病株（苗期）

甘蔗叶焦病病株（后期）

甘蔗叶焦病病田（苗期）

甘蔗叶焦病病田（后期）

## 1.12 甘蔗煤烟病

甘蔗煤烟病病叶（初期）

甘蔗煤烟病病叶（后期）

甘蔗煤烟病病株

甘蔗煤烟病病田（前期）

甘蔗煤烟病病田（后期）

## 1.13 甘蔗花叶病

甘蔗花叶病病叶

甘蔗花叶病病株

甘蔗花叶病病丛

甘蔗花叶病病田

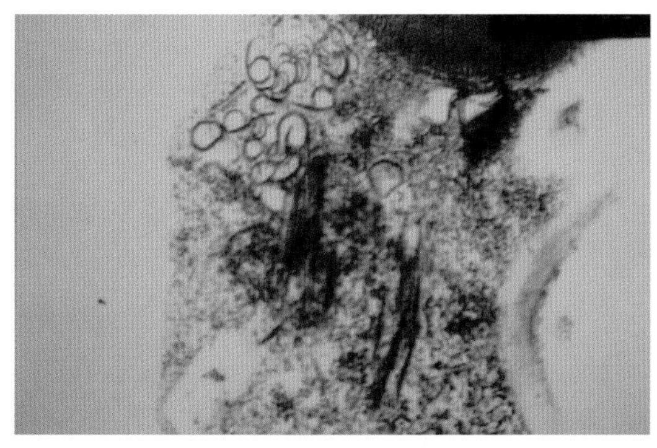

甘蔗花叶病风轮状和卷筒状内含体

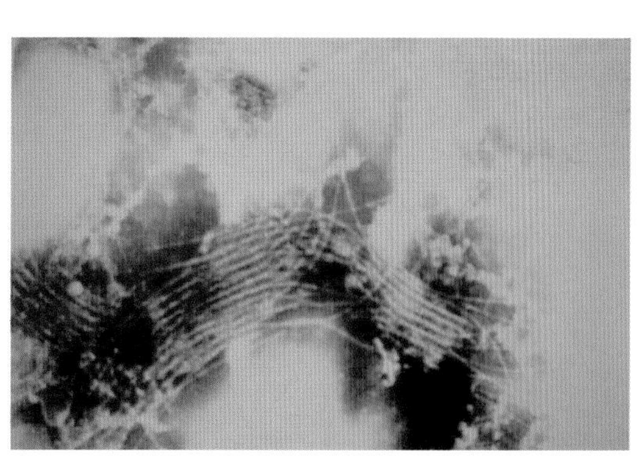

甘蔗花叶病线形病毒粒体

## 1.14 甘蔗条纹花叶病毒病

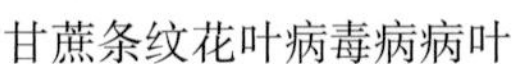
甘蔗条纹花叶病毒病病叶

甘蔗条纹花叶病毒病病株

甘蔗条纹花叶病毒病病田

## 1.15 甘蔗黄叶病

甘蔗黄叶病病叶（前期）

甘蔗黄叶病病叶（后期）

甘蔗黄叶病病株

甘蔗黄叶病病丛　　甘蔗黄叶病病田

## 1.16 甘蔗杆状病毒病

甘蔗杆状病毒病病叶　　甘蔗杆状病毒病病株

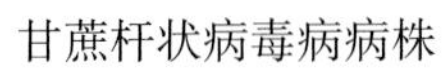

甘蔗杆状病毒病病株　　甘蔗杆状病毒病病田

## 1.17 甘蔗白叶病

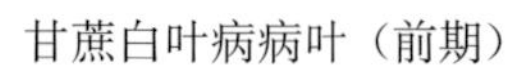
甘蔗白叶病病叶（前期）

甘蔗白叶病病叶（后期）

甘蔗白叶病病株（前期）

甘蔗白叶病病株（后期）

甘蔗白叶病病丛（前期）

甘蔗白叶病病丛（后期）

甘蔗白叶病病田（前期）

甘蔗白叶病病田（后期）

## 1.18 甘蔗宿根矮化病

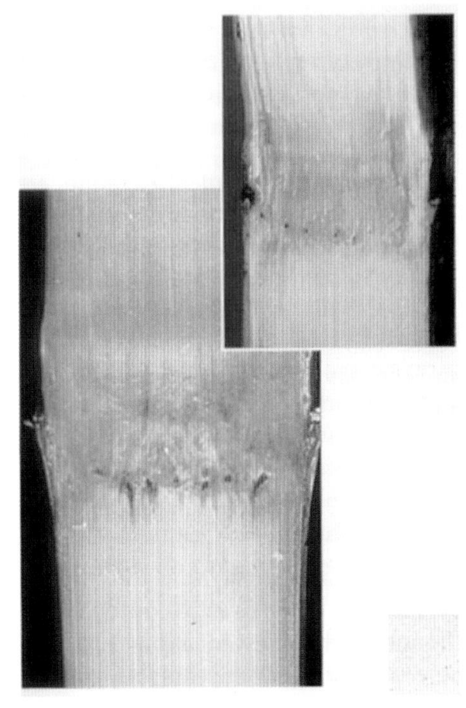

甘蔗宿根矮化病病茎纵剖面

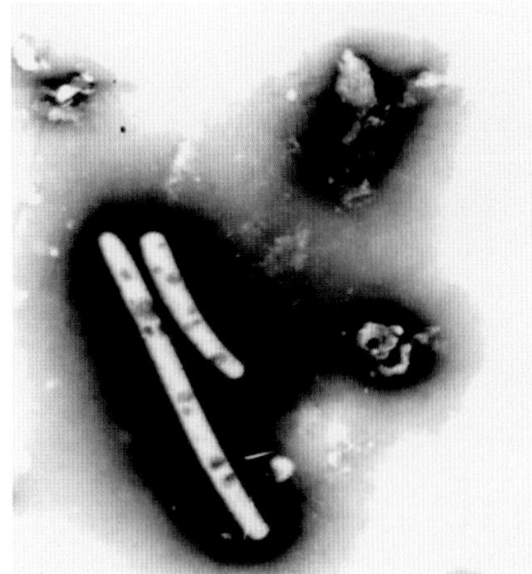

甘蔗宿根矮化病病原菌

甘蔗宿根矮化病病田（苗期）

甘蔗宿根矮化病病田（中期）

甘蔗宿根矮化病病田（后期）

## 1.19 甘蔗赤条病

甘蔗赤条病病叶（初期）

甘蔗赤条病病叶（中期）

甘蔗赤条病病叶（后期）

甘蔗赤条病病株（前期）

甘蔗赤条病病株（后期）

甘蔗赤条病病茎

甘蔗赤条病病田

## 1.20 甘蔗白条病

甘蔗白条病病叶

侧芽叶片具白色条纹

甘蔗白条病病茎

甘蔗白条病病株（苗期）

甘蔗白条病病株（成熟期）

甘蔗白条病病田

甘蔗白条病病田（新植苗期）

# 甘蔗主要害虫诊治

甘蔗是中国主要的糖料作物，在农业经济收入中有重要地位。每年因害虫为害造成产量损失达百分之几到百分之十几，甚至更多。随着甘蔗种植面积的扩大、农业耕作制度的变革、引种的频繁、化学农药的滥用，再加上我国甘蔗产区气候和环境复杂多变，作物与害虫、害虫与天敌之间的动态关系发生了新的变化，害虫种类有所增加，发生程度日趋严重，天敌种群不断减少，防治工作更加被动。据不完全统计，我国甘蔗害虫达360余种，其中严重影响甘蔗生长并经常造成灾害的主要有：甘蔗螟虫、甘蔗绵蚜、甘蔗蓟马、粉红粉介壳虫、甘蔗金龟子、蔗头象虫、蛀茎象虫、甘蔗白蚁、甘蔗刺根蚜、甘蔗天牛、甘蔗金针虫、甘蔗黏虫、甘蔗蝗虫、甘蔗飞虱、甘蔗椿象等。多年来云南省农业科学院甘蔗研究所从生产实际出发，针对我国甘蔗主产区主要害虫进行研究，明确了不同蔗区的主要害虫的分布及发生为害特点，并研究拟定了切实可行的综合防治技术。本章系统地对甘蔗生产中经常造成灾害的41种害虫，以清晰的彩色照片和科学、准确的文字进行了描述，内容包括害虫发生为害、形态识别、生活习性及发生规律、防治措施。

## 2.1 大螟（*Sesamia inferens* Walker）

**【发生为害】**大螟又称紫螟，属鳞翅目夜蛾科，是为害甘蔗最为普遍且严重的钻蛀性害虫。大螟在我国广东、广西、福建、台湾、云南、海南、四川、贵州、湖南、江西等地的植蔗区普遍发生，严重影响甘蔗生产。大螟食性复杂，主要为害甘蔗、水稻、玉米、高粱、茭白、粟、稗和白花草（割手密）等。大螟多发生于水田蔗，尤以稻底蔗、稻后蔗、蔗麦间种蔗，大螟为害特别严重。大螟在甘蔗整个生长期都有为害，苗期为害生长点造成枯心苗，枯心率一般为24.0%～37.8%，严重的达38.3%～82.0%，生长后期螟害株率达20%以上，严重的达100%；生长中后期钻蛀为害蔗茎，破坏蔗茎组织，妨碍甘蔗生长，降低产量和糖分，引起风折。同时赤腐病菌常由蛀口侵入，造成甘蔗赤腐病。

**【形态识别】**大螟成虫体长13～14毫米，翅长8～16毫米。头、胸部淡黄褐色。前翅淡黄色，中央及外缘线暗褐色，缘毛银白色，近外缘有1条暗褐色的边线。后翅白色，顶角处稍褐色，触角黄褐色，雌螟触角丝状，雄螟触角短锯齿状。头前如截断状，头、胸部均有长绒毛。老熟幼虫体长30～40毫米，头部黄褐色至暗褐色，虫体较粗壮，体背淡紫红色，腹部淡乳黄色，体节上着生疣状突起，其上生有短毛。气门黑色，小椭圆形。

**【生活习性及发生规律】** 成虫白天藏在杂草丛里、阴暗潮湿的沟边或蔗田土块裂缝中，夜晚活动，大多于上半夜羽化，于下半夜交配。刚孵化的幼虫有群集在叶鞘内侧吃表皮组织的习性，二龄开始分散，多数从离地表1厘米处蛀入蔗苗内部，每虫为害1株。幼虫有转株为害的习性，其一生可为害3～5株蔗苗。随着甘蔗生长增高，为害部位亦随之增高，幼虫三龄以后，食量大增，破坏性大。老熟幼虫爬出茎外，结茧化蛹，少数在土表、杂草丛中或茎内化蛹。多以老熟幼虫在被害蔗株梢头过冬，蛹和成虫较少。据调查，越冬虫态中，幼虫占97.3%，蛹占1.2%，成虫占1.5%。大螟1年发生5～6代，世代重叠。3月上中旬、5月上中旬和6月中下旬是为害甘蔗高峰期。

**【防治措施】**

（1）农业防治。甘蔗与花生、大豆、甘薯等轮作或间套种蔬菜、绿肥等；选用无病虫健壮种苗，适时下种，早植早施肥；2—3月枯心苗出现田块，可人工从基部割除枯心苗，取出并杀死害虫。个别钻得太深未割出的可用铁丝从枯心中央插下，刺杀幼虫。适时剥除枯叶。收获时应快锄低砍，收砍后及时清除枯叶残蔗和田间杂草。

（2）物理防治。在2—7月成虫盛发期，每2～4公顷安装1盏杀虫灯诱杀。

（3）生物防治。选择螟虫产卵始盛期和高峰期释放赤眼蜂到蔗田，每公顷每次放15万头，设75～120个释放点，全年放蜂5～7次。或于3月上旬，每公顷设3～6个螟虫性诱剂新型飞蛾诱捕器，诱杀成虫，每15～20天更换1次诱芯，适时清理诱捕器。

（4）保护天敌。蔗田中螟黄足绒茧蜂和大螟拟丛毛寄蝇，以及卵寄生蜂等多种天敌是寄生甘蔗螟虫的优势天敌，在甘蔗产区分布较广，寄生率一般为15%～35%。从早春开始，选用高效中低毒选择性杀虫剂，并在根区土壤施药。

（5）药剂防治。发苗较早的田块，螟害一般都会严重，要注意勤检查，在枯心苗未大量出现前，1—5月结合春植蔗下种、宿根蔗松蔸施肥和甘蔗培土，每公顷选用3.6%杀虫双、5%杀虫单·毒死蜱、8%毒死蜱·辛硫磷等颗粒剂45～90千克或15%毒死蜱颗粒剂15～18千克、10%杀虫单·噻虫嗪颗粒剂或10%噻虫胺·杀虫单颗粒剂37.5～45千克，与肥料均匀混合后，均匀撒施于蔗沟、蔗桩或蔗株基部，覆土或盖膜，能有效防治整个苗期的螟害，药效可维持40～60天；在3—5月第一代、第二代螟虫卵孵化盛期，选用20%阿维菌素·杀螟硫磷乳油600倍液、95%杀虫单原粉1 000倍液、98%杀螟丹可湿性粉剂1 000倍液、25%杀虫双水剂200倍液、46%杀单·苏云菌可湿性粉剂200倍液之一进行叶面喷雾，每隔10～15天喷1次，共喷2次，施药时注意交替轮换用药。

## 2.2 二点螟（*Chilo infuscatellus* Snellen）

**【发生为害】** 二点螟又称粟灰螟，属鳞翅目螟蛾科。二点螟在我国广东、广西、福建、台湾、云南、海南、四川、贵州、湖南、江西等地的植蔗区均有发生，不同程度地影响甘蔗生产。二点螟多发生于旱地蔗，除为害甘蔗外，还为害玉米、粟、糜、黍、高粱、稗、狗尾草、香根草、谷莠草和茭白等。二点螟主要是对甘蔗苗期为害损失大，特别是幼苗在分蘖前或分蘖初期受害容易造成缺株。生长中后期的蔗茎受害损失较小。对甘蔗为害最大的是第一代、第二代，特别是第一代为害的多数是母茎苗，常造成缺株断垄，影响后期亩[*]有效茎数。种植迟蔗苗长势差的蔗地，第二代发生为害也会导致大量的母茎成为枯心苗。枯心率一般为 9.8%～19.58%，严重的达 36.73%～56.71%，后期蔗茎螟害株率一般为 26.67%～49.17%，严重的高达 85%以上。亩有效茎数平均减少 1 018.4 条，最多减少 1 846 条、最少减少 296 条。甘蔗实测产量损失率平均为 22.78%，最多为 44.53%，最少为 5.28%；甘蔗出汁率平均减少 2.41%，最多减少 3.3%，最少减少 1.66%；甘蔗糖分平均降低 1.44%，最多降低 1.92%，最少降低 1.05%；蔗汁重力纯度平均降低 1.48%，最多降低 2.04%，最少降低 1.18%；而蔗汁还原糖分则平均增加 0.28%，最多增加 0.33%，最少增加 0.24%。

**【形态识别】**成虫体长 10～16 毫米，翅长 18～25 毫米。雌蛾体灰黄色，雄蛾体暗灰色。下唇须淡褐色，长度为头长的 2～3 倍。前翅呈长三角形，淡黄褐色，中室内有 1～2 个小黑点，前翅外缘末端有排成 1 列的 7 个黑点，近外缘有 1 条与其平行的弧状深灰色横线。后翅白色，有光泽。老熟幼虫体长 25～30 毫米，体黄白色，体背有 5 条断续的暗灰色或淡紫色纵线，腹背各节有 4 个褐色斑，呈梯形排列。气门椭圆形，黄褐色。

**【生活习性及发生规律】**成虫大多于上半夜羽化，有趋光性，白天静伏于蔗叶背面或其他隐蔽处，夜间进行交配、产卵。刚孵化的幼虫在叶片上爬行或吐丝下垂随风飘拂，分散到附近的蔗株上，从蔗苗基部叶鞘间隙侵入。一龄幼虫有群集在叶鞘内侧为害的习性，二龄以后逐渐分散蛀入蔗苗内部，食至生长点后便造成枯心苗。常转株为害。老熟幼虫在枯心苗或被害茎内化蛹。以老熟幼虫越冬，越冬场所大部分是在被害的枯心苗内、残茎内、蔗蔸内，少部分在原料蔗内。二点螟一年可发生 5～6 代，世代重叠。一般在田间因二点螟为害蔗苗枯心出现两次高峰。第一次在 4 月中下旬至 5 月上旬，第二次在 5 月下旬至 6 月上旬。第三代以后多为害无效分蘖，部分为害造成虫蛀节。干旱条件有利于二点螟发生与为害，凡是宿根蔗面积大、虫源田多、冬春干旱、蔗苗弱小的，害虫发生量就大，受害就重；反之则发生量小且受害轻。一般在旱坡地、沙土蔗地发生为害重，在水田蔗、低洼潮湿地发生为害轻。宿根蔗、春植蔗受害较重，冬植蔗次之，而秋植蔗受害最轻。甘蔗间种豆类、绿肥、蔬菜等作物，及时施肥培土均可减轻二点螟的为害和损失。

**【防治措施】**坚持“预防为主，综合防治”的基本原则。注重早期预警监测，关键抓好第一代、第二代防治，采取以农业防治为基础、物理防治为重点、生物防治为辅助、化学防治为关键的综合防治措施。

（1）农业防治。甘蔗与水稻、花生、大豆等轮作或间套种蔬菜、马铃薯、绿肥等。选用无病虫健壮种苗，适时下种，早植早施肥；2—3 月枯心苗出现田块，可人工从基部割除枯心苗，取出并杀死害虫。个别钻得太深未割出的可用铁丝从枯心中央插下，刺杀幼虫。适时剥除枯叶。收获时应快锄低砍，收砍后及时清除枯叶残蔗和田间杂草。

（2）物理防治。在 3—7 月成虫盛发期，每 2～4 公顷安装 1 盏杀虫灯诱杀，每天开灯时间以 20:00—22:00 成虫活动高峰期为佳。

（3）生物防治。选择第一代、第二代螟虫产卵始盛期和高峰期使用“赤眼蜂携带病

---

[*] 亩为非法定计量单位，1 亩=1/15 公顷。——编者注

毒”，根据虫情发生密度，每公顷等距离施放75～105枚卵卡，将带有甘蔗螟虫防治病毒的赤眼蜂卵卡挂在蔗株背阴处即可，以清晨至10:00或15:00后使用为宜，不能与化学农药同时使用；或成虫盛发期（3—7月），每公顷设3～6个螟虫性诱剂新型飞蛾诱捕器，诱杀成虫，每15～20天更换1次诱芯，适时清理诱捕器。

（4）保护天敌。蔗田中螟黄足绒茧蜂和大螟拟丛毛寄蝇，以及卵寄生蜂等多种天敌是寄生甘蔗螟虫的优势天敌，在甘蔗产区分布较广，寄生率一般为15%～35%。从早春开始，选用高效中低毒选择性杀虫剂，并进行根区土壤施药。

（5）药剂防治。1—5月结合春植蔗下种、宿根蔗松蔸施肥或甘蔗培土，每公顷选用3.6%杀虫双、5%杀虫单·毒死蜱、5%丁硫克百威等颗粒剂45～90千克或15%毒死蜱颗粒剂15～18千克、10%杀虫单·噻虫嗪颗粒剂或10%噻虫胺·杀虫单颗粒剂37.5～45千克，与公顷施肥量混合均匀后，均匀撒施于蔗沟、蔗桩或蔗株基部，覆土或盖膜；3—5月第一代、第二代螟虫卵孵化盛期，选用20%阿维菌素·杀螟硫磷乳油600倍液、95%杀虫单原粉1 000倍液、30%氯虫苯甲酰胺·噻虫嗪悬浮剂3 000倍液、25%杀虫双水剂200倍液、46%杀单·苏云菌可湿性粉剂200倍液之一进行叶面喷雾，每10～15天喷1次，共喷2次，施药时注意交替轮换用药。

## 2.3 黄螟［*Argyroploce schistaceana*（Snellen）；*Tetramoera schistaceana* Snellen］

**【发生为害】**黄螟又称甘蔗小卷叶螟，属鳞翅目小卷叶蛾科。黄螟在我国广东、广西、云南、台湾、福建、浙江、海南等地的植蔗区均有分布，多发生在水田或较潮湿的蔗田。黄螟是单食性害虫，只为害甘蔗。甘蔗苗期及分蘖期，幼虫常在蔗株泥面下部幼芽或根带处侵入为害，造成枯心苗；生长中后期幼虫潜入叶鞘间隙，于芽或根带等较嫩处蛀入，钻蛀为害蔗茎，破坏蔗茎组织，妨碍甘蔗生长。黄螟中后期常会大量蛀食蔗茎基部蔗芽，严重影响来年宿根再生力。枯心率一般为14.78%～22.11%，严重的达49.55%～65.82%，后期蔗茎螟害株率一般为38.33%～58.33%，严重的高达70%以上。亩有效茎数平均减少589～1 742条。甘蔗实测产量损失率平均为12.12%～43.1%，甘蔗出汁率平均减少2.78%～3.74%，甘蔗糖分平均降低0.78%～5.69%，蔗汁重力纯度平均降低1.1%～12.49%，而蔗汁还原糖分则平均增加0.13%～1.61%。

**【形态识别】**成虫体长5～9毫米，翅长5～8毫米。体色暗灰，前翅深灰褐色，翅上斑纹复杂，前翅中央有Y形黑色斑纹。后翅暗灰色，从基部起颜色渐浅。触角鞭状。下唇须灰色，与头等长。复眼较大，并有青蓝色光泽。雄蛾比雌蛾体小，但色泽较深。卵椭圆形，扁平，长1.2毫米，宽0.8毫米。表面有放射状刻纹。初产时乳白色，有珍珠光泽。卵壳上有刻纹，以后经发育渐变为乳黄色，到孵化时出现赤色斑纹及黑色头部。老熟幼虫体长约20毫米，体淡黄色，无斑纹，有时因内脏透露而使体色变为灰黄色。头部赤褐色，前胸背板黄褐色，两颊有楔形的黑纹。尾节臀板灰黄色。胸和腹部着生小疣状突起，其上有毛。气门微小，椭圆形，暗褐色。蛹体长8～12毫米，宽2～2.5毫米，黄褐色，背面稍淡。腹部第2节的后缘、第3～6节的前后缘、第7节的前缘、第8节及尾节的背面均有锯齿状突起，这是识别的主要特征。尾节有数条刚毛。

**【生活习性及发生规律】**黄螟性喜潮湿，高温干旱对其不利。雌蛾有释放性外激素引诱雄蛾前来交配的特性，其性引诱能力强。成虫一般白天不活动，常在田间杂草、蔗丛下部枯叶鞘和土缝处栖息，在夜间活动。卵一般产在60厘米高度以下，甘蔗苗期卵产于叶和叶鞘上，甘蔗伸长期有一半卵产在蔗茎表面和秋笋上。幼虫孵化后爬行向下降，潜入叶鞘间隙，一般在芽或根带等较嫩的部位蛀入。对甘蔗幼苗及分蘖株，幼虫常在其泥面下的部位侵入，为害蛀道曲折，1头幼虫多为害1株蔗苗；甘蔗生长中后期，幼虫于根带处上方或芽眼处侵入，形成虫害节，在根带处上方留下蚯蚓状的食痕，在被害茎蛀食孔外常露出一堆虫粪。老熟幼虫多在蛀孔口处作茧化蛹，少部分在芽、叶鞘或土缝中作茧化蛹。黄螟1年可发生6～7代，发生世代较多，且有重叠发生现象。黄螟发生与为害盛期随各地的气温和植期而异。据辽宁省开原地区几年来的田间调查，3月中旬在早发的宿根蔗及杂草上开始出现黄螟卵，3月下旬出现枯心苗，黄螟卵在4月上中旬出现一个高峰，5月下旬为第二个高峰期，7月上中旬为第三个高峰期，第三个高峰期产卵量猛增，相当于第一个、第二个高峰的几倍或几十倍。8月上旬开始，幼虫大量取食蔗茎基部的蔗芽和蔗茎，在秋植蔗或晚收获的蔗茎及蔗桩内过冬。

**【防治措施】**

（1）农业防治。甘蔗与水稻、花生、大豆、玉米等轮作或间套种蔬菜、马铃薯、绿肥等。选用无病虫健壮种苗，适时下种，早植早施肥。2—3月枯心苗出现田块，可人工从基部割除枯心苗，取出并杀死害虫。对于个别钻得太深未割出的，可用铁丝从枯心中央插下，刺杀幼虫。适时剥除枯叶。收获时应快锄低砍，收砍后及时清除枯叶残蔗和田间杂草。

（2）物理防治。在3—7月成虫盛发期，每2～4公顷安装1盏杀虫灯诱杀，每天开灯时间以20:00—22:00成虫活动高峰期为佳。

（3）生物防治。在3—7月成虫盛发期，每公顷将内含性诱剂的塑料管诱芯3 000支（约2.5厘米/支）均匀地插于蔗叶中脉处（按1.8米×1.8米面积插1支），每隔15～20天更换1次诱芯，诱芯不断释放出性外激素干扰成虫交配，能减少黄螟为害发生量；或每公顷设3～6个螟虫性诱剂新型飞蛾诱捕器，诱杀成虫，每15～20天更换1次诱芯，适时清理诱捕器。

（4）保护天敌。蔗田中螟黄足绒茧蜂和大螟拟丛毛寄蝇，以及卵寄生蜂等多种天敌是寄生甘蔗螟虫的优势天敌，在甘蔗产区分布较广，寄生率一般为15%～35%。从早春开始，选用高效中低毒选择性杀虫剂，并采用根区土壤施药。

（5）药剂防治。1—5月结合春植蔗下种、宿根蔗松蔸施肥或甘蔗培土，每公顷选用3.6%杀虫双、5%杀虫单·毒死蜱、5%丁硫克百威、8%毒死蜱·辛硫磷等颗粒剂45～90千克或15%毒死蜱颗粒剂15～18千克、10%杀虫单·噻虫嗪颗粒剂或10%噻虫胺·杀虫单颗粒剂37.5～45千克，与公顷施肥量肥料混合均匀后，均匀撒施于蔗沟、蔗桩或蔗株基部，覆土或盖膜；3—5月第一代、第二代螟虫卵孵化盛期，选用20%阿维菌素·杀螟硫磷乳油600倍液、90%敌百虫晶体500倍液、30%氯虫苯甲酰胺·噻虫嗪悬浮剂3 000倍液、48%毒死蜱乳油1 000倍液、46%杀单·苏云菌可湿性粉剂200倍液之一进行叶面喷雾，每隔10～15天喷1次，共喷2次，施药时注意交替轮换用药。

## 2.4 条螟［*Proceras venosatus*（Walker）；*Chilo sacchariphagus* Bojer］

**【发生为害】** 条螟又称高粱条螟、蔗茎禾草螟、斑点条螟，属鳞翅目草螟科。条螟在我国广东、广西、福建、台湾、云南、海南、四川、贵州、湖南、浙江、江西等地的植蔗区均有分布，水田蔗区发生为害较多。随着气候变化和蔗区灌溉条件的改善，条螟分布与为害有扩展和加重的趋势。条螟除为害甘蔗外，还为害玉米、高粱、粟、麻类、紫狼尾草、象草和芦苇等。甘蔗苗期及分蘖期条螟幼虫入侵为害生长点，形成枯心苗，减少有效茎数。初孵幼虫常群集为害心叶，受害心叶伸展可见一层透明状不规则的食痕或圆形小孔，此种症状称为花叶。伸长拔节后蔗茎受害，蛀孔大，内外留有大量虫粪，孔周围常呈枯黄色，食道呈横形，蛀茎隧道多分支而跨节，其上连续几节强力收缩变短变细，易风折，轻者造成螟害节，重者造成梢枯（即死尾蔗）。枯心率一般为9.6%～16.8%，严重的达46.25%～58.82%，后期蔗茎螟害株率一般为36.67%～56.67%，严重的高达78%以上。亩有效茎数平均减少604～1 682条。甘蔗实测产量损失率平均为12.59%～43.14%，甘蔗出汁率平均减少0.9%～2.75%，甘蔗糖分平均降低1.06%～3.89%，蔗汁重力纯度平均降低1.27%～8.94%，而蔗汁还原糖分则平均增加0.3%～1.3%。

**【形态识别】** 雌蛾体长14毫米，雄蛾体长12毫米，体及前翅灰黄色。下唇须较长，向前下方直伸。前翅顶角显著尖锐，外缘略呈一直线，顶角下部略向内凹，翅外侧有近20条暗褐色细线纵列。中室外端有1个黑色小点，雄蛾黑点较雌蛾明显，外缘翅脉间有7个小黑点。后翅色较淡，雌蛾近银白色，雄蛾淡黄色。老熟幼虫体长20～30毫米，初孵时为乳白色，体面有淡褐色斑，连成条纹。幼虫分冬、夏两型，夏型幼虫胸、腹部背面有4条明显的淡紫色纵纹，腹部各节近前缘有4个黑褐色毛片排成横列，中间2个较大，近圆形，均生有刚毛，近后缘亦有2个黑褐色毛片，近长圆形；冬型幼虫于越冬前蜕皮后，体面各节黑褐色毛片变成白色，体背有4条紫褐色纵线。

**【生活习性及发生规律】** 成虫趋光性弱。雌虫能释放性信息素，性引诱力强，性信息素组分有3种，分别为顺13-十八碳烯醇酯酸酯（Z13-18：OAC）、顺13-十八碳烯醇（Z13-18：OH）、顺11-十六碳烯醇酯酸酯（Z11-16：OAC），比例为5：1：4。成虫多在蔗叶中脉产卵，雌蛾平均产卵量为645粒。初孵幼虫有群集为害心叶的习性，为害2～3天后，受害心叶伸展可见一层透明状不规则的食痕或圆形小孔，此种症状称为花叶。幼虫进入三龄以后才从心叶转移到蔗茎为害，常常数头幼虫同时为害一条蔗茎，附近留有虫粪。甘蔗苗期生长点受害，3～5天出现枯心；伸长拔节后蔗茎受害，蛀孔大，内外留有大量虫粪，孔周围常呈枯黄色，食道呈横形，蛀茎隧道多分支而跨节，其上连续几节强力收缩变短变细，易风折，轻者造成螟害节，重者造成梢枯（即死尾蔗）。幼虫老熟由蔗茎中爬出，寻找干枯的叶鞘、枯心或其他残碎的干枯物处结茧化蛹。一年发生3～6代，各地有所不同。广东、广西为4～5代，福建3～4代，海南可达5～6代。广东第1～4代幼虫为害的花叶期分别在4月下旬至5月中旬、5月下旬至7月上旬、7月中旬至8月上旬和9月上旬至11月上旬。条螟喜高温潮湿天气，如冬春天气特别温暖，则条螟发生期早，发蛾量高，第一代卵可比常年提前15天左右出现，卵量亦比常年多10倍以上，发生量大增。另外，甘蔗中后期雨水偏多，降水量分布均匀，有利于条螟卵孵化和幼虫的生存，条螟发生重。

**【防治措施】**

（1）农业防治。甘蔗与水稻、花生、豆类等轮作或间套种蔬菜、西瓜、绿肥等；选用无病虫健壮种苗，适时下种，早植早施肥；条螟花叶期人工将花叶中的蚁螟杀死；适时剥除枯叶；收获时应快锄低砍，收砍后及时清除枯叶残蔗和田间杂草。

（2）生物防治。在各代成虫开始羽化前，在蔗地内设直径20厘米左右的诱捕盆，把诱芯横架于盆，距水面1厘米左右，每公顷设30～45个诱捕盆（连片蔗地则设1个），诱杀雄蛾，每15天更换1次诱芯，适时增补盆中水量。

（3）保护天敌。蔗田中螟黄足绒茧蜂和大螟拟丛毛寄蝇，以及卵寄生蜂等多种天敌是寄生甘蔗螟虫的优势天敌，在甘蔗产区分布较广，寄生率一般为15%～35%。从早春开始，选用高效中低毒选择性杀虫剂，在根区土壤施药。

（4）药剂防治。1—5月结合春植蔗下种、宿根蔗松蔸施肥或甘蔗培土，每公顷选用3.6%杀虫双、5%杀虫单·毒死蜱、8%毒死蜱·辛硫磷等颗粒剂45～90千克或15%毒死蜱颗粒剂15～18千克、10%杀虫单·噻虫嗪颗粒剂或10%噻虫胺·杀虫单颗粒剂37.5～45千克，与公顷施肥量肥料混合均匀后，均匀撒施于蔗沟、蔗桩或蔗株基部，覆土或盖膜；9月中下旬第4～5代高发期，每公顷选用46%杀单·苏云菌可湿性粉剂4.5千克（人工或机动喷施）、90%杀虫单可溶性粉剂2.25千克+8 000国际单位/毫克苏云金杆菌悬浮剂1 500毫升，或20%氯虫苯甲酰胺悬浮剂150毫升+30%甲维·杀虫单微乳剂2 250毫升（无人机飞防喷施），每公顷用药量兑水900千克进行人工或机动叶面喷施（或每公顷用药量兑飞防专用助剂及水15千克，采用无人机飞防叶面喷施）。

## 2.5 红尾白螟（*Tryporyza intacta* Snellen；*Scirpophaga intacta* Snellen）

**【发生为害】**红尾白螟又称红尾白禾螟，属鳞翅目草螟科。红尾白螟在我国广东、广西、海南、云南和台湾等地的植蔗区有分布。红尾白螟只为害甘蔗，未见为害其他作物。红尾白螟初孵幼虫吐丝下垂分散，选择尚未展开的心叶基部的叶中部侵入，并一直向内蛀食直至生长点，心叶展开后有呈带状横列的蛀食孔，孔的周围为褐色。幼虫稍长大后为害甘蔗幼苗生长点形成枯心苗，为害蔗茎造成枯梢引起侧芽萌发，使蔗株形似扫把状，故俗称受害蔗株为扫把蔗。红尾白螟为害一般减产10%～20%，甘蔗糖分下降0.57%～1.76%。

**【形态识别】**成虫体色纯白有光泽。前翅长12～18毫米，翅展25毫米，前翅呈三角形，长而顶角尖，翅背面近前缘外侧呈暗灰色。头和前胸覆盖着较长的白色绒毛。雌蛾腹部肥胖，尾毛为橙红色，雄蛾腹部细长，腹背和尾部为橙黄色。老熟幼虫体长20～30毫米，初龄幼虫体细长，乳白色。老熟幼虫体肥大而多横皱，乳黄色。头小，呈黄褐色，前胸背板为浅橙黄色，胸足短小，腹足、尾足均退化，各具单一的大形钩爪。

**【生活习性及发生规律】**红尾白螟昼伏夜出，有趋光性，雄蛾比雌蛾强。雌蛾能释放性信息素，性引诱能力较强，其性引诱剂的结构式为反 11 -十六碳烯醛和顺 11 -十六碳烯醇，比例为 7∶3。成虫产卵多在蔗叶背面，呈块状，卵块上有绒毛覆盖。初孵幼虫行动活泼，分散时常吐丝下垂，选择尚未展开的心叶基部的叶中部侵入，并一直向内蛀食直至生长点，心叶展开后有呈带状横列的蛀食孔，孔的周围为褐色。当为害严重时，由于多头幼虫集中于心叶为害，心叶多无法正常展开，叶片便出现腐烂或食痕周围逐渐枯死。幼虫稍长大后为害生长点，形成枯心苗和扫把蔗。老熟幼虫常在梢头部外侧营造羽化孔后吐丝营造蛹室，蛹室前面有 1 层甘蔗组织薄膜和 2 层幼虫吐丝结成的薄膜来保护蛹，成虫羽化后冲破 3 层薄膜爬至蔗茎或蔗叶上进行展翅。红尾白螟一年发生 4～5 代，以老熟幼虫在蔗茎梢头内越冬。老熟幼虫于 1 月下旬开始化蛹，2 月中旬为化蛹盛期，2 月下旬始见成虫，3 月中旬为成虫羽化盛期。第一代成虫于 5 月上中旬发生，第二代成虫于 6 月中旬至 7 月中旬发生，第三代成虫于 8 月上旬至 9 月中旬发生，第二代、第三代之间有世代重叠现象。第二代、第三代发生量最大，亦是为害甘蔗最严重的两个世代。

**【防治措施】**

（1）农业防治。甘蔗与水稻、花生、大豆、玉米等轮作或间套种蔬菜、马铃薯、绿肥等；选用无病虫健壮种苗，适时下种，早植早施肥；2—3 月枯心苗出现田块，可人工从基部割除枯心苗，取出并杀死害虫；对于个别钻得太深未割出的害虫，可用铁丝从枯心中央插下，刺杀幼虫。适时剥除枯叶枯梢。收获时应快锄低砍，收砍后及时清除枯叶残蔗和田间杂草。

（2）物理防治。在 3—7 月成虫盛发期，每 2～4 公顷安装 1 盏杀虫灯诱杀，每天开灯时间以 20:00—22:00 成虫活动高峰期为佳。

（3）生物防治。在各代成虫开始羽化前，在蔗地内设直径 20 厘米左右的诱捕盆，把诱芯横架于盆，距水面 1 厘米左右，每公顷设 30～45 个诱捕盆（连片蔗地则设 1 个），诱杀雄蛾，每 15 天更换 1 次诱芯，适时增补盆中水量。

（4）保护天敌。蔗田中螟黄足绒茧蜂和大螟拟丛毛寄蝇，以及卵寄生蜂等多种天敌是寄生甘蔗螟虫的优势天敌，在甘蔗产区分布较广，寄生率一般为 15%～35%。从早春开始，选用高效中低毒选择性杀虫剂，在根区土壤施药。

（5）药剂防治。1—5 月结合春植蔗下种、宿根蔗松蔸施肥或甘蔗培土，每公顷选用 3.6%杀虫双、5%杀虫单・毒死蜱、5%丁硫克百威、8%毒死蜱・辛硫磷等颗粒剂 45～90 千克，或 15%毒死蜱颗粒剂 15～18 千克，或 10%杀虫单・噻虫嗪、10%噻虫胺・杀虫单颗粒剂 37.5～45 千克，与公顷施肥量肥料混合均匀后，均匀撒施于蔗沟、蔗桩或蔗株基部覆土或盖膜；9 月中下旬第 4～5 代高发期，每公顷选用 46%杀单・苏云菌可湿性粉剂 4.5 千克（人工或机动喷施）、90%杀虫单可溶性粉剂 2.25 千克＋8 000国际单位/毫克苏云金杆菌悬浮剂 1 500 毫升，或 20%氯虫苯甲酰胺悬浮剂 150 毫升＋30%甲维・杀虫单微乳剂 2 250 毫升（无人机飞防喷施），每公顷用药量兑水 900 千克进行人工或机动叶面喷施（或每公顷用药量兑飞防专用助剂及水 15 千克，采用无人机飞防叶面喷施）。

## 2.6 台湾稻螟（*Chilo auricilia* Dudgeon）

**【发生为害】**台湾稻螟属鳞翅目草螟科，是为害甘蔗较为普遍且严重的一类钻蛀性害虫。台湾稻螟在我国广西、云南、广东、福建、四川、湖南、贵州、江西、海南和台湾等地均有分布。台湾稻螟食性杂，主要为害水稻，也为害甘蔗、玉米、粟、高粱和黍等。台湾稻螟主要发生在甘蔗与水稻混栽区，季节性地在甘蔗田发生为害，尤以水田蔗地、低洼潮湿地为害严重。台湾稻螟在甘蔗整个生长期都有为害，苗期为害生长点造成枯心苗，枯心率一般为10%，严重的达30%以上；生长中后期钻蛀为害蔗茎（螟害株率严重的高达40%以上），破坏蔗茎组织，妨碍甘蔗生长，降低产量和糖分，引起风折。蔗茎内蛀道可跨2～4节，蛀道有不规则的横道。幼虫在被害茎上穿孔较多，虫孔外表一般呈长方形或接近方形。同时，赤腐病菌常由蛀口侵入，造成甘蔗赤腐病。近年来，台湾稻螟发生更普遍，为害更严重，并有日趋加重之态势。

**【形态识别】**成虫体长6.5～11.8毫米，翅长18～28毫米。前翅黄褐色，翅中央有4个隆起的深褐色金属状斑块，左右排成菱形，斑块上常具有光泽的银色鳞片；亚外缘线上亦有同样的斑点列，翅外缘有7个小黑点排成1列，缘毛暗褐色有光泽；后翅淡黄褐色，缘毛淡褐色。老熟幼虫体长16～25毫米，头部暗红至黑褐色，体淡黄白色，背面有5条褐色纵线，最外侧纵线从气门通过，腹足趾钩双序全环，外方的趾钩略短。

**【生活习性及发生规律】**成虫有趋光性，雌蛾有释放性外激素的能力，诱雄力较强，一晚最多可诱到雄蛾171头。其性诱剂成分为顺十二碳酸酯。成虫多在夜间羽化，羽化后当晚即可交配，多数交配次日晚上才产卵。卵多产在甘蔗叶面，其次产在叶背面。幼虫活泼，孵化后爬行或吐丝下垂飘荡扩散。从叶鞘间隙侵入蔗株，常数头幼虫同在一株上蛀食，有转株危害习性。幼虫在被害茎上穿孔较多，虫孔外表一般呈长方形或接近方形。蔗茎内蛀道可跨2～4节，蛀道有不规则的横道。老熟幼虫在枯心苗或被害茎内化蛹，亦有在叶鞘内侧化蛹的。台湾稻螟一年发生4～5代。第一代成虫发生于4月上旬至5月中旬，第二代发生于5—6月，第三代发生于7月上旬至8月上旬，第四代发生于8月下旬至9月下旬，第五代发生于10月上旬至11月上旬。第五代幼虫在稻茬或蔗头越冬，在稻茬越冬的占多数。每年7—8月在蔗地发生较多，尤以稻田附近的田块密度较高。

**【防治措施】**

（1）农业防治。甘蔗与花生、大豆、甘薯等轮作或间套种蔬菜、马铃薯、绿肥等；选用无病虫健壮种苗，适时下种，早植早施肥；枯心苗零星出现田块，可人工从基部割除枯心苗，取出并杀死害虫。对于个别钻得太深未割出的害虫，可用铁丝从枯心中央插下，刺杀幼虫；适时剥除枯叶；收获时应快锄低砍，收砍后及时清除枯叶残蔗和田间杂草。

（2）物理防治。在3—7月成虫盛发期，每2～4公顷安装1盏杀虫灯诱杀，每天开灯时间以20:00—22:00成虫活动高峰期为佳。

（3）生物防治。在各代成虫开始羽化前，在蔗地内设直径20厘米左右的诱捕盆，把诱芯横架于盆，距水面1厘米左右，每公顷设30～45个诱捕盆（连片蔗地则设1个），把雄蛾直接诱到水中杀死。

（4）保护天敌。蔗田中螟黄足绒茧蜂和大螟拟丛毛寄蝇，以及卵寄生蜂等多种昆虫是寄生甘蔗螟虫的优势天敌，在甘蔗产区分布较广，寄生率一般为15%～35%。从早春开始，选用高效中低毒选择性杀虫剂，在根区土壤施药。

（5）药剂防治。1—5月结合春植蔗下种、宿根蔗松蔸施肥或甘蔗培土，每公顷选用3.6%杀虫双、5%杀虫单·毒死蜱、5%丁硫克百威、8%毒死蜱·辛硫磷等颗粒剂45～90千克，或15%毒死蜱颗粒剂15～18千克，或10%杀虫单·噻虫嗪、10%噻虫胺·杀虫单颗粒剂37.5～45千克，与公顷施肥量肥料混合均匀后，均匀撒施于蔗沟、蔗桩或蔗株基部，覆土或盖膜；4—6月为第一代、第二代螟虫卵孵化盛期，选用20%阿维菌素·杀螟硫磷乳油600倍液、95%杀虫单原粉1 000倍液、98%杀螟丹可湿性粉剂1 000倍液、48%毒死蜱乳油1 000倍液、46%杀单·苏云菌可湿性粉剂200倍液之一进行叶面喷雾，每隔10～15天喷1次，共喷2次，施药时注意交替轮换用药。

## 2.7 甘蔗绵蚜（*Ceratovacuna lanigera* Zehntner）

**【发生为害】**甘蔗绵蚜属同翅目蚜科，是甘蔗生产上的主要害虫之一。甘蔗蚜在我国广西、云南、广东、福建、海南、四川、江西、台湾、贵州、湖南等地的植蔗区发生普遍，为害严重。甘蔗绵蚜主要取食禾本科植物，寄主主要有甘蔗、高粱、茭白、柑橘、芦苇、大芒谷草等。甘蔗绵蚜发生面积可达种植面积的80%以上。特别是近年来甘蔗实行秋植或冬植，为甘蔗绵蚜提供了有利的越冬场所，有逐年加重为害的趋势。成蚜、若蚜在蔗叶背面中脉两侧群集吸食叶液，使蔗叶枯黄凋萎，同时虫体分泌蜜露黏附于叶片上导致煤烟病发生，进而影响叶片光合作用，甘蔗生长萎缩，产量降低，糖质下降。被害蔗一般减产18%～35.3%重的达45%以上，蔗糖分降低5.48%～8.16%；受害蔗茎留作种苗出苗率降低19.7%～41.6%，严重的甚至完全不能萌芽；受害严重的田块宿根蔗萌芽率降低57.7%～93.6%，缺塘断垄，减产更重。无论是甘蔗绵蚜还是甘蔗黄叶病毒的传播媒介，能将病毒传至高粱、水稻和玉米等其他禾本科作物。

**【形态识别】**无翅孤雌成蚜体长2.5毫米，宽1.8毫米。头、胸、腹紧连在一起，前头有两个小角状突。触角短，5节。胸部及腹部背面覆盖着较厚的棉絮状白色蜡质物。腹部膨大，共8节，第三腹节宽度最大，第五腹节背面两侧各有1个明显的背孔。无翅若蚜胸部及腹部背面均披棉絮状白色蜡质物。触角4节。

**【生活习性及发生规律】**甘蔗绵蚜营孤雌胎生繁殖，1年可发生18～20代，世代重叠。甘蔗绵蚜有群集性，群集在蔗叶背面栖息、取食及繁殖。无翅型整年都有发生，有翅型则一般发生于9月底至次年6月。有翅成虫具飞翔能力，有远距离迁飞扩散的作用。甘蔗绵蚜在蔗田的发生与消长大致可分为以下几个阶段：6—7月有翅成虫迁飞入蔗田形成中心虫株，成为当年甘蔗绵蚜发生的基点；7—8月迅速扩散到全田，9—10月猖獗为害，11月中下旬以后产生大量有翅蚜迁飞转移到野生甘蔗、芦苇、杂草等其他植物上越冬。甘蔗绵蚜发生量的大小及为害程度的轻重，与大发生前的基数和当年气候密切相关，其中温度、湿度、降水量、风等因素对甘蔗绵蚜种群的消长有重要的影响。凡是炎热干旱少雨的年份，甘蔗绵蚜发生就严重；降水量多、降水分布均匀的蔗区或年份蚜害发生就轻。甘蔗植期与甘蔗绵蚜发生也有密切关系。秋植蔗比春植蔗和宿根蔗严重，宿根蔗又比新植蔗严重。复杂的栽培制度，可使甘蔗绵蚜获得充足的食料并转移为害，有利于其种群的发展。

**【防治措施】**

（1）消灭越冬虫源。消除蔗田周围越冬寄主野生甘蔗、芦苇、杂草，对于秋冬植蔗应在冬春季喷药防治，以减少越冬虫源。

（2）药剂防治。每公顷选用70%噻虫嗪可分散粉剂600克、2%吡虫啉颗粒剂30千克、10%杀虫单·噻虫嗪颗粒剂37.5～45千克或10%噻虫胺·杀虫单颗粒剂37.5～45千克，于2—7月结合新植蔗下种、宿根蔗管理或甘蔗大培土一次性施药，按公顷用药量与施肥量混合均匀后，均匀撒施于蔗沟、蔗苋或蔗株基部，及时覆土或用除草膜全覆盖。

（3）保护利用天敌。甘蔗绵蚜天敌种类多，资源丰富，保护利用天敌，可有效抑制甘蔗绵蚜的发生。目前已有记载的甘蔗绵蚜天敌多达40种，包括7种寄生蜂、30种捕食性天敌和3种病原真菌。蔗田常见的天敌有瓢虫、草蛉、食蚜蝇、绿线螟、蚜小蜂、蚜茧蜂和1种寄生菌，其中多种瓢虫（如大突肩瓢虫、十斑大瓢虫、双带盘瓢虫等）捕食量相当大，当发生数量多时，对抑制甘蔗绵蚜的发生能起到很大的作用。因此，必须合理用药，避免大量杀伤天敌，充分发挥自然天敌对甘蔗绵蚜的抑制作用。

## 2.8 甘蔗蓟马（*Baliothrips serratus* Kobus）

**【发生为害】**甘蔗蓟马属缨翅目蓟马科。曾为甘蔗上的次要害虫，目前广泛分布于我国各植蔗省区，局部田块常严重发生，近年来扩展迅速，虫口密度高，为害严重。甘蔗蓟马主要为害甘蔗新叶和蔗叶尾部，幼虫及成虫群集于未展开的新叶内吸食汁液，被害叶片未展开时略呈水渍状黄斑，因叶绿素破坏，故叶片展开后其上有黄色或淡黄色斑块。甘蔗蓟马为害严重时能使蔗叶卷缩萎黄，缠绕打结，甚至干枯死亡，影响叶片光合作用，妨碍甘蔗生长并造成减产。该虫一般发生在5—7月，干旱或雨水过多的季节发生较重。

**【形态识别】**雄成虫体长1.1～1.2毫米，宽8.0～9.1毫米；雌成虫体长18.0～21.5毫米，宽8.2～10.0毫米。体暗褐色至褐色，头长于前胸，触角7节，第3、4节上有叉状感觉锥，第3～5节色淡；中胸腹板胸内骨无小刺，腹部第2～7节后缘着生不整齐的栉小齿。前翅斜长，淡灰色，上脉基鬃7根，端鬃3根。若虫似成虫，体型较小，黄白色，无翅。

**【生活习性及发生规律】**甘蔗蓟马的世代历期较短，1年可发生10余代，世代重叠，冬季无明显的休眠现象。成虫有翅可飞翔，可借风扩散传播，迁移扩散能力较强。成虫具有趋嫩习性，多产卵于甘蔗心叶内侧组织内。卵、若虫和成虫绝大部分时间都在尚未展开的心叶内，其中以在心叶中部为多。甘蔗蓟马3月中下旬开始活动繁殖，5月中旬后，蔗田蓟马数量迅速增加，各种虫态在蔗田均可见到，6月下旬种群数量达到最高峰，猖獗为害宿根蔗和冬、春植蔗，之后逐渐下降，12月至次年2月为害当年下种的秋植蔗。甘蔗蓟马的发生与气候条件关系很大，它在干旱的季节繁殖很快，再加上干旱时甘蔗心叶展开缓慢，这也为蓟马的栖息为害提供了有利条件，往往使其为害成灾。除气候条件之外，其他凡是能够妨碍甘蔗生长的外部因素（如蔗田积水、缺肥等）也都会加剧甘蔗蓟马的发生为害。但甘蔗蓟马不耐高温、高湿，因此当高温和雨季来临，其发生就会受到抑制。

**【防治措施】**加强虫情监测，以农业防治为基础，药剂防治为主，根据虫情及时施药，统防统治。

（1）农业防治。采用深耕，施足基肥；合理排灌和施肥；对前期生长慢的品种加强水肥管理。

（2）药剂防治。结合防治甘蔗绵蚜，每公顷选用70%噻虫嗪可分散粉剂600克、2%吡虫啉颗粒剂30千克、10%杀虫单·噻虫嗪颗粒剂37.5～45千克或10%噻虫胺·杀虫单颗粒剂37.5～45千克，于2—7月结合新植蔗下种、宿根蔗管理或甘蔗大培土一次性施药，与公顷施肥量肥料混合均匀后，均匀撒施于蔗沟、蔗蔸或蔗株基部，及时覆土或采用除草膜全覆盖。

## 2.9 粉红粉介壳虫［*Saccharicocus sacchari*（Cocherell）］

**【发生为害】**粉红粉介壳虫属同翅目粉蚧科。是分布较广的一大害虫，在我国各植蔗区均有发生。粉红粉介壳虫除为害甘蔗外，还为害芒。成虫、若虫在蔗茎节下部蜡粉带上或幼蔗的基部吸食汁液，并排出蜜露导致煤烟病，使甘蔗生长受到抑制，产量降低、糖质变劣。虫口密度高、发生严重时可使甘蔗成片枯死，造成严重减产，对糖质影响极大，并影响宿根蔗的再生力。据初步调查，被害蔗一般减产5%～20%，重的减产达30%以上，蔗糖分含量降低10%～30%；受害蔗茎留作种苗其萌芽率很低，甚至完全不能萌芽，造成来年缺塘断垄。

**【形态识别】**雌成虫体长4～6毫米，体卵形而稍扁平，呈暗桃红色，体表披有白色粉状蜡质物。足退化，难于行走。触角有7节。口吻由2节组成。若虫呈长椭圆形，淡桃红色。初孵时体长约0.5毫米，尾端有明显两对长毛。触角和足颇发达，行动比成虫灵活。

**【生活习性及发生规律】**在台湾1年可发生10代，在广西1年可发生8代，在亚热带蔗区1年可发生5～6代，在温带蔗区1年可发生3～4代。各世代重叠，极不整齐。在正常情况下，粉红粉介壳虫系孤雌卵胎生，无翅雌虫营孤雌生殖。在蔗田终年发生，繁殖力很强。成虫不活泼，不移动，若虫较活泼，能自由爬行。龄期越小的幼虫爬行越活泼。以若虫越冬，也可以雌成虫和卵块越冬。甘蔗收砍后则入土表下3.5～7厘米处的蔗头芽部或根带上，取食过冬。远距离主要靠种苗传播，近距离主要靠若（幼）虫爬行，然后是靠蚂蚁搬运，也可借水流和风力传播。冬春季温暖少雨的气候有利于其发育繁殖；多雨年份或高温多雨季节，此虫的发展受到显著抑制；温度适宜、雨量集中的季节，虫害常大发生；多年宿根或多年连作地往往比新植蔗田严重。

**【防治措施】**粉红粉介壳虫一生在叶鞘内生活，喷药不容易触杀，因此必须抓好种苗传播这一特点，进行种苗处理。

（1）农业防治。选用无虫健壮种苗作种；在盛发期，将老叶连叶鞘剥出；加强轮作，避免多年连作，对受害严重的蔗田，不应再留宿根蔗；甘蔗收获后，及时处理田间的残茎枯叶。

（2）药剂防治。对于带虫蔗种，用2%～3%石灰水浸种12～24小时，或用48%毒死蜱乳油800倍液浸种2分钟；有熏蒸条件的地方对带虫蔗种可用磷化铝等熏蒸剂密闭熏蒸2～3天，效果较好；每公顷选用5%丁硫克百威颗粒剂45～60千克、30%氯虫苯甲酰胺·噻虫嗪悬浮剂600毫升、10%杀虫单·噻虫嗪颗粒剂37.5～45千克或10%噻虫胺·杀虫单颗粒剂37.5～45千克，结合新植蔗下种、宿根蔗管理或甘蔗大培土施药，按公顷用药量与肥料混合均匀后，均匀撒施于蔗沟、蔗蔸或蔗株基部，及时覆土或采用除草膜全覆盖。

## 2.10 灰粉介壳虫（*Dysmicoccus bohinsis* Kuw）

**【发生为害】**灰粉介壳虫属同翅目粉蚧科。在我国各蔗区均有发生。灰粉介壳虫除为害甘蔗外，还为害芒。成虫、若虫在蔗茎节下部蜡粉带上或幼蔗的基部吸食汁液，并排出蜜露导致煤烟病，抑制甘蔗生长。虫口密度高、发生严重时可使甘蔗成片枯死，造成严重减产，对糖质影响极大，并影响宿根蔗的再生力。据初步调查，被害蔗一般减产5%～10%，重的减产达30%以上，蔗糖分含量降低10%～20%。

**【形态识别】**雌成虫体长4毫米，体卵圆形而扁平，呈灰红色。头部有1对腺堆，腹部有5～6对腺堆。体表披有白色粉状蜡质。足细长，可爬行。触角8节。若虫长椭圆形，淡桃红色。初孵时体长约0.5毫米，尾端有1对尾刺较短。足发达，行动迅速。

**【生活习性及发生规律】**在亚热带蔗区1年发生5～6代，在温带蔗区1年发生3～4代。以若虫越冬，也能以雌成虫和卵块越冬。各世代重叠，极不整齐。成虫有雌雄之分，雌虫属不完全变态，雄虫属完全变态。在蔗田终年发生，繁殖力很强。灰粉介壳虫成虫可爬行，若虫行动迅速。远距离主要靠种苗传播，近距离主要靠若（幼）虫爬行，然后是靠蚂蚁搬运，也可借水流和风力传播。冬春季温暖少雨的气候有利于其发育繁殖；多雨年份或高温多雨季节，此虫的发展受到显著抑制；温度适宜、雨量集中的季节，虫害常大发生；多年宿根或多年连作地往往比新植蔗田严重。

**【防治措施】**

（1）农业防治。选用无虫健壮种苗作种；在盛发期，将老叶连叶鞘剥出；加强轮作，避免多年连作；甘蔗收获后，及时处理田间的残茎枯叶。

（2）药剂防治。对于带虫蔗种，可用2%～3%石灰水浸种12～24小时，或用48%毒死蜱乳油800倍液浸种2分钟；每公顷选用5%丁硫克百威颗粒剂45～60千克、40%氯虫苯甲酰胺·噻虫嗪水分散粒剂600克、10%杀虫单·噻虫嗪颗粒剂37.5～45千克，或10%噻虫胺·杀虫单颗粒剂37.5～45千克，结合新植蔗下种、宿根蔗管理或甘蔗大培土施药，按公顷用药量与肥料混合均匀后，均匀撒施于蔗沟、蔗蔸或蔗株基部，及时覆土或采用除草膜全覆盖。

## 2.11 大等鳃金龟［*Exolontha serrulata*（Gyllenhal）］

**【发生为害】**大等鳃金龟又名黄褐色蔗龟、齿缘鳃金龟，属鞘翅目鳃金龟科。是为害我国甘蔗生产的一种主要地下害虫，广泛分布于广东、广西、福建、云南、江西、湖南、浙江、贵州等地的植蔗区。除为害甘蔗外，大等鳃金龟还喜食花生、玉米、竹子、甘薯、豆类、小麦等多种作物，因此作物轮作反而会增加其虫口密度，加重虫害发生。大等鳃金龟多分布在肥沃的沙壤土地带，主要是幼虫为害根部，严重田块的虫口密度高达每平方米40头。由于虫体大、食量大，大等鳃金龟的为害期能从6月上旬延续至11月中旬，有近6个月之久，它们能把甘蔗须根全部吃光，只留下一根蔗桩插在土内，残留的蔗桩手提就起、风吹就倒。大等鳃金龟能造成甘蔗整丘、整片死亡，完全无收，是一个具有毁灭性的虫种。

**【形态识别】**大等鳃金龟成虫体长25～30毫米，宽12.7～16.5毫米，全身黄褐色，头面色最深，前胸及各足色略深。体大型，较扁宽，长卵圆形。体上密披黄色绒毛，胸部和头部绒毛较长。头宽大，触角为鳃叶状，10节，棒节部由7节组成，雄虫比雌虫的大。但体型雄虫略小于雌虫。

**【生活习性及发生规律】**大等鳃金龟1年发生1代。成虫于4月开始羽化，4月中旬至6月下旬为成虫发生期。大等鳃金龟于夜间活动，有趋光性，黄昏时成群结队盘旋飞行选择交配场所，接着在树枝上或田间蔗叶上交配，随后便可产卵。卵集中产在蔗头20～25厘米深处，成虫不取食，产卵后不久便死亡。5月下旬至6月下旬为产卵期。6月上旬至11月中旬为幼虫活动期，初孵幼虫在蔗沟内取食已腐烂的有机质，随后移到蔗头根部咬食蔗根，入土较浅，为土下10～13.5厘米深。11月上中旬之后，老熟幼虫潜入20～30厘米的土壤中做土室越冬，次年3月上中旬化蛹。宿根蔗一般比新植蔗受害严重，且宿根年限越长，虫口累积越多，甘蔗受害越重。土壤中已腐烂有机质含量高，适合初孵幼虫生存，因而虫口密度高，甘蔗受害重。

**【防治措施】**

（1）农业防治。受害严重的不留宿根蔗地，甘蔗收获后及时深耕勤耙；7—8月甘蔗生长旺季正值大等鳃金龟幼虫期，有条件的可放水淹灌蔗地，一般淹过垄面7天左右；蔗稻（水旱）轮作；避开初孵幼虫发生期（5—6月）施用已腐烂的有机肥。

（2）药剂防治。5月底至6月初，初孵幼虫发生时期，结合甘蔗大培土，每公顷选用8%毒死蜱·辛硫磷、5%杀虫单·毒死蜱等颗粒剂60～75千克或15%毒死蜱颗粒剂15～18千克，按公顷用药量与肥料混合均匀后撒施于蔗株基部，及时覆土。

（3）生物防治。5月底6月初，初孵幼虫发生时期，结合甘蔗大培土，每公顷选用2%白僵菌粉粒剂或2%绿僵菌粉粒剂45～60千克，与公顷施肥量混合均匀后撒施于蔗株基部，及时覆土。

## 2.12 暗褐鳃角金龟（*Holotrichia parallela* Motschulsky；*Holotrichia morosa* Waterhollse）

**【发生为害】**暗褐鳃角金龟又称暗黑鳃金龟，属鞘翅目鳃金龟科。暗褐鳃角金龟在我国云南、广东、广西、福建、江西、湖南、浙江、贵州等地的植蔗区均有发生。暗褐鳃角金龟食性杂，除为害甘蔗外，还为害花生、豆类、粮食作物等。暗褐鳃角金龟多分布在黏土较多的蔗田，主要是幼虫为害根部。虫体中等，为害时间短（3个月），食量小，一般虽不致造成整片甘蔗死亡无收，但对甘蔗的生长影响很大。幼虫虫口密度与甘蔗产量的损失有直接相关性。每平方米幼虫数达 3～4 头时，每公顷造成甘蔗损失 7.5～15 吨；每平方米幼虫数达 5～6 头时，每公顷损失甘蔗 15～22.5 吨；每平方米幼虫数达 7～10 头时，每公顷损失甘蔗 30～45 吨。此虫主要发生在高产蔗区，一般每公顷造成甘蔗损失 15 吨左右，往往不引起人们的重视，但从整体来看，防治好此虫对提高甘蔗单产至关重要。

**【形态识别】**暗褐鳃角金龟成虫体长 16～22 毫米，宽 8～11.5 毫米，体色变化很大，以黑褐色、沥黑色居多，少数为黄褐色、栗褐色。体型中等，长椭圆形，后方常稍膨阔。体被淡蓝灰色粉状闪光薄层，腹部薄层较厚，闪光更显著，全体光泽较暗淡。头阔大，触角鳃叶状，10 节，棒状部甚短小，由 3 节组成。

**【生活习性及发生规律】**暗褐鳃角金龟 1 年发生 1 代。成虫于 9 月中下旬开始羽化，随后转移到田边地埂或杂草根部越冬，直到次年 5 月再出土飞翔、觅食蔗叶、交配，晚间入土产卵，有趋光性。6 月上旬开始产卵。6 月中旬至 8 月下旬为幼虫活动期，初孵幼虫喜食已腐烂的有机质，随后移向蔗头根部咬食蔗根，幼虫成熟快，为害时间短。9 月初即开始化蛹。宿根蔗一般比新植蔗受害严重，且宿根年限越长，虫口累积越多，甘蔗受害越重。土壤中已腐烂有机质含量高，适合初孵幼虫生存，因而虫口密度高，甘蔗受害重。

**【防治措施】**

（1）农业防治。受害严重的不留宿根蔗地，甘蔗收获后应及时深耕勤耙；7—8 月，有条件的可放水淹灌蔗地，一般淹过垄面 7 天左右；蔗稻（水旱）轮作；避开初孵幼虫发生期（5—6 月）施用已腐熟的有机肥。

（2）药剂防治。5 月底 6 月初，初孵幼虫发生时期，结合甘蔗大培土，每公顷选用 8%毒死蜱·辛硫磷、5%丁硫克百威、5%杀虫单·毒死蜱等颗粒剂 60～75 千克或 15%毒死蜱颗粒剂 15～18 千克，按公顷用药量与肥料混合均匀后撒施于蔗株基部，及时覆土。

（3）生物防治。5 月底 6 月初，初孵幼虫发生时期，结合甘蔗大培土，每公顷选用 2%白僵菌粉粒剂或 2%绿僵菌粉粒剂 45～60 千克，按公顷用药量与肥料混合均匀后撒施于蔗株基部，及时覆土。

## 2.13 突背蔗金龟（*Alissonotum impressicolle* Arrow）

**【发生为害】**突背蔗金龟又称陷纹黑金龟，属鞘翅目犀金龟科。突背蔗金龟在我国广东、广西、福建、台湾、云南、贵州、四川、海南等地的植蔗区均有分布。突背蔗金龟除为害甘蔗外，还为害玉米、高粱、稻根等。突背蔗金龟多分布在缓坡地带或河谷冲积沙壤土。4—5 月，主要是成虫咬食蔗苗基部，造成枯心死亡，此症状往往被误认为是螟害枯心苗，严重时蔗苗受害率可达 40%以上，造成严重缺塘断垄。9 月至次年 3 月主要是幼虫取食蔗茎地下部，将蔗头蛀食成洞穴状，严重影响宿根发苗。

**【形态识别】**成虫体长 13～17.5 毫米，宽 7.1～9.0 毫米。体黑褐色、棕褐色或栗色，相当光亮。体型中等，长椭圆形，后方常略阔。头小，正三角形，头面十分粗糙。触角 10 节，棒状部由 3 节组成。前胸背板弧隆，散布粗大刻点，近前缘中央有 1 个新月形突起。

**【生活习性及发生规律】**突背蔗金龟 1 年发生 1 代。成虫于 4 月开始羽化，刚羽化出土，即 4—5 月便潜伏在土壤中咬食蔗苗基部，造成蔗苗枯心死亡，有转株危害习性。成虫于夜间活动，有较强的趋光性。6—8 月取食甚少。大多进行越夏。8 月下旬开始产卵。9 月中旬开始出现一龄幼虫。9 月中旬至次年 3 月为幼虫活动期。初孵幼虫取食已腐烂的有机质，随后取食蔗茎的地下部，将蔗头蛀食成洞穴状。3 月下旬开始化蛹。

**【防治措施】**

(1) 农业防治。受害严重的不留宿根蔗地，甘蔗收获后应及时深耕勤耙；10—11 月有条件的可放水淹灌蔗地，一般淹过垄面 7 天左右；蔗稻（水旱）轮作。

(2) 物理防治。成虫盛发期（4—6 月），每 2～4 公顷安装 1 盏杀虫灯诱杀，每天开灯时间以 20:00—22:00 成虫活动高峰期为佳。

(3) 药剂防治。4—5 月成虫盛发期、蔗苗松蔸除草时，每公顷选用 3.6%杀虫双、5%丁硫克百威、5%杀虫单·毒死蜱等颗粒剂 60～75 千克，与 600 千克干细土或化肥混合均匀后撒施于蔗株基部，及时覆土；9—10 月初孵幼虫发生期，选用 50%辛硫磷乳油、48%毒死蜱乳油等 200～300 倍液，淋灌蔗株基部。

(4) 生物防治。4—5 月成虫盛发期、蔗苗松蔸除草时，每公顷选用 2%白僵菌粉粒剂或 2%绿僵菌粉粒剂 45～60 千克，与 600 千克干细土或化肥混合均匀后撒施于蔗株基部，及时覆土。

## 2.14 光背蔗金龟（*Alissonotum pauper* Burmeister）

**【发生为害】**光背蔗金龟又称乏点黑金龟，属鞘翅目犀金龟科。光背蔗金龟在我国广东、广西、福建、台湾、云南、贵州、四川等地的植蔗区均有分布。除为害甘蔗外，还为害玉米、高粱、水稻等。光背蔗金龟与突背蔗金龟相伴发生，4—6 月成虫数量比突背蔗金龟少 2/3 左右，苗期为害轻。9 月以后比突背蔗金龟多 2/3 左右。

**【形态识别】**光背蔗金龟的体形大小与突背蔗龟相似。主要区别在于其头呈扁三角形，唇基上的 1 对小瘤突的距离比头顶的 1 对小瘤突宽。前胸背板近前缘中央无新月形突起。

**【生活习性及发生规律】**光背蔗金龟 1 年发生 1 代。光背蔗金龟成虫于 4 月开始羽化，刚羽化出土，即 4—5 月便潜伏在土壤中咬食蔗苗基部，造成蔗苗枯心死亡。成虫于夜间活动，有较强的趋光性。6—8 月取食甚少。大多进行越夏。9 月下旬开始产卵。10 月中旬开始有一龄幼虫。10 月中旬至次年 3 月为幼虫活动期。初孵幼虫取食已腐烂的有机质，随后取食蔗茎的地下部，将蔗头蛀食成洞穴状。3 月下旬开始化蛹。

**【防治措施】**

(1) 农业防治。受害严重的不留宿根蔗地，甘蔗收获后应及时深耕勤耙；10—11 月有条件的可放水淹灌蔗地，一般淹过垄面 7 天左右；蔗稻轮作。

(2) 物理防治。4—6 月成虫盛发期，每 2～4 公顷安装 1 盏杀虫灯诱杀。

(3) 药剂防治。4—5 月成虫盛发期、蔗苗松蔸除草时，每公顷选用 3.6%广谱型杀虫双、5%丁硫克百威、5%杀虫单·毒死蜱等颗粒剂 60～75 千克，与 600 千克干细土或化肥混合均匀后撒施于蔗株基部，及时覆土；9—10 月初孵幼虫发生期，选用 50%辛硫磷乳油、48%毒死蜱乳油等，以 200～300 倍液淋灌蔗株基部。

（4）生物防治。4—5 月成虫盛发期、蔗苗松蔸除草时，每公顷选用 2%白僵菌粉粒剂或 2%绿僵菌粉粒剂 45～60 千克，与 600 千克干细土或化肥混合均匀后撒施于蔗株基部，及时覆土。

## 2.15 细平象（*Trochorhopalus humeralis* Chevrolat）

**【发生为害】**细平象属鞘翅目象虫科隐颏象亚科，是云南蔗区 20 世纪 80 年代发展起来的一种严重蛀食地下蔗头的危险性新害虫。据调查，细平象主要分布于云南省景东、盈江、芒市、瑞丽、梁河、陇川、畹町、昌宁、景谷、镇沅、勐海、镇康等滇西南蔗区。除为害甘蔗外，细平象还为害玉米、割手密、斑茅、类芦和白茅等粮食作物及甘蔗属野生近缘植物。多分布于沿江河坝地及一些低湿蔗田。细平象的幼虫及成虫在甘蔗地下蔗头内为害，4 月中旬初孵幼虫蛀入蔗苗嫩根，并沿髓部向上蛀食，最后进入蔗头内为害，为害期长达 8～10 个月。被害蔗株于 7 月始见下部叶片枯黄，蔗头内出现小隧道，10—12 月蔗头严重受损，有的被蛀成粉碎状，一个蔗头内有虫 5～6 头，多的有 20～30 头。受害后每公顷损失甘蔗 7.5～45 吨，严重的无收；甘蔗田间锤度降低 4%～6%，一般只能留养宿根 1 年。此外，受害蔗头易感染赤腐病，会加速腐烂，并易倒伏，损失更重。

**【形态识别】**细平象成虫雌虫体长 6.0～9.5 毫米，宽 2.3～3.5 毫米；雄虫体长4.5～8.5 毫米，宽 2.0～3.1 毫米。体近长椭圆形，黑色，少数褐黑色，略有光泽，体被稀疏灰白色扁平鳞毛。喙呈象鼻状，稍弯曲，基部膨大。触角着生于喙中部之后，共 8 节，棒 1 节呈莲蓬状。前胸背板长大于宽，中间可见 1 条纵纹。老熟幼虫长 7～10 毫米，宽 3.2～4 毫米，体略呈拱形弯曲，多褶皱，乳白色。腹末端正面呈梅花状凹陷。

**【生活习性及发生规律】**通过田间调查和室内饲养观察，细平象 1 年发生 1 代。在蔗头蛀道内越冬的成虫于次年 1 月下旬，当气温上升到 13 ℃以上时开始活动。逐渐从蛀道内外出，栖息与活动在地下的蔗蔸上或附近的土壤中，寻偶交尾。4—6 月为产卵盛期，卵产于土表下寄主嫩根上、幼芽鳞叶间或根际附近土壤中。4 月中旬至 7 月上旬为幼虫孵化盛期，初孵幼虫稍待休息，便蛀入蔗苗嫩根，沿髓部向上蛀食并进入蔗头为害。整个幼虫期都在距地表 3 厘米以下的蔗头内取食，在同一蔗头内活动，很少转移为害。直到 9 月中旬至 11 月中旬，幼虫老熟在虫道内化蛹，化蛹盛期为 10 月下旬。10 月中旬至 12 月中旬成虫羽化，其羽化盛期在 11 月中旬。成虫寿命长达 7～8 个月，耐饥力较强，具有喜湿性、反趋光性、钻土性和假死性。细平象不会飞翔，其大面积扩散主要靠沟河流水将有虫蔗蔸冲到无冲蔗地。沙壤土物理性状好，有利于细平象正常发育，因而甘蔗受害严重。同样的土质条件下，土壤潮湿的蔗田比土壤干燥的蔗田受害严重。宿根蔗一般比新植蔗受害重，且宿根年限越长，虫口累积越多，甘蔗受害就越重。

**【防治措施】**

（1）农业防治。不留宿根严重发虫的蔗地，1 月中旬前及时收砍、翻犁蔗蔸，集中晒干销毁；虫害严重的蔗地，不留二年宿根；蔗稻轮作；清除灌溉沟内蔗蔸。翻挖出来的有虫蔗蔸不堆放在沟河埂上，发现灌溉沟内有蔗蔸应随时捡出，以免流水将有虫蔗蔸带入无虫蔗地；认真清除田边地埂上的割手密、斑茅、类芦、白茅等细平象的野生寄主植物，尽量不要与玉米轮作；从发生区引种，最好用半茎作种，如选用全茎作种，则需要注意不要接近土表砍，以免细平象随种苗远距离传播。

（2）药剂防治。严重发虫地块，每公顷选用 3.6%杀虫双、5%丁硫克百威、5%杀虫单·毒死蜱等颗粒剂 60～90 千克或 15%毒死蜱颗粒剂 15～18 千克，按公顷用药量与肥料混合均匀后，结合春植蔗下种，或宿根蔗 3—4 月松蔸、5—6 月大培土时均匀撒施于蔗株基部，并及时覆土，或选用 95%杀虫单原粉、48%毒死蜱乳油等，以 200～300 倍液淋灌蔗株基部并覆土。

（3）生物防治。每公顷选用 2%白僵菌粉粒剂或 2%绿僵菌粉粒剂 40～60 千克与 600 千克干细土或化肥混合均匀，春植蔗在下种，宿根蔗在 3—4 月松蔸或 5—6 月大培土时均匀撒施于蔗株基部，并及时覆土。

## 2.16 斑点象（*Diocalandra* sp.）

**【发生为害】**斑点象属鞘翅目象虫科隐颏象亚科二点象属，是 20 世纪 80 年代发展起来的一种严重蛀食地下蔗头的危险性新害虫。斑点象主要分布于云南省景东、盈江、芒市、瑞丽、梁河、陇川、畹町、昌宁、景谷、镇沅、勐海、镇康等滇西南蔗区和四川省合川、江泽、富顺、宜宾、内江、资中、米易、德昌、华弹等地。除为害甘蔗外，斑点象还为害玉米、割手密、斑茅等粮食作物及甘蔗属野生近缘植物。斑点象主要以幼虫为害地下蔗头，为害期为 7 月至次年 2—4 月，整个幼虫期均在蔗头内为害。

**【形态识别】**斑点象雌虫体长 5.0～6.5 毫米，宽 2.0～2.5 毫米；雄虫体长4.5～5.0 毫米，宽 1.8～2.2 毫米。体近长椭圆形，黑色，少数褐黑色，偶有棕褐色，全身披灰白色鳞片。喙稍弯曲，背面圆筒形，腹面稍扁平。触角着生于喙中部之前，共 11 节，棒 3 节，呈纺锤形。每个鞘翅上各有 8 个灰白色鳞片组成的斑。老熟幼虫长 6.0～10 毫米，宽 1.8～3.0 毫米，乳白色，头部黄褐色。体背着生棕色刚毛，头部具 4 对较长棕色刚毛，腹末端 4 对刚毛最长。

**【生活习性及发生规律】**斑点象 1 年发生 1 代，无越冬现象。4 月中旬至 6 月下旬为成虫羽化期，其羽化盛期为 5 月。产卵盛期为 6 月中旬至 7 月底。6 月中旬至次年 2 月为幼虫取食活动期，化蛹盛期为 4 月中下旬。成虫于 4 月中旬开始羽化，羽化不久成虫便由蔗头内外出，在地下蔗蔸上和附近土中活动，寻偶交配、产卵。卵产在土表下寄主嫩根上、幼芽上、鳞片间或根际附近土壤中。成虫寿命一般为 3～4 个月，无假死性，其活动敏捷，具有喜湿性、反趋光性、钻土性。初孵幼虫先取食嫩根和幼芽，蛀入髓部，边取食边前进，整个幼虫期都在同一蔗头内为害，直到次年 2 月成熟为止。幼虫老熟后，经一段不食不动的前蛹期便在蔗头里的蛀道内化蛹。斑点象不会飞翔，其大面积扩散主要靠沟河流水将有虫蔗蔸冲到无冲蔗地。沙壤土物理性状好，有利于象虫正常发育，因而甘蔗受害严重。同样的土质条件下，土壤潮湿的蔗田比土壤干燥的蔗田受害严重。宿根蔗一般比新植蔗受害重，且宿根年限越长，虫口累积越多，甘蔗受害就越重。

【防治措施】

（1）农业防治。不留宿根严重发虫的蔗地，1月中旬前及时收砍、翻犁蔗蔸，集中晒干销毁；虫害严重的蔗地，不留二年宿根；蔗稻轮作；清除灌溉沟内蔗蔸。翻挖出来的有虫蔗蔸不堆放在沟河埂上，发现灌溉沟内有蔗蔸应随时捡出，以免流水将有虫蔗蔸带入无虫蔗地；认真清除田边地埂上的割手密、斑茅、类芦、白茅等象虫的野生寄主植物，最好不要与玉米轮作；从发生区引种，最好用半茎作种，如用全茎作种，则需要注意不要接近土表砍，以免象虫随种苗远距离传播。

（2）药剂防治。每公顷选用3.6%杀虫双、5%丁硫克百威、5%杀虫单·毒死蜱等颗粒剂60～90千克或15%毒死蜱颗粒剂15～18千克，按公顷用药量与肥料混合均匀后，在5—6月大培土时均匀撒施于蔗株基部并及时覆土。

（3）生物防治。每公顷选用2%白僵菌粉粒剂或2%绿僵菌粉粒剂40～60千克，与600千克干细土或化肥混合均匀，在5—6月大培土时均匀撒施于蔗株基部，并及时覆土。

## 2.17 甘蔗刺根蚜（*Tetraneura hivsuta* Baker）

【发生为害】甘蔗刺根蚜又名甘蔗根蚜，属同翅目蚜科，是甘蔗生产上的一种主要地下害虫。甘蔗刺根蚜在我国广西、云南、广东、福建、海南、四川、江西、台湾、贵州、湖南等地均有分布，局部蔗区严重发生。甘蔗刺根蚜除为害甘蔗的根部，还可为害陆稻的根，也寄生于芒和其他禾本科植物的根部。甘蔗刺根蚜终生生活在地下，主要为害根部。其成虫、若虫群聚蔗头附近根部刺吸蔗根汁液，使蔗根萎缩呈卷曲状，影响蔗株吸收水肥，使甘蔗地上部叶片干枯，中上部叶片黄萎，植株生长受抑制，此症状易与缺水受旱或缺肥等症状相混淆。随着虫害加剧，须根和主根逐步失去吸水吸肥能力而坏死，地上部分的叶片更加干枯，蔗茎萎缩，最后整个植株干枯死亡。

【形态识别】甘蔗刺根蚜的无翅成蚜体长约2毫米，体球形，淡黄色或略带赤色。足及触角甚短，跗节只有1节；复眼甚小，紫灰色；腹管退化，仅留痕迹，腹部两侧有淡黄色长刚毛，被蜡粉。无翅若蚜体长约2毫米，长椭圆形。头、胸、腹部均为淡黄色；中胸两侧无翅芽。

【生活习性及发生规律】甘蔗刺根蚜有翅、无翅成虫均营孤雌胎生繁殖，虫龄短，成虫后即行胎生，繁殖快，1年可发生多代，世代重叠。甘蔗刺根蚜有群集性，喜群集在蔗根栖息、取食及繁殖。有翅成虫具飞翔能力，起着远距离迁飞、扩散的作用。该虫一年四季均可为害甘蔗，但以夏季5—6月和秋季9—10月发生最多，为害最强烈。虫害多发生于干旱季节，尤其在疏松沙质土、宿根蔗及多年连作地上发生较重。终年以无翅胎生雌蚜进行孤雌生殖，有翅胎生雌蚜很少发现。

【防治措施】

（1）农业防治。水旱轮作，可减轻为害；有灌溉条件的土地应多进行灌溉，可淹死根蚜；不便灌溉的田块应加强与非禾本科作物轮作，并消除禾本科杂草。

（2）药剂防治。严重发虫地块，可施用50%辛硫磷、20%丁硫克百威、48%毒死蜱等乳油 800 倍液，或用 70%噻虫嗪可分散粉剂 1 500 倍液淋灌蔗株基部；或每公顷选用 70%噻虫嗪可分散粉剂 600 克，2%吡虫啉颗粒剂 30 千克，或 3.6%杀虫双、5%丁硫克百威、5%杀虫单·毒死蜱、8%毒死蜱·辛硫磷等颗粒剂 60～75 千克，10%杀虫单·噻虫嗪颗粒剂 37.5～45 千克，10%噻虫胺·杀虫单颗粒剂 37.5～45 千克，与 600 千克干细土或化肥混合均匀，在 3—4 月春植蔗下种、宿根蔗松蔸或 5—6 月大培土时均匀撒施于蔗株基部，并及时覆土，防治效果较好。

## 2.18 黑翅土白蚁 [*Odontotermes formosanus* (Shiraki)]

**【发生为害】**黑翅土白蚁属等翅目白蚁科，是湿热旱坡地甘蔗的重要害虫。黑翅土白蚁在我国广东、广西、福建、台湾、云南、四川、海南、贵州、浙江、湖南、江西等地的植蔗区均有分布。除为害甘蔗外，黑翅土白蚁还为害木薯、花生、果树、林木等，在山区和丘陵旱地常严重为害甘蔗，特别是新垦地植蔗受害尤重。该虫为害蔗种多从两端切口侵入，蛀食茎内组织，形成隧道其内填以泥土及其分泌物，严重时受害蔗仅剩一层极薄表皮，致使种苗不能萌发。严重蔗区黑翅土白蚁为害率高达 30%～60%，造成大面积缺苗断垄，甚至全部失收；该虫于生长中后期由地下蔗茎蛀入，使茎内中空、叶片枯黄或干梢，蔗茎遇风易折断或倒伏，全株枯死，损失颇大。

**【形态识别】**兵蚁头暗深黄色，腹部淡黄至灰白色。头部背面观为卵形，长大于宽，额部扁平，上颚镰刀形。左上颚内缘中点的前方有一明显的齿，齿尖斜朝向前。左上额内缘的相当部位有一微齿，极小且不明显，触角 15～17 节，前胸背板前部窄，斜翘起，后部较宽，前部和后部在两侧的交角处各有一斜向后方的裂沟，前缘及后缘中央皆有凹刻。有翅繁殖蚁体和翅均为黑褐色，单眼和复眼之间的距离小于或等于单眼的长。

**【生活习性及发生规律】**黑翅土白蚁营群体生活，每一群体包含很多个体，并分成蚁王、蚁后、兵蚁、工蚁等数个等级，其中工蚁在群体中数量最多，直接为害甘蔗。甘蔗自播种到收获的整个生长期均可遭白蚁为害，但播种后的萌芽期受害最强烈，幼苗期较轻，伸长期又渐趋严重，生长中后期常出现第二个为害高峰。丘陵山地，特别是以桉树林、松林、茅草坡等新垦植蔗地往往发生最多、受害最重。房前屋后、竹园附近植蔗，也常遭白蚁为害。早春气候干旱温暖，土壤湿度低，萌芽前的种苗常遭白蚁严重为害。反之，春雨多，温度低，土壤长期保持潮湿状态，受害则轻；生长中后期，长期干旱后降雨，土壤有一定的湿度，白蚁的为害往往暴增。茎秆较硬、萌芽快、根系发达、分蘖力强的甘蔗品种受害较轻。

**【防治措施】**

（1）农业防治。下种前深耕改土，挖毁蚁巢，把白蚁消灭在植蔗前；利用白蚁喜食植物如松枝、桉树枝皮、蔗残渣等的特性设诱杀坑，当大量白蚁被诱集到坑内时，可用化学药剂如灭蚁灵、毒死蜱、辛硫磷等进行喷杀。

（2）物理防治。在有翅繁殖蚁纷飞季节，采用频振式杀虫灯诱杀有翅繁殖蚁。

（3）药剂防治。当白蚁纷飞筑孔时，其工蚁、兵蚁活动最为频繁，且活动时毫无顾忌，此时应抓住有利时机，将灭蚁灵粉剂直接喷在蚁体上，若方法得当，也可达到消灭全巢的目的；下种时用50%辛硫磷、20%丁硫克百威、48%毒死蜱、10%联苯菊酯等乳油，以300～400倍液浸种1分钟；2—5月结合春植蔗下种、宿根蔗松蔸施肥，或每公顷选用8%毒死蜱·辛硫磷、3.6%杀虫双、5%丁硫克百威、5%杀虫单·毒死蜱等颗粒剂60～90千克或15%毒死蜱颗粒剂15～18千克，按公顷用药量与肥料混合均匀后，均匀撒施于蔗沟、蔗桩基部，并覆土或盖膜，保苗时间可达2个月左右。

## 2.19 黄翅大白蚁（*Macrotermes barneyi* Light）

**【发生为害】**黄翅大白蚁属等翅目白蚁科。黄翅大白蚁在我国广东、广西、福建、台湾、云南、四川、海南、贵州、浙江、湖南、江西等地的植蔗区均有分布。除为害甘蔗外，黄翅大白蚁还为害高粱、玉米、花生、大豆、甘薯、木薯、果树、林木等。该虫在山区和丘陵旱地常严重为害甘蔗，特别是新垦地植蔗受害尤重。为害蔗种多从两端切口侵入，蛀食茎内组织，形成隧道，内填泥土及其分泌物，严重时受害植株仅剩一层极薄表皮，致使种苗不能萌发。受害严重蔗区的黄翅大白蚁为害率高达30%～60%，造成大面积缺苗断垄，甚至全部失收；生长中后期由地下蔗茎蛀入，使茎内中空，叶片枯黄或干梢，遇风易折断或倒伏、全株枯死，损失颇大。

**【形态识别】**兵蚁分为大兵蚁、小兵蚁两种，大兵蚁的头部特别大，形状近似长方形，呈黄褐色。小兵蚁的体形与大兵蚁相似，但小得多。兵蚁遇敌时能分泌黄棕色液体。有翅繁殖蚁头呈暗红棕色，宽卵形，体呈棕褐色，翅呈浅黄棕色。

**【生活习性及发生规律】**黄翅大白蚁营群体生活，每一群体包含着很多个体，并分成蚁王、蚁后、兵蚁、工蚁等数个等级，其中工蚁在群体中数量最多，直接为害甘蔗。甘蔗自播种到收获的整个生长期均可遭蚁害，但播种后的萌芽期受害最严重，幼苗期较轻，伸长期又渐趋严重，生长中后期常出现第二个为害高峰。丘陵山地，特别是以桉树林、松林、茅草坡等新垦植蔗地往往蚁害发生最多、为害最重。种于房前屋后、竹园附近的甘蔗，也常遭白蚁为害。早春气候干旱温暖，土壤湿度低，萌芽前的种苗常遭白蚁严重为害。反之，春雨多，温度低，土壤长期保持潮湿状态，受害则轻；生长中后期，长期干旱后降水，土壤有一定的湿度，白蚁的为害往往暴增。茎秆较硬、萌芽快、根系发达、分蘖力强的甘蔗品种受害较轻。

**【防治措施】**

（1）农业防治。下种前深耕改土，挖毁蚁巢，把白蚁消灭在植蔗前；利用白蚁喜食植物如松枝、桉树枝皮、蔗残渣等的特性设诱杀坑，当大量白蚁被诱集到坑内时，可用化学药剂如灭蚁灵，毒死蜱、辛硫磷等进行喷杀。

（2）物理防治。在有翅繁殖蚁纷飞季节，采用频振式杀虫灯诱杀有翅繁殖蚁。

（3）药剂防治。当白蚁纷飞筑孔时，其工蚁、兵蚁活动最为频繁，并毫无顾忌，此时应抓紧有利时机，将灭蚁灵粉剂直接喷在蚁体上，如方法得当，也可达到消灭全巢的目的；下种时用50%辛硫磷、20%丁硫克百威、48%毒死蜱、10%联苯菊酯等乳油，以300～400倍液浸种1分钟；2—5月结合春植蔗下种、宿根蔗松蔸施肥，或每公顷选用

8%毒死蜱·辛硫磷、3.6%杀虫双、5%丁硫克百威、5%杀虫单·毒死蜱等颗粒剂60～90千克或15%毒死蜱颗粒剂15～18千克，按公顷用药量与肥料混合均匀后，均匀撒施于蔗沟、蔗桩基部，覆土或盖膜，保苗时间可达2个月左右。

## 2.20 家白蚁（*Coptotermes formosanus* Shiraki）

**【发生为害】**家白蚁属等翅目鼻白蚁科。家白蚁在我国广东、广西、台湾、云南、四川、海南、贵州、浙江、湖南、江西等地的植蔗区均有分布。除为害甘蔗外，家白蚁还为害高粱、玉米、花生、大豆、甘薯、木薯、果树、林木等。该虫在山区和丘陵旱地常严重为害甘蔗，特别是新垦地植蔗受害尤重。该虫为害蔗种多从两端切口侵入，蛀食茎内组织，形成隧道，内填以泥土及其分泌物，严重时使甘蔗仅剩一层极薄表皮，致使种苗不能萌发。严重蔗区为害率高达30%～60%，造成大面积缺苗断垄，甚至全部失收；生长中后期由地下蔗茎蛀入，使茎内中空，叶片枯黄或干梢，遇风易折断或倒伏、全株枯死，损失颇大。

**【形态识别】**有翅繁殖蚁体长7.5～8毫米，翅长11～12毫米，黄褐色；触角念珠状，20～21节；翅淡黄色透明，全体密被灰白细毛。工蚁体长5～5.4毫米，头圆形，黄色；触角15节；腹部乳白色，密被细毛。

**【生活习性及发生规律】**家白蚁营群体生活，每一群体包含着很多个体，并分成蚁王、蚁后、兵蚁、工蚁等数个等级，其中工蚁在群体中数量最多，直接为害甘蔗。甘蔗自播种到收获的整个生长期均可遭白蚁为害，但播种后的萌芽期受害最严重，幼苗期较轻，伸长期又渐趋严重，生长中后期常出现第二个为害高峰。丘陵山地，特别是以桉树林、松林、茅草坡等新垦植蔗地往往蚁害发生最多、为害最重。房前屋后、竹园附近种蔗，也常遭白蚁为害。早春气候干旱温暖，土壤湿度低，萌芽前的种苗常遭白蚁严重为害；反之，春雨多，温度低，土壤长期保持潮湿状态，受害则轻。生长中后期，长期干旱后降水、土壤有一定的湿度时白蚁为害往往暴增。茎秆较硬、萌芽快、根系发达、分蘖力强的甘蔗品种受害较轻。

**【防治措施】**

（1）农业防治。下种前深耕改土，挖毁蚁巢，把白蚁消灭在植蔗前；利用白蚁喜食植物如松枝、桉树枝皮、蔗残渣等的特性设诱杀坑，当大量白蚁被诱集到坑内时，可用化学药剂如灭蚁灵、毒死蜱、辛硫磷等进行喷杀。

（2）物理防治。在有翅繁殖蚁纷飞季节，采用频振式杀虫灯诱杀有翅繁殖蚁。

（3）药剂防治。当白蚁纷飞筑孔时，其工蚁、兵蚁活动最为频繁，并毫无顾忌，此时应抓住有利时机，将灭蚁灵粉剂直接喷在蚁体上，如方法得当，也可达到消灭全巢的目的；下种时用50%辛硫磷、20%丁硫克百威、48%毒死蜱或10%联苯菊酯等乳油，以300～400倍液浸种1分钟；2—5月结合春植蔗下种、宿根蔗松蔸施肥，每公顷选用8%毒死蜱·辛硫磷、3.6%杀虫双、5%丁硫克百威、5%杀虫单·毒死蜱等颗粒剂60～90千克或15%毒死蜱颗粒剂15～18千克，按公顷用药量与肥料混合均匀后，均匀撒施于蔗沟、蔗桩基部，覆土或盖膜，保苗时间可达2个月左右。

## 2.21 甘蔗赭色鸟喙象（*Otidognathus rubriceps* Chevrolat）

**【发生为害】**甘蔗赭色鸟喙象属鞘翅目象虫科隐颏象亚科鸟喙象属。赭色鸟喙象是在云南蔗区于20世纪90年代发展起来的一种严重蛀食蔗茎的新害虫。此害虫在中国其他省区尚无报道。甘蔗赭色鸟喙象在云南省分布于勐海、孟连、弥勒、景东等地，其中勐海受害最重，目前临沧、保山等主产蔗区也有发生，德宏、盈江发生日趋严重、为害成灾。此虫除为害甘蔗外，还为害竹子、玉米、类芦，其中最喜食甘蔗。成虫咬食甘蔗嫩茎或未展开的心叶，幼虫向下蛀食蔗茎，被害蔗株心叶发黄，茎节缩短变细，最后整株枯死。一般1头幼虫为害1株甘蔗，有的可连续转株为害2～3株。受害株率一般为26.2%～48.2%，重的达61.5%，个别田块高达90%左右。宿根蔗因发苗不均、缺塘断垄，产量损失更严重。

**【形态识别】**雄成虫体长17.0～19.5毫米，宽8.0～9.1毫米；雌成虫体长18.0～21.5毫米，宽8.2～10.0毫米。体略呈菱形，黄褐色至赤褐色，体背光滑无鳞，有黑色斑纹，腹面和足的腹缘有稀疏长毛。头小，半球形，两侧具黑色椭圆形复眼，眼大。触角着生于喙基部，索节6节，棒节愈合，呈靴形。前胸背板盾形，中间有1个梭形黑色纵斑纹。小盾片黑色，为长等腰三角形。鞘翅宽于前胸，肩部最宽，每个鞘翅各有2个黑斑。臀板外露，腹面可见5节，黑色，腹板有5个赤褐色三角形斑。胫节端部有一锐刺，跗节3节，宽叶状，爪分离。老熟幼虫体长20～26毫米，宽8～11毫米。深黄色，头部黄褐色，口器黑色。体呈拱形弯曲，多褶皱，可见1条浅黄褐色背线。腹末端呈六边形状凹陷，周边具6对较长棕色刚毛。

**【生活习性及发生规律】**通过田间调查和室内饲养观察，发现赭色鸟喙象1年发生1代。在土中蛹室内越冬的成虫于次年5月底6月初春雨降后，土壤湿润，逐渐出土活动、取食补充营养、寻偶交尾。7月中下旬出土最盛，9月下旬成虫终见。成虫飞翔能力强，有假死性。6月中旬至9月中旬产卵，7月中旬至8月上旬为产卵盛期。成虫产卵先选择嫩茎蛀孔，然后将卵产于孔内，1株蔗株产卵1粒。6月下旬至10月上旬幼虫取食为害，初孵幼虫稍待休息，即从孵化孔处沿蔗茎中央向下蛀食蔗茎，蔗头蛀空时虫若未成熟，常转株为害。9月上旬至11月上旬幼虫老熟后在蔗头下入土8～15厘米做一蛹室化蛹，化蛹盛期为10月上中旬。9月下旬至11月下旬成虫羽化，其羽化盛期在10月下旬至11月上旬，羽化后的成虫在土中蛹室内越冬。春季降水早、降水量多，土壤湿润，有利于象虫出土，则虫害发生早，为害重。胶泥土上的赭色鸟喙象比沙壤土上发生重，这是因为胶泥土黏性重，冬春土表层温湿度适中，有利于象虫入土做茧、繁衍生存。宿根蔗一般比新植蔗受害重，且宿根年限越长，虫口累积越多，甘蔗受害越重。甘蔗长期连作、成片种植，或与玉米轮作的田块受害重。甘蔗与水稻轮作、零星种植的田块受害轻。

**【防治措施】**应引起高度重视，加强虫情监测，时时掌握虫情动态，及时采取有效措施控制虫害扩展蔓延。

（1）农业防治。为害严重的不留宿根蔗地，甘蔗收砍后，应及时深耕勤耙；虫害严重的蔗地不留2年宿根；蔗稻轮作；增加种植抗虫品种，易感虫品种最好不要与玉米轮作；7—8 月成虫出土盛期和 8—9 月幼虫钻蛀取食，巡田捕杀成虫及幼虫，以减少转株为害并压低虫口密度；10 月上中旬幼虫入土盛期，可放水淹灌蔗地，一般淹过垄面 3 天左右。

（2）药剂防治。对于虫害发生严重的地块，每公顷选用 3.6%杀虫双、5%丁硫克百威、5%杀虫单·毒死蜱等颗粒剂 60～90 千克，与 600 千克干细土或化肥混合均匀，在 6 月中下旬培土时撒施于蔗株基部，及时覆土，到 7 月上旬底和 8 月上旬初再结合其他害虫的防治，用 95%杀虫单原粉、48%毒死蜱乳油等 1 000 倍液叶面喷雾；7 月中旬，每公顷用 20%阿维·杀螟松乳油 1.5 升兑飞防专用助剂及水 15 千克，采用无人机飞防叶面第 1 次喷施，15 天后每公顷用 90%杀虫单可溶性粉剂 2.25 千克与8 000国际单位/毫克苏云金杆菌悬浮剂 1.5 升，兑飞防专用助剂及水 15 千克，采用无人机飞防叶面第 2 次喷施；于 7 月上旬底成虫产卵盛期前，用 95%杀虫单原粉、48%毒死蜱乳油等 600～800 倍液叶面喷雾，每隔 15 天喷 1 次，连喷 3 次；于 9 月底 10 月初幼虫入土盛期，选用 95%杀虫单原粉、48%毒死蜱乳油、50%辛硫磷乳油等 200～300 倍液淋灌蔗株基部。

（3）生物防治。每公顷选用 2%白僵菌粉粒剂或 2%绿僵菌粉粒剂 45～60 千克，与 600 千克干细土或化肥混合均匀，在 6 月中下旬培土时撒施于蔗株基部，及时覆土。

## 2.22 黏虫［*Mythimna separata*（Walker）］

**【发生为害】**黏虫又称行军虫、剃枝虫，属鳞翅目夜蛾科。是一种为害粮经作物和牧草的多食性、迁移性、暴发性害虫。其食性杂，可取食百余种植物，尤其喜食水稻、甘蔗、小麦、玉米、高粱、牧草等禾本科作物及杂草。黏虫在中国甘蔗产区分布广泛，发生普遍，是甘蔗上的重要食叶害虫之一。近年来，该虫在云南、广西、广东等一些蔗区大发生频率增加，为害加重，常暴发为害甘蔗、玉米、水稻等作物。黏虫以幼虫咬食蔗叶，大发生时可将大量蔗叶吃光，仅剩叶脉，严重影响蔗株生长，给甘蔗生产带来很大损失。严重猖獗时，幼虫成群结队迁移，一夜之间可将成片庄稼吃光，造成大面积减产或绝收。

**【形态识别】**成虫体长 17～20 毫米，翅展 35～45 毫米，全体淡黄褐色至淡灰褐色，触角丝状，前翅中央近前缘有 2 个淡黄色圆斑，外侧圆斑较大，其下方有 1 个小白点，白点两侧各有 1 个小黑点。由翅尖斜向后伸有 1 条暗色条纹。老熟幼虫体长 38～40 毫米，头黄褐色至淡红褐色，有暗褐色网纹。头正面有近八字形黑褐色纵纹。体色多变，背面的底色有黄褐色、淡绿色、黑褐色至黑色，大发生时多呈黑色。气门黑色发亮，胸腹背侧有 5 条明显的纵线。

**【生活习性及发生规律】**黏虫在我国从北到南 1 年可发生 2～8 代，在北纬 33°以南，幼虫和蛹可顺利越冬或继续繁殖为害，在此线以北地区不能越冬。黏虫在云南的发生为害情况比较复杂，按各地所居地理位置与黏虫发生世代数可将云南省划分为 6 个发生区。云南省主产蔗区德宏、保山、临沧、思茅、西双版纳、红河、文山等地多属 5～6 代区，这些地区多以第二代黏虫发生为害较重，6—7 月常暴发虫害为害甘蔗、玉米、水稻和谷子等作物。黏虫成虫有远距离迁飞特性，对糖醋液和黑光灯趋性强，白天多潜伏在杂草、植物丛间、土块、甘蔗和玉米心叶等阴暗环境中，静止不动，傍晚及夜间出来活动；幼虫昼伏夜出，有潜土习性，潜土深度多因条件而异，一般深1～5厘米，多在干湿土交界处潜伏。一至三龄幼虫有假死性，被惊动时立即吐丝下垂，悬于半空或落地，身体蜷曲不动，安静后再爬上作物取食为害。四龄以上幼虫有群体迁移习性，当把大部分作物或杂草叶片吃光以后，便成群集队地四处迁移。在迁移中由于饥饿，所遇绿色植物几乎都被它们掠食一空。黏虫喜潮湿而怕高温干旱。夏秋多雨、湿度大且气候凉爽时，有利于黏虫发生，常暴发虫害。

**【防治措施】**

（1）农业防治。合理调整作物布局，压缩小麦和冬玉米种植面积；夏秋季在甘蔗、玉米等高秆作物田结合中耕培土，锄草灭荒；成虫羽化初期开始，用糖醋液或枯草把（每亩60～100把）可大面积诱杀成虫或诱卵灭卵。

（2）物理防治。成虫盛发期，采用频振式杀虫灯诱杀。

（3）药剂防治。6—8月暴发为害甘蔗，切实掌握防治适期，抓住幼虫低龄阶段（三龄以前），在甘蔗百株有幼虫20～50头时，及时施药防治。每公顷选用51%甲维·毒死蜱乳油1 500毫升、20%阿维·杀螟松乳油1 500毫升+40%稻散·高氯氟乳油750毫升、20%氯虫苯甲酰胺悬浮剂180毫升+30%甲维·杀虫单微乳剂1 800毫升，每公顷用药量兑水675～900千克进行人工或机动叶面喷施（或每公顷用药量兑飞防专用助剂及水15千克，采用无人机飞防叶面喷施），并在下午喷施效果好。鉴于黏虫食性很杂，对于同一发生区，应采取各种作物统一防治，才能确保防治效果。

（4）保护天敌。黏虫天敌种类很多，主要的有蛙类、鸟类、蝙蝠、蜘蛛、线虫、螨类、捕食性和寄生性昆虫、寄生菌和病毒等多种，自然天敌是抑制黏虫发生的重要生态因素之一。因此，各地应根据当地情况，合理用药，从多方面注意保护利用天敌，有效控制黏虫发生为害。

## 2.23 铜光纤毛象（*Tanymecus circumdatus* Wiedemann）

**【发生为害】**铜光纤毛象属鞘翅目象虫科短喙象亚科纤毛象族，铜光纤毛象在我国云南、广东、广西、四川等省（自治区）有分布。食性很杂，除为害甘蔗外，还为害大豆、花生、旱谷、小麦、甘薯、玉米、茶树、桑树、咖啡树、橡胶树、榕树、桃、李、香蕉、柑橘类果树以及蒿子等。在田间，铜光纤毛象常与泡象等食叶象虫混合发生，其种群数量约占10%。铜光纤毛象近年来在广西、广东和云南孟连、勐海、蒙自等滇西南蔗区时常暴发为害，发生面积上千亩至上万亩不等，虫害发生严重的田块，虫口密度20～30头/株，大量蔗叶被吃光，仅剩叶脉，严重影响蔗株生长，对甘蔗生产造成很大损失。

**【形态识别】**成虫体长11～16.5毫米，体宽4.5～6.5毫米，体被绿色或淡黄褐色鳞片，泛粉红色光，通常还有铜色反光。喙端部略洼，中隆线明显。鞘翅端部尖，雄虫更尖，雄雌端部都缩成锐突。足黑色，密布鳞片，胫节内侧无齿。

**【生活习性及发生规律】**铜光纤毛象1年发生1代，以成虫及幼虫在土中越冬。越冬成虫于3月上旬开始出土活动，6—7月发生最盛，进入10月上旬已很少见。成虫活动力不强，有群集性、假死性，怕光，早、晚活动最多。

**【防治措施】**

(1) 农业防治。5—6月蔗株生长不高，成虫群集为害，早、晚活动多，可人工捕杀成虫，降低虫口量，减轻为害；因其特别喜食蒿子，可在周围田埂上种植蒿子。当大量的象虫群集取食时，及时喷药防治，可获得事半功倍的效果。

(2) 药剂防治。6—7月成虫发生盛期，结合防治甘蔗绵蚜选用广谱性药剂，如90%敌百虫晶体800～1 000倍液，20%丁硫克百威乳油、48%毒死蜱乳油1 000～2 000倍液，或50%辛硫磷乳油1 000～1 500倍液均匀喷雾，可有效杀灭成虫。象虫在下午（尤其是黄昏）活动多，于下午喷药，防治效果显著。鉴于象虫食性很杂，应采取各种作物统一防治的措施，并注意喷洒周围田埂上的野生杂草植物，如此防治效果更好。

## 2.24 金边翠象（*Lepropus lateralis* Fabricius）

**【发生为害】**金边翠象属鞘翅目象虫科短喙象亚科纤毛象族，在我国云南、广西蔗区均有分布。金边翠象食性很杂，除为害甘蔗外，还为害大豆、花生、旱谷、小麦、甘薯、玉米、茶树、桑树、咖啡树、橡胶树、榕树、桃、李、香蕉、柑橘类果树以及蒿子等。在田间，金边翠象常与泡象、翠象等食叶象虫混合发生，其种群数量约占10%。金边翠象近年来在广西和云南孟连、勐海、蒙自等滇西南蔗区时常暴发为害，发生面积上千亩至上万亩不等，严重田块的虫口密度达2～3头/株，大量蔗叶被吃光，仅剩叶脉，严重影响蔗株生长，给甘蔗生产带来很大损失。

**【形态识别】**成虫体长8.5～12毫米，宽3～4.8毫米，体壁黑色，被覆绿色发金光的鳞片，鳞片互相分离。头表面粗糙，喙长大于宽，两侧平行，顶区扁平，有皱纹，中沟两侧各有2条细隆线。鞘翅端部逐渐缩窄，但未缩成锐突。足黑色，被覆稀薄绿色鳞片，胫节背面有浅沟。

**【生活习性及发生规律】**金边翠象1年发生1代，以成虫及幼虫在土中越冬。越冬成虫于3月上旬开始出土活动，6—7月发生最盛，进入10月上旬已很少见。成虫活动力不强，有群集性、假死性，怕光，早、晚活动最多。

**【防治措施】**

(1) 农业防治。5—6月蔗株生长不高，成虫群集为害，早、晚活动多，可人工捕杀成虫，降低虫口量，减轻为害；因其特别喜食蒿子，可在周围田埂上种植蒿子。当大量的象虫群集取食时，及时喷药防治，可获得事半功倍的效果。

(2) 药剂防治。6—7月成虫发生盛期，结合防治甘蔗绵蚜选用广谱性药剂，如90%敌百虫晶体800～1 000倍液，20%丁硫克百威乳油、48%毒死蜱乳油1 000～2 000倍液，或50%辛硫磷乳油1 000～1 500倍液均匀喷雾，可有效杀灭成虫。象虫下午（尤其是黄昏）活动多，于下午喷药，防治效果显著。鉴于象虫食性很杂，应采取各种作物统一防治的措施，并注意喷洒周围田埂上的野生杂草植物，如此防治效果更好。

## 2.25 蓝绿象（*Hypomeces squamosus* Fabricius）

**【发生为害】**蓝绿象属鞘翅目象虫科短喙象亚科纤毛象族，在我国江西、湖南、四川、福建、台湾、广东、海南、广西、云南等地均有分布。其食性杂，除为害甘蔗外，还为害棉、小麦、桃、番石榴、桑、大叶桉树、茶树、柑橘类果树等。在田间，蓝绿象常与翠象、泡象等食叶象虫混合发生，其种群数量约占15%。蓝绿象近年来在广西和云南孟连、勐海、蒙自等滇西南蔗区时常暴发为害，发生面积上千亩至上万亩不等，严重田块的虫口密度达1～2头/株，大量蔗叶被吃光，仅剩叶脉，严重影响蔗株生长，给甘蔗生产带来很大损失。

**【形态识别】**成虫体长12.8～15.1毫米，宽4.8～6毫米，身体肥大而略扁，体壁黑色，密被均一的金光闪闪的蓝绿色鳞片（同一鳞片，因角度不同而显示为蓝色或绿色）。头、喙背面扁平，中间有一宽而深的中沟，长达头顶，两侧各有2条或弯或直的浅沟。每一鞘翅端部缩成上下2个锐突，上面的较大。足黑色，密布蓝绿色鳞片，胫节内侧无齿。

**【生活习性及发生规律】**蓝绿象1年发生1代，以成虫及幼虫在土中越冬。越冬成虫于3月上旬开始出土活动，6—7月发生最盛，进入10月上旬已很少见。成虫活动力不强，有群集性、假死性，怕光，早、晚活动最多。

**【防治措施】**

（1）农业防治。5—6月蔗株生长不高，成虫群集为害，早、晚活动多，可人工捕杀成虫，降低虫口量，减轻为害；因其特别喜食蒿子，可在周围田埂上种植蒿子。当大量的象虫群集取食时，及时喷药杀灭，可获得事半功倍的效果。

（2）药剂防治。6—7月成虫发生盛期，结合防治甘蔗绵蚜选用广谱性药剂，如90%敌百虫晶体800～1 000倍稀释液，20%丁硫克百威乳油、48%毒死蜱乳油1 000～2 000倍液，或50%辛硫磷乳油1 000～1 500倍液均匀喷雾，可有效杀灭成虫。象虫下午（尤其是黄昏）活动多，于下午喷药，防治效果显著。鉴于象虫食性很杂，应采取各种作物统一防治的措施，并注意喷洒周围田埂上的野生杂草植物，如此防治效果更好。

## 2.26 泡象（*Polyclaeis* sp.）

**【发生为害】**泡象属鞘翅目象虫科短喙象亚科纤毛象族，于滇西南蔗区有分布。该虫食性很杂，除为害甘蔗外，还为害大豆、花生、旱谷、小麦、甘薯、玉米、茶树、桑树、咖啡树、橡胶、榕树、桃、李、香蕉、柑橘类果树以及蒿子等。在田间，泡象常与翠象、蓝绿象等食叶象虫混合发生，其种群数量约占65%。泡象近年来在云南孟连、勐海、蒙自等滇西南蔗区时常暴发为害，发生面积上千亩至上万亩不等，严重田块的虫口密度达10～15头/株，大量蔗叶被吃光，仅剩叶脉，严重影响蔗株生长，给甘蔗生产带来很大损失。

**【形态识别】**成虫体长11～13毫米，体宽4～5毫米，体壁黑色，被覆铜红色发金光的鳞片，尤以前胸和鞘翅两侧最明显。喙长大于宽，背面有一浅中沟，两侧无细龙骨。鞘翅端部逐渐缩窄，但未缩成锐突。足黑色，被覆稀薄铜红色鳞片，胫节内侧无齿。

**【生活习性及发生规律】**泡象在滇西南蔗区1年发生1代，以成虫及幼虫在土中越冬。越冬成虫于3月上旬开始出土活动，6—7月发生最盛，进入10月上旬已很少见。成虫活动力不强，有群集性、假死性，怕光，早、晚活动最多。

**【防治措施】**

（1）农业防治。5—6月蔗株生长不高，成虫群集为害，早、晚活动多，可人工捕杀成虫，降低虫口量，减轻为害；因其特别喜食蒿子，可在周围田埂上种植蒿子。当大量的象虫群集取食时，及时喷药杀灭，可获得事半功倍的效果。

（2）药剂防治。6—7月成虫发生盛期，结合防治甘蔗绵蚜选用广谱性药剂，如90%敌百虫晶体800～1 000倍稀释液，20%丁硫克百威乳油、48%毒死蜱乳油1 000～2 000倍液，或50%辛硫磷乳油1 000～1 500倍液均匀喷雾，可有效杀灭成虫。象虫下午（尤其是黄昏）活动多，于下午喷药，防治效果显著。鉴于象虫食性很杂，应采取各种作物统一防治的措施，并注意喷洒周围田埂上的野生杂草植物，如此防治效果更好。

## 2.27 中华稻蝗［*Oxya chinensis*（Thunbery)］

**【发生为害】**中华稻蝗属直翅目蝗科。中华稻蝗在我国广东、广西、福建、台湾、云南、四川、贵州、海南等地的植蔗区均有发生，不同程度地影响甘蔗生产。其食性很杂，除为害甘蔗外，还为害水稻、小麦、玉米、花生、甘薯、高粱、茭白、豆类、竹类、野生杂草等。以成虫、若虫群集取食甘蔗叶片，其飞翔力大，迁徙力强，在发生多的年份或蔗区常暴发成灾，使大量的甘蔗叶片被啃食得只剩叶脉，阻碍了甘蔗生长，造成减产。

**【形态识别】**雄成虫体长18.3～27.0毫米，雌成虫体长24.5～39.5毫米，雄成虫前翅长14.0～24.5毫米，雌成虫前翅长20.5～31.5毫米。体黄绿色或绿色，复眼后具黑褐色带，前胸背板侧缘具黑褐色带。后足腿节胫节均为黄绿色，基部略暗，胫节刺的顶端黑色。卵长约3.5毫米，直径约1毫米深黄色。若虫一般为六龄，三龄若虫翅芽明显，前翅芽略呈三角形，后翅芽圆形。

**【生活习性及发生规律】**中华稻蝗1年发生2代，以卵在田埂、田边或荒地土中越冬。成虫有趋光性，多在早晨羽化，在性成熟前活动频繁。有多次交尾习性，交尾后20～30天在土表产卵。产卵环境以土壤湿度适中、松软为宜。越冬卵于4—5月孵化为若虫，初孵若虫常群集于蔗叶上取食为害，蜕皮5～6次，于5—6月羽化为成虫。成虫、若虫常在每天8:00—9:00及16:00—19:00大量取食蔗叶，其他时间多在作物或杂草丛中躲藏，很少取食。在低洼潮湿、杂草较多的蔗地发生量大。

**【防治措施】**

（1）农业防治。冬春两季清洁田园，铲除田边、地头和沟边杂草，坚持深耕细耙和冬季灌溉，可大量减少越冬卵量。蝗蝻期人工扑杀，于蝗虫大量取食为害之前将其消灭。

（2）药剂防治。用90%敌百虫晶体50克或50%辛硫磷乳油50毫升，拌炒成糊香的豆饼、花生籽饼或麦麸5千克，制成毒饵，于下午撒于田间诱杀防治。在蝗蝻期，先用微孢子虫制剂防治1次，5～7天后再用10%氟啶脲或40%氟虫脲乳油2 000倍液喷施，可长期控制其为害。在蝗蝻还未分散为害之前，可选用90%敌百虫晶体、80%敌敌畏乳油600～800倍液，50%辛硫磷乳油、48%毒死蜱乳油1 000～1 500倍液，2.5%高效氯氟氰菊酯乳油、2.5%溴氰菊酯乳油或其他菊酯类农药1 500～3 000倍液均匀喷雾，可有效杀灭蝗蝻，减轻为害。蝗虫成虫、若虫均以上、下午（尤其是黄昏）活动多，于下午喷药，防治效果显著。鉴于蝗虫食性很杂，应采取各种作物统一防治的措施，喷药时应注意喷洒蔗田周围的虫源滋生地，如此防治效果会更好。

## 2.28 短额负蝗（*Atractomorpha sinensis* Bolivar）

**【发生为害】**短额负蝗属直翅目蝗科。短额负蝗在我国广东、广西、福建、台湾、云南、四川、贵州等地的植蔗区均有分布。短额负蝗食性杂，除为害甘蔗外，还为害水稻、小麦、玉米、花生、甘薯、高粱、烟草、棉花、马铃薯、豆类、竹类、蔬菜、野生杂草等。其成虫、若虫群集取食甘蔗叶片，使大量的甘蔗叶片被啃食得只剩叶脉，阻碍甘蔗生长，造成减产。

**【形态识别】**雄成虫体长20～27毫米，雌成虫体长26～32毫米，雄成虫前翅长16～23毫米，雌成虫前翅长22～28毫米。体淡绿色到灰褐色，有淡黄色瘤状突起。头尖、颜面斜度大，与头成锐角；颜面隆起狭长，中间有纵沟。触角剑状，雄成虫触角的长度等于头胸长度之和，雌成虫触角较短。卵长2.9～3.8毫米，长椭圆形，黄褐色至深黄色。五龄若虫前胸背面向后方突出较大，形似成虫，翅芽增大到盖住腹部第三节或稍超过。

**【生活习性及发生规律】**短额负蝗1年发生2代，以卵在沟边土中越冬。5月下旬至6月中旬为孵化盛期，7—8月羽化为成虫。短额负蝗喜栖于地被多、湿度大、双子叶植物茂密的环境中，在灌渠两侧发生多。7月上旬第1代成虫开始产卵。雄成虫在雌虫背上交尾与爬行，故称之为负蝗。第2代若虫于7月下旬开始孵化，8月上中旬为孵化盛期，9月中下旬至10月上旬第2代成虫开始产卵，盛期在10月下旬至11月下旬。若虫初孵时有群集性，二龄以后分散为害。

**【防治措施】**

（1）农业防治。对于虫害发生严重的地区，在秋季、春季铲除田埂、地边5厘米以上的土及杂草，把卵块暴露在地面晒干或冻死；蝗蝻期人工扑杀，于蝗虫大量取食为害之前将其消灭。

（2）药剂防治。在测报基础上，抓住初孵蝗蝻在田埂、渠堰集中为害双子叶杂草且扩散能力极弱的时机，选用90%敌百虫晶体、80%敌敌畏乳油600～800倍液，50%辛硫磷乳油、48%毒死蜱乳油1 000～1 500倍液，2.5%高效氯氟氰菊酯乳油、2.5%溴氰菊酯乳油或其他菊酯类农药1 500～3 000倍液均匀喷雾，可有效杀灭蝗蝻，减轻为害。

（3）保护利用麻雀、青蛙、大寄生蝇等天敌进行生物防治。

## 2.29 印度黄脊蝗［*Patanga succinoia*（Johan）］

**【发生为害】**印度黄脊蝗属直翅目蝗科。印度黄脊蝗在我国广东、广西、福建、台湾、云南、四川等地的植蔗区均有分布。其食性杂，除为害甘蔗外，还为害水稻、小麦、玉米、花生、甘薯、豆类、竹类、野生杂草等。其成虫、若虫群集取食甘蔗叶片，在发生多的年份或蔗区常酿成大灾，使大量的甘蔗叶片被啃食得只剩叶脉，甘蔗生长受到严重阻碍，造成减产。

**【形态识别】** 雄成虫体长 41～48 毫米，雌成虫体长 55～61 毫米。雄成虫前翅长 46～52.1 毫米，雌成虫前翅长 63～70.2 毫米。该虫体型粗大，呈淡黄褐色或黄褐色。其头部的后头、前胸背板沿中隆线处具黄色纵条纹，向后延伸至前翅的臀脉域。后足腿节内、外侧黄褐色，沿上隆线具黑色纵条纹，胫节、跗节黄褐色。头大而短，短于前胸背板。

**【生活习性及发生规律】** 印度黄脊蝗 1 年发生 1 代，以卵在田埂、田边或荒地土中越冬。成虫有趋光性，多在早晨羽化，在性成熟前活动频繁。有多次交尾习性，交尾后20～30 天在土表产卵。产卵环境以土壤湿度适中、质地松软为宜。越冬卵于 4—5 月孵化为若虫，初孵若虫常群集于蔗叶上取食为害，蜕皮 5～6 次，于 5—6 月变为成虫。成虫及若虫常在每天 8:00—9:00 及 16:00—19:00 大量取食蔗叶，其余时间多在作物或杂草丛中躲藏，很少取食。该虫在低洼潮湿、杂草较多的蔗地发生量大。

**【防治措施】**

（1）农业防治。加强田间管理，铲除田边、地头和沟边的杂草，破坏蝗虫生长发育、繁殖活动的场所，减少虫源基数；蝗蝻期人工扑杀，于蝗虫大量取食为害之前将其消灭。

（2）药剂防治。在低龄若虫期，选用 20%灭幼脲 1 号悬浮剂 10 000 倍液进行喷施防治；在蝗蝻还未分散为害之前，可选用 90%敌百虫晶体、80%敌敌畏乳油 600～800 倍液，50%辛硫磷乳油、48%毒死蜱乳油 1 000～1 500 倍液，2.5%高效氯氟氰菊酯乳油、2.5%溴氰菊酯乳油或其他菊酯类农药 1 500～3 000 倍液均匀喷雾，可有效杀灭蝗蝻，减轻为害。施药时要尽量避免在中午高温时段和大风天气施药。

## 2.30 异歧蔗蝗（*Hieroglyphus tonkinensis* Bolivar）

**【发生为害】** 异歧蔗蝗属直翅目蝗科。异歧蔗蝗在我国广东、广西、云南、福建、台湾、湖南、海南等地的植蔗区普遍发生。异歧蔗蝗除为害甘蔗外，还为害水稻、小麦、玉米、花生、甘薯、豆类、竹类、野生杂草等。其成虫、若虫群集取食甘蔗叶片，严重时使大量的甘蔗叶片被啃食得只剩叶脉，影响甘蔗生长，造成减产。

**【形态识别】** 雄成虫体长 30～40 毫米，雌成虫体长 40～52 毫米。体蓝绿色，头、额、颊及后头侧花、上颚外面均为蓝绿色；头顶、后头上方、复眼等为黄褐色。前胸背板、侧板为蓝绿色，背板背面近前缘两侧各有一横行黑褐色凹纹，其后又有 3 条横行黑褐凹纹，前翅基部淡绿色，至端部为黄褐色，雌虫尾须楔形，而雄虫则末端分叉。幼蝻体褐色，背部中央从前胸至腹末有一黄花贯穿其中，花的两旁有黑褐色条纹，翅芽及触角随虫龄增大而增长。

**【生活习性及发生规律】** 异歧蔗蝗 1 年发生 1 代，以卵块在土中越冬，次年 4 月中旬陆续孵化，经 5～6 次蜕皮后，于 6 月上旬至 8 月上旬陆续羽化，交尾产卵后死亡；幼龄蝗蝻多喜取食嫩叶，成虫及老龄蝗蝻多取食老叶。

**【防治措施】**

（1）农业防治。加强田间管理，铲除田边、地头和沟边的杂草，破坏蝗虫生长发育、繁殖活动的场所，减少虫源基数；蝗蝻期人工扑杀，于蝗虫大量取食为害之前将其消灭。

（2）药剂防治。在蝗蝻还未分散为害之前，可选用90%敌百虫晶体、80%敌敌畏乳油600～800倍液，50%辛硫磷乳油、48%毒死蜱乳油1 000～1 500倍液，2.5%高效氯氟氰菊酯乳油、2.5%溴氰菊酯乳油或其他菊酯类农药1 500～3 000倍液均匀喷雾，可有效杀灭蝗蝻，减轻为害。施药时要尽量避免在中午高温时段和大风天气施药。

## 2.31 甘蔗毛虫（*Dendrolimus* sp.）

**【发生为害】** 甘蔗毛虫属鳞翅目枯叶蛾科，是云南蔗区近年来发生的一种严重咬食蔗叶的新害虫，在局部蔗区常暴发成灾，发生面积几百亩至上千亩不等。其食性杂，除为害甘蔗外，还为害大豆、花生、甘薯、玉米、松林及多种野生杂木、杂草等。甘蔗毛虫主要以幼虫咬食蔗叶，严重田块的虫口密度多达每株10多头，虫害发生时，大量蔗叶被吃光，仅剩叶脉，严重影响了甘蔗生长，同时虫体上满布毒毛，人体触接后皮肤会红肿奇痒，妨碍人们进行田间管理。害虫猖獗时，幼虫成群结队迁移，一夜之间可将成片庄稼吃光，造成大面积减产或绝收。

**【形态识别】** 老熟幼虫体长42～58毫米，头宽4.5～4.8毫米。头黄褐色至棕褐色，正面有近八字形黑褐色纵纹。体色大致可分为淡褐色至灰黑色。全身披有长毛束，体侧毛簇较长，尤以胸部及腹末端毛簇最长，背部刚毛黑褐色，侧毛银白色至灰褐色。胸足、腹足黄褐色至棕褐色，身体各节中间有橘黄色横带。

**【生活习性及发生规律】** 目前尚不清楚甘蔗毛虫的年发生世代数。以幼虫越冬。甘蔗毛虫先多发生于松林、杂草灌木上，当松针、树叶被吃光，取食困难时，便于6—7月就近迁入甘蔗、玉米地为害甘蔗、玉米等作物，8—9月为害最严重。松林附近及低凹背阴的田块处发虫多，受害重。幼虫有群集、迁移习性，喜阴凉、怕高温。初孵幼虫群集在一起，然后逐渐吐丝下垂，分散为害。低龄幼虫食量不大，三四龄后取食量剧增，早、晚均取食。中午阳光强时，常躲在蔗叶基部隐蔽处，停止取食。

**【防治措施】**

（1）农业防治。甘蔗收砍后及时清洁田园，铲除田间、地头杂草，可压低越冬代虫源基数；在卵盛期或初孵幼虫期及时摘除卵块或将群集有幼虫的叶片销毁。

（2）药剂防治。切实掌握防治适期，抓住幼虫低龄阶段，及时施药防治。可选用90%敌百虫晶体或80%敌敌畏乳油800～1 000倍液，50%辛硫磷乳油、48%毒死蜱乳油1 000～1 500倍液，5%高效氰戊菊酯乳油、2.5%溴氰菊酯乳油或其他菊酯类农药2 000～3 000倍液均匀喷雾，并在下午喷施效果好。鉴于甘蔗毛虫食性杂，对于同一发生区，应采取各种作物统一防治，才能确保防治效果。尤其要加强对松林附近田块的虫情检查，一旦发现及早采取措施，控制其扩展蔓延。

（3）甘蔗毛虫天敌种类很多，主要有蛙类、鸟类、蝙蝠、蜘蛛、线虫、螨类、捕食性和寄生性昆虫、寄生菌和病毒等多种，自然天敌是抑制其发生的重要生态因素之一。因此，各地应根据当地情况，合理用药，从多方面注意保护利用天敌。

## 2.32 甘蔗扁角飞虱（*Perkinsiella saccharicida* Kirkaldy）

**【发生为害】**甘蔗扁角飞虱属同翅目飞虱科，广泛分布于广东、广西、福建、台湾、云南、海南、四川、贵州、江西、湖南等地的植蔗区。甘蔗扁角飞虱除为害甘蔗外，还为害水稻、玉米。其成虫、若虫常集中在心叶及嫩幼叶鞘内侧刺吸甘蔗汁液并产卵，同时分泌蜜露诱发煤烟病，影响甘蔗进行光合作用，对甘蔗生长及质量造成不同程度的影响。受害心叶轻者停止生长，重者腐烂而致生长点死亡。受害茎的锤度下降 0.45～0.55（绝对值），严重的下降 1～1.75（绝对值）。受害株比健康株高度降低 4.4～14.6 厘米，蔗茎亦较细。

**【形态识别】**成虫有长翅型和短翅型两种，长翅型体长 5～5.8 毫米，短翅型雌虫体长 3.4 毫米。长翅型成虫全体褐色，翅透明，翅脉上有多点纵列，前翅末端中部有黑褐色斑块。无翅成虫仅具翅芽，腹部较肥大。卵呈香蕉形，初产时乳白色，3～6 粒卵集成一堆。若虫体色比成虫稍浅，体型与无翅成虫相似，但个体较小。

**【生活习性及发生规律】**甘蔗扁角飞虱 1 年发生 7～8 代，世代重叠，其成虫、若虫在夏、秋植蔗田或已收获蔗田的秋、冬苗上过冬。全世代历期的长短明显受温度高低的影响。成虫通常在夜晚交尾产卵，卵一般产于叶片中脉、嫩茎及幼嫩叶鞘组织内，外表稍隆起，上盖有白色蜡状分泌物，形似钟罩，周围组织呈梭形红斑。初孵若虫喜群集于蔗株中、下部叶鞘内侧或叶片背面，蜕皮 4 次后化为成虫。冬春季期间蔗田常以产生长翅型成虫为主，春植蔗在 6—7 月、夏植蔗在 8—9 月开始遭受为害。夏秋季节，温湿度适宜、食料丰富时，大多产生短翅型成虫，并大量繁殖，猖獗成灾。该虫喜在偏施氮肥、高度密植、蔗叶幼嫩荫蔽、通风不良、湿度较高及某些叶阔下垂、组织比较松脆的甘蔗品种田内大量繁殖为害。

**【防治措施】**

（1）农业防治。甘蔗收获后及时清除销毁田间蔗梢残叶；甘蔗生长期应加强剥叶，减少虫卵，促进通风透光，合理使用氮、磷、钾肥，改善蔗田湿度条件，促使甘蔗早生快发，提高抗虫能力。不宜在飞虱为害严重的蔗田采种，因飞虱可产卵于嫩茎及青叶鞘上。

（2）药剂防治。对秋冬植蔗应在冬春季选用 25%噻嗪酮可湿性粉剂、10%吡虫啉可湿性粉剂、48%毒死蜱乳油、20%丁硫克百威乳油 1 000～2 000 倍液喷雾，以减少越冬虫源发生；大发生时选用 25%噻嗪酮可湿性粉剂、10%吡虫啉可湿性粉剂、48%毒死蜱乳油、20%丁硫克百威乳油等农药以 1 000～2 000 倍液喷雾，或可用 15%毒死蜱烟雾剂 1 500～2 250 毫升/公顷，采用 6HY－25 型烟雾机喷施，均可收到很好的效果。

（3）保护利用天敌。蔗田常见的天敌有大角啮小蜂（*Ootetrastichus fromosanus* Timberlake）、缨小蜂（*Anagrus* sp.）、中国螯蜂（*Pseudogonatopus hospes* Perkins）和黑肩缘盲蝽（*Cyrtorrhinus livioli ppenuis* Redt）等，常大量寄生或吸食甘蔗飞虱的卵，当天敌发生数量多时，其对抑制飞虱的发生起到很大的作用。因此，必须合理用药，避免大量杀伤天敌，充分发挥自然天敌对飞虱的抑制作用。

## 2.33 甘蔗异背长蝽［*Cavelerius saccharivorus*（Okajima）］

**【发生为害】**甘蔗异背长蝽属半翅目长蝽科。甘蔗异背长蝽在我国广东、广西、福建、台湾、云南、海南、四川、浙江、江西、湖南等地的植蔗区均有发生。该虫除为害甘蔗外，还为害玉米、黍、芦苇及野生杂草等。甘蔗异背长蝽是甘蔗苗期、伸长期的重要害虫，其成虫、若虫群集心叶及幼嫩叶鞘内侧刺吸甘蔗汁液，为害高峰期每株蔗苗有几十至百余头虫。受害叶片初呈白斑，受害严重后，叶片黄萎，蔗株生长停滞，甚至枯死，甘蔗糖分减少，产量降低，品质变劣。

**【形态识别】**成虫体狭长而均匀，黑色，全身布满淡褐色短毛。头部三角形，触角棒形，复眼白色而突出，前胸背板中央隘凹。有长翅型和短翅型两种。卵初产白色，后变黄褐色，长筒形。若虫形似成虫，仅翅芽不发达。头胸部黑褐色，腹部黄褐色。后胸中央和第二、第三腹节间两侧呈各有 1 大白斑，第四腹节中央有红褐色圆形斑，其后方有黑斑。

**【生活习性及发生规律】**甘蔗异背长蝽 1 年发生多代。以成虫或卵在甘蔗梢头部叶鞘内侧、宿根蔗兜及蔗笋等处越冬。一般栖息在比较干燥的地方。3 月初开始活动繁殖，5 月中旬种群数量达到高峰，猖獗为害。一般情况下宿根蔗虫害重于新植蔗，丘陵旱地蔗虫害重于水田蔗。若虫孵化后群集在心叶或叶鞘间隙处取食，共六龄。成虫短翅型不能飞，长翅型能飞，但飞翔力不强，主要靠爬行和蔗种带虫、卵传播扩散。

**【防治措施】**

（1）农业防治。甘蔗收获后及时清除销毁田间蔗梢残叶，合理使用氮、磷、钾肥，改善蔗田湿度条件，促使甘蔗早生快发，提高抗虫能力。不宜在椿象为害严重的蔗田采种，因椿象可产卵于嫩茎及青叶鞘上。

（2）药剂防治。对秋冬植蔗应在冬春季喷药防治，以减少越冬虫源。选用 95%杀虫单原粉、10%吡虫啉可湿性粉剂、48%毒死蜱乳油、20%丁硫克百威乳油等农药 1 000～2 000倍液喷雾，以减少越冬虫源。在 5 月盛发时，选用广谱内吸熏蒸杀虫剂 95%杀虫单原粉、10%吡虫啉可湿性粉剂、48%毒死蜱乳油、20%丁硫克百威乳油等农药 1 000～1 500倍液喷雾；或可用 15%毒死蜱烟雾剂 2 250～3 000 毫升/公顷，采用 6HY－25 型烟雾机喷施。喷雾最好在早上或阴天进行，重点喷新叶效果才佳。

## 2.34 蔗根锯天牛［*Dorysthenes granulosus*（Thomson）］

**【发生为害】**蔗根锯天牛又称蔗根土天牛，属鞘翅目天牛科。它主要分布在广东、海南、广西、台湾、云南、福建、贵州、浙江等地的植蔗区，在局部蔗区也有发生。该虫主要为害甘蔗、油棕、椰子、木薯、柑橘、厚皮树等。幼虫啮食蔗种、蔗根、幼苗和蔗茎。甘蔗苗期受害造成死苗；中后期受害往往造成甘蔗黄萎、枯死和倒伏，影响次年宿根发株，造成甘蔗减产，甚至失收，沙质土特别是多年宿根或连作蔗地受害最重。

**【形态识别】**成虫体长 15～63 毫米，体宽 8～25 毫米，个体大小差异较大。体棕栗色，略带光泽。头部及触角基部 3 节棕黑色，头部中央有细线纵沟。上颚发达坚硬，向前伸长呈弯钳状。雄虫触角粗大，长达鞘翅末端；雌虫触角细小，长达鞘翅中部。前胸背板两侧缘各有 3 个锯齿，后齿较小。幼虫体长 57～90 毫米，老熟幼虫乳黄色，头部棕色，近似方形。腹部第 1～7 节背面正中隆起，上有稍扁的“田”字纹，末节圆锥形。

**【生活习性及发生规律】**蔗根锯天牛 2 年发生 1 代。以老熟幼虫在蔗蔸内或在蔗蔸附近的土中缀纤维、植物碎屑与泥土结茧过冬。成虫一般在 4 月出现，5 月中下旬为羽化出土盛期。成虫羽化后，待雨后土壤潮湿松软时爬出土面，白天静伏于隐蔽处，晚上活动，有趋光性。5 月下旬至 6 月上旬为卵孵化盛期。幼虫孵化后，先取食甘蔗嫩根与未出土的鲜嫩蔗鞘及种茎，然后逐渐啮食地下蔗茎，蛀成隧道。该虫害主要发生在沙质壤土上，多年宿根蔗或连蔗地虫害最重，丘陵沙质土蔗地虫害重，土壤稍黏或砖红色土的甘蔗地虫害轻，稻蔗轮作田、新开垦的荒地蔗田很少发生虫害。

**【防治措施】**

（1）农业防治。对于受害严重、不留宿根的蔗地，甘蔗收获后采用拖拉机悬挂旋耕机，深耕 12～20 厘米，打破蔗头，在机械深耕和人工捡拾之下，越冬老熟幼虫及部分蛹可被有效去除；在宿根蔗地犁垄松土时捡拾并杀死被翻出土面的幼虫和蛹；在枯死苗大量出现的田块，可人工从基部割除枯死苗，取出并杀死幼虫，以减少转株为害并压低下一代虫量；于 4—6 月成虫出土盛期，每亩挖 10 个直径 30 厘米、深 30 厘米左右的坑，以此诱捕天牛成虫；对受害严重的蔗田，不应再留宿根蔗，加强与水稻、玉米、甘薯、花生、大豆等作物轮作，可减轻为害。

（2）物理防治。4—6 月成虫盛发期，每 2～4 公顷安装 1 盏杀虫灯诱杀，每天开灯时间以 20:00—22:00 成虫活动高峰期为佳。

（3）药剂防治。对于严重发虫地块，每公顷选用 3.6%杀虫双、5%丁硫克百威、5%杀虫单·毒死蜱、8%毒死蜱·辛硫磷等颗粒剂 45～90 千克，15%毒死蜱颗粒剂 15～18 千克，或 10%杀虫单·噻虫嗪颗粒剂、10%噻虫胺·杀虫单颗粒剂 37.5～45 千克，与 600 千克干细土或化肥混合均匀，在 3—4 月春植蔗下种、宿根蔗松蔸或 5—6 月大培土时均匀撒施于蔗株基部，并及时覆土，防治效果可达 80%左右，增产效果显著，同时还可延长宿根年限，降低成本。

（4）生物防治。每公顷选用 2%白僵菌粉粒剂或 2%绿僵菌粉粒剂 45～60 千克，与 600 千克干细土或化肥混合均匀，在 3—4 月春植蔗下种、宿根蔗松蔸或 5—6 月大培土时均匀撒施于蔗株基部，并及时覆土。

## 2.35 褐纹金针虫（*Melanotus caudex* Lewis）

**【发生为害】**褐纹金针虫属鞘翅目叩头虫科。褐纹金针虫在我国广东、广西、福建、台湾、云南、海南、四川、贵州、湖南、江西等地的植蔗区均有分布，发生普遍，为害严重。褐纹金针虫食性很杂，除为害甘蔗外，还为害小麦、玉米、高粱、黄豆、棉花、甘薯、辣椒、花生等多种作物。主要以幼虫在土中活动，钻蛀咬食地下茎、芽和根系。苗期为害常造成枯心苗，形似螟害状。

**【形态识别】**成虫体长约 9 毫米，宽约 2.7 毫米，体细长，黑褐色并生有灰色短毛。

头凸形黑色，密生较粗的刻点。前胸黑色，刻点较头部为小，后缘角向后突出。鞘翅黑褐色，长约为头胸部的2.5倍。有9条纵列刻点。触角暗褐色，有11节，第二、第三节略成球形，第四节较第二、第三节稍长。足暗褐色。老熟幼虫体长约30毫米，宽约1.7毫米，体细长，圆筒形，茶褐色有光泽，第一胸节及第九腹节红褐色。头扁平呈梯形，上具纵沟，并生有小刻点。身体背面有细沟及微细刻点，第一胸节长，第二胸节至第八腹节各节前缘两侧均生有深褐色的新月形斑纹。尾节扁平且长，尖端有3个小突起，中间尖锐呈红褐色，尾节前缘有2个半月形斑，靠前部有4条纵线，后半部有皱纹，并密生粗大和较深刻点。

**【生活习性及发生规律】**褐纹金针虫3年1个世代，世代重叠，以幼虫或成虫在土壤深处越冬。成虫在4月中旬至11月上旬均有发生，5—6月为盛发期。成虫有趋光性、假死性，连日阴雨的天气对其活动有利，特别在干旱天气若遇降水，成虫数量猛增。成虫白天常栖于甘蔗心叶或开裂的叶鞘夹缝内，多在夜间交配。雌虫交尾后即潜入土中产卵，每雌可产卵100粒左右，卵多散产于蔗根附近10厘米深的土层内，亦有产在腐烂的地下种茎内，产卵期为5月底至6月下旬，产卵盛期为6月上中旬。未见成虫取食，交尾产卵后即陆续死亡。幼虫期最长，幼虫从第二年5月上旬孵化至第四年的10月上旬化蛹。幼虫长期蛰居土中，为害甘蔗的地下茎芽、根系等部分，对下一季宿根蔗的发株影响很大。蔗苗出土后，幼虫常从蔗苗土下基部啮食成小洞侵入苗内，致使蔗苗形成枯心，酷似螟害状。幼虫有转株为害的习性，终年可见，尤以4—6月为害最重。甘蔗拔节后，幼虫为害甘蔗芽眼，造成烂芽。7月后，幼虫停止为害，转入土层深处越夏。秋季，幼虫又返回到耕作层活动，为害甘蔗地下根茎。由于幼虫历期长、龄期多，同一时期可在田间发现各龄期幼虫。第四年的10月上旬至11月上旬，老熟幼虫开始化蛹。

**【防治措施】**

（1）农业防治。对于为害严重、不留宿根的蔗地，甘蔗收获后采用拖拉机悬挂旋耕机，深耕12～20厘米，打破蔗头，在机械深耕和人工捡拾下，成虫、幼虫及部分蛹可被有效除去；在宿根蔗地犁垄松土时捡拾并杀死被翻出土面的成虫、幼虫和蛹；在枯死苗大量出现的田块，可人工从基部割除枯死苗，取出并杀死幼虫，以减少转株为害和压低下一代虫量；对受害严重的蔗田，不应再留宿根蔗，加强与水稻轮作，可减轻为害。

（2）物理防治。4—6月成虫盛发期，每2～4公顷安装1盏杀虫灯诱杀，每天开灯时间以20:00—22:00成虫活动高峰期为佳。

（3）药剂防治。严重发虫地块，每公顷选用3.6%杀虫双、5%丁硫克百威、5%杀虫单·毒死蜱、8%毒死蜱·辛硫磷等颗粒剂45～90千克或15%毒死蜱颗粒剂15～18千克，与600千克干细土或化肥混合均匀，在3—4月新植蔗下种、宿根蔗松蔸或5—6月大培土时均匀撒施于蔗株基部，并及时覆土。

## 2.36 真梶小爪螨（*Oligonychus shinkajii* Ehara）

**【发生为害】**真梶小爪螨又称黄蜘蛛，属蛛形纲蜱螨目叶螨科。真梶小爪螨在我国广东、广西、云南、福建、湖南和台湾等地的植蔗区均有分布，主要为害甘蔗、野古草、玉米、水稻等。成螨、若螨群集于蔗叶背面为害，受害叶片初呈现黄色至红褐色斑，失去光泽，后合并成红色斑块，叶面满布如白色尘埃的卵壳、蜕皮，叶片发红、焦枯，甘蔗生长受阻，造成减产减糖。

**【形态识别】**雌成螨体卵形，体长 0.41～0.45 毫米，宽 0.26～0.29 毫米，微红色或淡黄色。须肢、胫节、爪发达，跗节锤突端部呈钝圆形。轴突与锤突长度约等，刺突明显较轴突长。口针鞘前缘尖滑，钝圆。气门沟端部为小珠状。背毛 13 对。雄成螨体长约 0.37 毫米，宽约 0.2 毫米，呈菱形，腹部末端略尖。阳茎钩部较短，向上急曲。须部呈球状，较为发达，近侧突钝圆，外侧突略尖延伸。足 4 对。卵呈球状，直径约 0.14 毫米，呈淡黄白色或微红色，卵顶生有 1 短刚毛。

**【生活习性及发生规律】**真梶小爪螨在我国南方一年四季均有发生，夏季 5—7 月高温干旱季节发生最盛，尤其在干旱年份发生最烈。成螨和若螨多在蔗株中部叶片背面群集为害，吸取蔗叶汁液。蔗叶被害部位初呈淡黄色斑点，其后斑点多变为赤红色，受害严重时斑点合并为暗赤色斑块，严重影响甘蔗的光合作用，使蔗株生长拔节受阻。

**【防治措施】**

（1）农业防治。尤其在干旱季节，应多注意灌溉，保持蔗田湿度，避免甘蔗受旱，以减轻受害。

（2）药剂防治。发生初期选用 20.8%阿维·四螨嗪悬浮剂 1 000 倍液、7.5%甲氰·噻螨酮乳油 1 000 倍液、22%阿维·螺螨酯悬浮剂 1 000 倍液、1.8%阿维菌素乳油 2 000 倍液、73%克螨特乳油 1 000 倍液、20%甲氰菊酯乳油 2 000 倍液、5%噻螨酮乳油 1 500 倍液、50%苯丁锡可湿性粉剂 1 500～2 000 倍液喷雾。

（3）保护利用天敌。合理用药，保护和利用食螨瓢虫、捕食螨、食螨蓟马、草蛉等天敌。

## 2.37 扁歧甘蔗羽爪螨（*Diptiloplatus sacchari* Shin et Dong）

**【发生为害】**扁歧甘蔗羽爪螨属蛛形纲蜱螨目大咀瘿螨科。目前发现分布在广西、云南等地的蔗区。扁歧甘蔗羽爪螨主要为害甘蔗，多栖于蔗叶背面，以口吻刺吸叶液，受害叶片的叶绿素受到破坏，初呈黄白色细微斑点，渐在叶片扩展为赤褐色斑块。边叶受害后逐渐向内发展到心叶。受害蔗株叶片焦枯、生长受阻，造成减产减糖。

**【形态识别】**雌成螨体蠕虫形，体长 0.27 毫米，宽 0.07 毫米，厚 0.06 毫米，淡黄色。背盾板三角形，前叶突明显盖于喙基部。足 2 对。卵乳白色，半透明，长径约 0.05 毫米，短径约 0.04 毫米。

**【生活习性及发生规律】**扁歧甘蔗羽爪螨在广西终年可见。一年中有两个发生为害高峰期，第一个高峰期在 5—6 月雨季前高温干旱期；第二个高峰期在 9—10 月雨季结束秋旱期。干旱年份虫害发生最严重，多雨年份虫害发生较轻。成螨和若螨多喜栖息于蔗叶背面吸取蔗叶汁液，尤喜为害蔗株中部叶片。

**【防治措施】**

（1）农业防治。尤其在干旱季节，应多注意灌溉，保持蔗田湿度，避免甘蔗受旱，以减轻受害。

（2）药剂防治。发生初期选用20.8%阿维·四螨嗪悬浮剂1 000倍液、7.5%甲氰·噻螨酮乳油1 000倍液、22%阿维·螺螨酯悬浮剂1 000倍液、1.8%阿维菌素乳油2 000倍液、73%克螨特乳油1 000倍液、20%甲氰菊酯乳油2 000倍液、5%噻螨酮乳油1 500倍液、50%苯丁锡可湿性粉剂1 500～2 000倍液喷雾。

（3）保护利用天敌。合理用药，保护和利用食螨瓢虫、捕食螨、食螨蓟马、草蛉等天敌。

## 2.38 大青叶蝉（大绿浮尘子）[*Tettigoniella viridis* (Linnaeus)；*Cicadella viridis* Linnaeus]

**【发生为害】**大青叶蝉属同翅目大叶蝉科。大青叶蝉在我国广西、四川、贵州、广东、云南、福建、海南、江西、台湾、湖南等地的植蔗区均有分布，发生普遍。其食性很杂，除为害甘蔗外，还为害水稻、玉米、高粱、粟、小麦、大豆、马铃薯、果树、林木等多种作物。其成虫、若虫群集甘蔗叶面吸食蔗叶汁液，使叶片卷缩，叶片伸展不正常，影响甘蔗拔节生长，造成减产减糖。此外，还可传播病毒病。

**【形态识别】**成虫体长7～10毫米，全体青绿色，被少许白色蜡粉。头部面区呈淡褐色，两侧各有1组黄色横纹；头冠区呈淡黄绿色，头冠前部左右各有1组淡褐色弯曲横纹，近后缘处有1对黑斑。前胸背板前缘区为淡黄绿色，后部大半为深青绿色。前翅为蓝绿色，翅端边缘为淡白色，透明。胸、腹部腹面及足均为淡黄绿色。后足胫节上有2排短刺。卵长椭圆形，中间微弯，乳白色。卵块月牙形。末龄若虫呈黄绿色，除头冠具1对黑斑外，腹部背面有4条暗黑色纵纹，翅短小，为翅芽状。

**【生活习性及发生规律】**大青叶蝉1年发生多代，以卵越冬。5月后，蔗田常可见到成虫和若虫，成虫和若虫均喜栖于蔗叶背光处。若虫常分泌1种泡沫状物，用来保护自己不至于干燥及免受天敌侵害，所以又称为吹泡虫。成虫和若虫均善跳跃，成虫趋光性强。口器为刺吸式，寄主被刺吸汁液后，叶片因局部细胞死亡而呈现斑点，受害严重时则叶变薄硬化。此外，由于大青叶蝉产卵时用产卵器刺破寄主表皮，因此在产卵量多时，也会对寄主植物造成损害。

**【防治措施】**

（1）农业防治。合理使用氮、磷、钾肥，改善蔗田湿度条件，促使甘蔗早生快发，提高抗虫能力。

（2）物理防治。5—7月成虫盛发期，每2～4公顷安装1盏杀虫灯诱杀，每天开灯时间以20:00—22:00成虫活动高峰期为佳。

（3）药剂防治。加强田间巡查，在成虫产卵始盛期，选用广谱内吸熏蒸杀虫剂95%杀虫单原粉、10%吡虫啉可湿性粉剂、25%噻嗪酮可湿性粉剂、48%毒死蜱乳油、20%丁硫克百威乳油、20%异丙威乳油等农药1 000～1 500倍液喷雾；或可用15%毒死蜱烟雾剂2 250～3 000毫升/公顷，采用6HY-25型烟雾机喷施。喷雾最好在早上或阴天进行，重点喷新叶效果才佳。

## 2.39 条纹平冠沫蝉 (*Clovia conifer* Walker)

**【发生为害】**条纹平冠沫蝉属同翅目沫蝉科。条纹平冠沫蝉在我国广东、广西、福建、台湾、云南、海南、四川、贵州、江西、湖南等地的植蔗区分布很广，在各地普遍发生。该虫主要为害甘蔗、水稻、玉米等。其成虫、若虫群集甘蔗叶片吸食蔗叶汁液，使叶片卷缩，叶片伸展不正常，影响甘蔗拔节生长，造成减产减糖。

**【形态识别】**成虫体长约 8 毫米，全体淡黄褐色，密布灰色细绒毛。头部头冠平坦。前端呈钝角状突出。扁薄，近似叶片状，颜面茶褐色，两侧有黄白色纵带；头背面、前胸背板均具有茶褐色纵条纹。前翅具黑褐色条斑和透明斑。腹部腹面及足均为黄白色，黑褐色斑块，后足胫节具 2 枚侧刺。

**【生活习性及发生规律】**条纹平冠沫蝉 1 年发生多代，以卵越冬。5 月后，蔗田常可见到成虫和若虫，成虫和若虫均喜栖于蔗叶背光处。若虫常分泌 1 种泡沫状物质，用来保护自己不至于干燥及免受天敌侵害，所以又被称为吹泡虫。其成虫和若虫均善跳跃，成虫趋光性强。口器为刺吸式，寄主被刺吸汁液后，叶片因局部细胞死亡而呈现斑点，受害严重时则叶变薄硬化。此外，由于条纹平冠沫蝉产卵时用产卵器刺破寄主表皮，在产卵量多时，也会给寄主植物造成损害。

**【防治措施】**

（1）农业防治。合理施用氮、磷、钾肥，改善蔗田湿度条件，促使甘蔗早生快发，提高抗虫能力。

（2）灯光诱杀成虫。利用成虫强趋光性，采用频振式杀虫灯诱杀成虫，可降低虫口基数，减轻为害。

（3）药剂防治。加强田间巡查，在成虫产卵始盛期，选用广谱内吸熏蒸杀虫剂 95%杀虫单原粉、10%吡虫啉可湿性粉剂、25%噻嗪酮可湿性粉剂、48%毒死蜱乳油、20%丁硫克百威乳油、20%异丙威乳油等农药 1 000～1 500 倍液喷雾；或用 15%毒死蜱烟雾剂 2 250～3 000 毫升/公顷，采用 6HY－25 型烟雾机喷施。喷雾最好在早上或阴天进行，重点喷新叶效果才佳。

## 2.40 草地贪夜蛾 [*Spodoptera frugiperda* (Smith)]

**【发生为害】**草地贪夜蛾又称秋黏虫，属鳞翅目夜蛾科，是联合国粮农组织全球预警的重大迁飞性害虫之一，原产于美洲热带和亚热带地区，现广泛分布于美洲大陆。草地贪夜蛾食性杂，主要为害玉米、水稻、甘蔗、烟草等作物。2016 年初，草地贪夜蛾首次被发现入侵非洲西部并暴发成灾，2017 年 4 月，有 12 个非洲国家报道了草地贪夜蛾的入侵；2018 年 1 月，草地贪夜蛾入侵非洲 44 个国家；2018 年 5 月入侵位于亚洲的印度，3 个月蔓延全印度。2018 年 8 月联合国粮农组织向全球发出预警。2018 年 11 月进入孟加拉国和斯里兰卡。2018 年 12 月入侵缅甸；其中，在印度南部泰米尔纳德邦和斯里兰卡发现草地贪夜蛾取食为害甘蔗。2019 年 1 月发现并确认草地贪夜蛾从缅甸侵入我国云南省为害。云南各地持续跟踪监测，2019 年 1 月 14—18 日普洱市澜沧县，德宏傣族景颇族自治州盈江县、芒市、瑞丽市、陇川县，保山市昌宁县、施甸县田间都发现了草地贪夜蛾不同龄期幼虫为害。截至 5 月 8 日，草地贪夜蛾在云南普洱市景谷傣族彝族自治县、景东彝族自治县、江城哈尼族彝族自治县、西盟佤族自治县、澜沧拉祜族自治县，德宏傣族景颇族自治州陇川县、盈江县，临沧市耿马傣族佤族自治县、双江拉祜族佤族布朗族傣族自治县、镇康县、永德县，西双版纳傣族自治州勐海县和保山市施甸县等 5 市（州）13 县（市）为害甘蔗。发生面积 1 232.81 公顷，成灾面积 415.67 公顷，最高百株虫口数 32.3 头。草地贪夜蛾以幼虫咬食蔗叶，严重的可将大量蔗叶吃光，仅剩叶脉，影响蔗株生长。重发田块被害株率达 30%～40%，覆膜期间幼虫躲在膜下取食甘蔗叶片，也可为害根部造成枯心苗，枯心苗率 1%～3%。春季，除我国云南提供的本地虫源外，周边国家的虫源也可随西南季风远距离迁入我国南方各省，且气候条件适合草地贪夜蛾种群发育和为害。云南省是缅甸草地贪夜蛾迁入我国的必经之地和降落的主要地区。我国南方甘蔗产区均面临更加严峻的灾害性威胁。

**【形态识别】**成虫粗壮，灰棕色，翅展 32～38 毫米；雌虫前翅灰色至灰棕色，雄虫前翅更黑，具黑斑和浅色暗纹；后翅白色，翅脉棕色并透明，雄虫前翅浅色圆形，翅痣呈明显的灰色尾状突起。初孵幼虫全身绿色，具黑线和斑点。生长时，仍保持绿色或成为浅黄色，并具黑色背中线和气门线。老熟幼虫体长 35～50 毫米，其头部具黄白色的倒 Y 形斑，黑色背毛片着生原生刚毛。腹部末节有呈正方形排列的 4 个黑斑。高龄幼虫多呈棕色，也有呈黑色或绿色的个体存在，体长 30～50 毫米，头部呈黑、棕或者橙色，具白色或黄色倒 Y 形斑。幼虫体表有许多纵行条纹，背中线黄色，背中线两侧各有 1 条黄色纵条纹，条纹外侧依次是黑色、黄色纵条纹。草地贪夜蛾幼虫最明显的特征是其腹部末节有呈正方形排列的 4 个黑斑，头部有明显的倒 Y 形斑。

**【生活习性及发生规律】**草地贪夜蛾没有滞育现象，在原分布地美洲，草地贪夜蛾终年繁殖区南至阿根廷，北可达美国佛罗里达州及得克萨斯州南部，由于草地贪夜蛾只能在气候温和的南佛罗里达州和得克萨斯州越冬存活，每年春季越冬地的成虫向北迁徙到达并为害温带种植区，在夏末其最北可迁至加拿大的安大略和魁北克。在气候、寄主条件适合的南美洲中部以及新入侵的非洲大部分地区，草地贪夜蛾可周年繁殖。草地贪夜蛾成虫可在高空借助风力进行远距离定向迁飞。成虫通常在产卵前可迁飞 100 公里，如果风向风速适宜，迁飞距离会更长。成虫具有趋光性，一般在夜间进行迁飞、交配和产卵，卵块通常产在叶片背面。成虫寿命可达两至三周，在这段时间内，雌成虫可以多次交配产卵，一生可产卵 900～1 000 粒。在适合温度下，卵在 2～4 天即可孵化成幼虫。幼虫有 6 个龄期，高龄幼虫有自相残杀的习性。

**【防治措施】**

（1）生态调控及天敌保护利用。因地制宜采取间作、套种、轮作，同一区域尽量种植同一播期甘蔗的生态调控措施，减少中间寄主，减轻草地贪夜蛾辗转危害，减少化学农药使用，促进绿色发展。使用“推拉技术”种植诱集植物集中诱杀，改造适生环境，注意保护利用夜蛾黑小峰、螟黄赤眼蜂、蠋蝽等自然天敌和生物多样性。

（2）理化诱控。利用成虫强趋光性，集中连片采用太阳能频振式杀虫灯诱杀成虫，降低虫口基数。每 2～4 公顷安装 1 盏灯，单灯辐射半径 100～120 米，安装高度 1～1.5 米。每天在成虫活动高峰期 20：00—22：00 开灯诱杀。或在各代蛹开始羽化始期，每公顷平均安装 15～30 套性诱捕器，每隔 45～60 天更换 1 次诱芯，性诱捕器安装高度应高出甘蔗顶端 20 厘米左右，性诱捕器可重复使用。

（3）生物防治。在卵孵化初期选择喷施白僵菌、绿僵菌、核型多角体病毒（NPV）、苏云金杆菌（Bt）制剂以及多杀菌素、苦参碱、印楝素等生物农药。

（4）药剂防治。抓住一至三龄幼虫防治最佳时期，及时施药防治。一至三龄幼虫期按以下配方和方法进行施药：配方一，51%甲维·毒死蜱乳油 1 500 毫升/公顷；配方二，20%阿维·杀螟松乳油 1 500 毫升/公顷＋40%稻散·高氯氟乳油 600 毫升/公顷；配方三，45%甲维·虱螨脲悬浮剂 225 毫升/公顷；配方四，20%氯虫苯甲酰胺悬浮剂 180 毫升/公顷＋30%甲维·杀虫单微乳剂 1 800 毫升/公顷；配方五，5%苏云·茚虫威悬浮剂 600 毫升/公顷；配方六，6%乙基多杀菌素悬浮剂 450 毫升/公顷。以上 6 个配方任选其一，兑飞防专用助剂及水 15 千克，采用无人机飞防进行叶面喷施，或兑水 900 千克，采用人工或机动喷雾器进行叶面喷施。在 16：00—17：00 喷施效果好。对于同一发生区，应采取各种作物统一防治，才能确保防治效果。在零星发生区可采用人工或机动喷施防治，在大面积暴发区可采用无人机喷施高效快速防控。

## 2.41 黄脊竹蝗［*Rammeacris kiangsu*（Tsai）］

**【发生为害】**黄脊竹蝗属直翅目网翅蝗科竹蝗属。黄脊竹蝗主要分布于我国秦岭-淮河以南和老挝、越南等东南亚国家。近年来，黄脊竹蝗在老挝等国严重发生，2020 年 6—7 月黄脊竹蝗迁入我国云南边境，迁飞趋势是迁入时间早、峰次多、虫量大、分布范围广。截至 2020 年 7 月 26 日，云南省累计发生黄脊竹蝗 93 733 公顷，其中林地 71 733 公顷，农田 22 000 公顷，发生区域涉及普洱市、西双版纳傣族自治州、红河哈尼族彝族自治州 3 个州（市）的 6 个县 23 个乡镇。出现虫源主要为境外迁入，少量为本地虫源。在迁入虫源中，大多数虫源来自老挝，少部分虫源来自越南。黄脊竹蝗食性杂，喜食毛竹、淡竹等竹类，同时也为害甘蔗、水稻、玉米、香蕉、芭蕉等 5 科 20 种植物。黄脊竹蝗以成虫、若虫群集取食甘蔗叶片，将蔗叶食成缺刻状，其飞翔力强，迁徙力强，在发生多、为害重的蔗区常造成严重灾害，使大量的甘蔗叶片被啃食得只剩叶脉，影响蔗株光合作用，抑制甘蔗拔节生长，造成减产减糖。

**【形态识别】**成虫体以绿、黄色为主，额顶突出，额面呈三角形，由额顶至前胸背板中央有一条黄色纵纹，愈向后愈宽。触角丝状，末端淡黄色。复眼卵圆形，深黑色；后足腿节黄绿色，中部有排列整齐的人字形褐色沟纹，胫节蓝黑色，有两排刺。若虫又称蝗蝻或跳蝻，若虫体形似成虫，但无翅。初孵若虫灰褐色，触角末端白色。三龄若虫前胸背板后缘略向体后延伸，翅芽显而易见，前翅芽呈狭长片状；四至五龄蝻前胸背板后缘显著向后延伸，将后胸大部分盖住。二至五龄幼虫体色以黑色、黄色为主，接近羽化为成虫时体色为翠绿色。

**【生活习性及发生规律】**黄脊竹蝗为不完全变态昆虫，1 年发生 1 代，完成一个世代需经历卵、若虫、成虫 3 种虫态。以卵在土中越冬，卵期长达 9 个月，5—6 月为越冬卵的孵化期，5 月中旬至下旬为卵孵化盛期。若虫期约 2 个月，若虫以四龄至产卵前食量最大，约占总食量的 60%，为害最重，并具有群集和迁移的习性，嗜好咸味和人尿。一至二龄若虫主要在向阳的地面群栖，若虫抗药性差，作业方便，因此在若虫时防治是防治最佳时期。6 月下旬成虫羽化，7 月初为羽化盛期，是黄脊竹蝗扩大分布的主要时期。其迁飞主要发生在晴天，迁飞距离与风速、风向关系很大。8 月下旬至 9 月下旬为成虫交尾产卵期。成虫取食 20 天后交尾，交尾后不再迁飞，选择向阳的竹林且土壤疏松的地方聚集产卵。10 月上旬开始产卵。卵产于土中 1～2 厘米处。雌性平均产卵 6 块，每块有卵粒 15～22 粒。雌虫产卵后在附近死亡，因此死亡的雌虫是寻找产卵地的明显标志。气候因素对其生长发育及活动取食有密切的关系，一般高温干燥的气候条件是其孵化的最佳条件。孵化时期的早晚，常因地理位置和温度湿度条件的差异而有所不同。

**【防治措施】**

（1）生态调控及天敌保护利用。因地制宜采取间作、套作、轮作，同一区域尽量种植同一播期的甘蔗，减轻虫害发生程度，减少化学农药使用，促进可持续治理；改造适生环境，充分保护利用黑卵蜂、寄蝇、红头芫菁、蚂蚁、蜘蛛、螳螂等自然天敌，充分利用保护生物多样性，形成生态阻截带。

（2）生物防治。在卵孵化初期选择喷施灭幼脲 3 号、白僵菌、绿僵菌、蜡状芽孢杆菌等生物农药。

（3）药剂防治。切握防治实掌适期，抓住初孵若虫阶段这一时机，及时施药防治。可选用微孢子虫 75 亿孢子/公顷、51%甲维·毒死蜱乳油 1 500 毫升/公顷、4.5%高效氯氰菊酯乳油 600 毫升/公顷+48%毒死蜱乳油 750 毫升/公顷、40%稻散·高氯氟乳油 600 毫升/公顷+90%敌百虫晶体 1 200 克/公顷、4.5%高效氯氰菊酯乳油（或 5%高效氰戊菊酯乳油、20%杀灭菊酯乳油）600 毫升/公顷+90%敌百虫晶体 1 200 克/公顷等药剂配方之一，兑飞防专用助剂及水 15 千克，采用无人机飞防进行叶面喷施，或兑水 900 千克，采用人工电动喷雾器或机动喷雾器进行叶面喷施。对同一发生区，应采取各种作物统一防治，才能确保防治效果。在零星发生区可采用人工或机动喷施防治，在大面积暴发区可采用无人机喷施，可起到高效、快速防控的效果。

# 主要参考文献


安玉兴，管楚雄，2009. 甘蔗主要病虫及防治图谱［M］. 广州：暨南大学出版社.

仓晓燕，李文凤，尹炯，等，2020. 云南蔗区黄脊竹蝗发生为害与防控措施［J］. 甘蔗糖业，49（6）：33-36.

仓晓燕，张荣跃，尹炯，等，2019. 我国蔗区草地贪夜蛾发生动态监测与防控思路措施［J］. 中国糖料，41（3）：77-80.

俸中麟，张文存，陈德南，1983. 扁岐甘蔗羽爪螨研究初报［J］. 南方农业学报（1）：41-43.

龚恒亮，安玉兴，管楚雄，等，2008. 中国蔗根锯天牛的为害及防治对策［J］. 甘蔗糖业（5）：1-5.

龚恒亮，管楚雄，安玉兴，等，2009. 甘蔗地下害虫生物防治技术（上）［J］. 甘蔗糖业（5）：13-20.

龚恒亮，管楚雄，安玉兴，等，2009. 甘蔗地下害虫生物防治技术（下）［J］. 甘蔗糖业（6）：11-22.

郭良珍，冯荣杨，梁恩义，等，2001. 螟黄赤眼蜂对甘蔗螟虫的控制效果［J］. 西南农业大学学报，23（5）：39-40.

黄亮文，1987. 家白蚁群体数增长的生殖生理特点［J］. 昆虫学报，30（4）：393-396.

黄求应，雷朝亮，薛东，2005. 黑翅土白蚁的食物选择性研究［J］. 林业科学，41（5）：91-95.

黄应昆，李文凤，1995. 云南甘蔗害虫及其天敌资源［J］. 甘蔗糖业（5）：15-17.

黄应昆，李文凤，2006. 5%丁硫克百威颗粒剂防治甘蔗害虫田间药效试验［J］. 中国糖料（4）：34-35.

黄应昆，李文凤，2011. 现代甘蔗病虫草害原色图谱［M］. 北京：中国农业出版社.

黄应昆，李文凤，2014. 现代甘蔗有害生物及天敌资源名录［M］. 北京：中国农业出版社.

黄应昆，李文凤，罗志明，2001. 15%毒死蜱颗粒剂防治甘蔗害虫田间药效试验［J］. 农药，41（10）：26-27.

黄应昆，李文凤，罗志明，等，2001. 甘蔗赭色鸟喙象为害成灾因素及综合防治［J］. 植物保护，27（3）：23-25.

黄应昆，李文凤，申科，等，2014. 云南蔗区甘蔗螟虫发生危害特点与防治［J］. 中国糖料（2）：68-70.

黄应昆，李文凤，杨琼英，等，2000. 甘蔗赭色鸟喙象生物学及防治研究［J］. 昆虫知识，37（6）：327-333.

黄应昆，马应忠，华映菊，1994. 云南主要蔗龟的生物学研究［J］. 昆虫知识，31（3）：156-158.

姜玉英，刘杰，朱晓明，2019. 草地贪夜蛾侵入我国的发生动态和未来趋势分析［J］. 中国植保导刊，39（2）：33-35.

康芝仙，郭玉华，1996. 大青叶蝉生物学特性的研究［J］. 吉林农业大学学报，18（3）：19-26.

黎焕光，谭裕模，谭芳，等，2007. 甘蔗生长中后期螟害对甘蔗品质的影响［J］. 广西蔗糖（3）：11-16.

李文凤，黄应昆，2004. 云南甘蔗害虫天敌及其自然控制作用［J］. 昆虫天敌，26（4）：156-162.

李文凤，黄应昆，2006. 甘蔗害虫优势天敌及其保护利用［J］. 昆虫天敌，28（2）：85-92.

李文凤，黄应昆，卢文洁，等，2008. 云南甘蔗地下害虫猖獗原因及防治对策［J］. 植物保护，34（2）：110-113.

李文凤，黄应昆，罗志明，2001. 大突肩瓢虫生物学及田间种群消长研究［J］. 昆虫天敌，23（2）：61-63.

李文凤，黄应昆，罗志明，2003. 5%丁硫克百威·杀虫单颗粒剂防治甘蔗害虫田间药效试验［J］. 甘蔗，10（2）：11－13.

李文凤，黄应昆，罗志明，等，2001. 寄主植物对赭色鸟喙象取食、发育和繁殖的影响［J］. 昆虫知识，38（2）：130－132.

李文凤，杨霁，黄应昆，等，1995. 甘蔗细平象的饲养方法［J］. 甘蔗糖业（4）：24－25.

李文凤，尹炯，黄应昆，等，2014. 云南蔗区甘蔗螟虫种群结构动态与防控对策［J］. 农学学报，4（8）：35－38.

李杨瑞，2010. 现代甘蔗学［M］. 北京：中国农业出版社.

廖贻昌，杨霁，李文凤，等，1995. 甘蔗细平象的研究［J］. 昆虫学报，38（3）：317－323.

林明江，许汉亮，黄志武，等，2016. 性诱剂诱杀法防治甘蔗条螟应用技术研究［J］. 甘蔗糖业（1）：26－30.

刘志诚，孙姒纫，王志勇，等，1985. 利用人工卵繁殖拟澳洲赤眼蜂防治甘蔗螟虫［J］. 中国生物防治学报，1（3）：2－5.

卢文洁，徐宏，李文凤，等，2011. 甘蔗病虫害防治技术及高效低毒农药应用［J］. 中国糖料（3）：64－67.

罗志明，黄应昆，李文凤，等，2010. 三种杀虫剂对甘蔗害虫的田间防治效果［J］. 中国糖料（3）：31－32.

罗志明，李文凤，黄应昆，等，2010. 3.6%杀虫双颗粒剂防治甘蔗螟虫药效试验［J］. 农药，49（5）：383－384.

罗志明，李文凤，黄应昆，等，2013. 5种杀虫剂对甘蔗害虫的防治效果［J］. 中国糖料（3）：59－61.

庞义，赖涌流，刘炬，等，2010. 稻螟赤眼蜂对二化螟和台湾稻螟的控制潜能评价［J］. 应用生态学报，21（3）：743－748.

商显坤，黄诚华，潘雪红，等，2014. 广西宜州蔗区褐纹金针虫为害情况调查初报［J］. 南方农业学报，45（2）：226－229.

沈荣武，尹益寿，吴德龙，等，1992. 甘蔗异背长蝽生物学的观察［J］. 江西农业大学学报，14（1）：72－76.

谭裕模，卓宁，黎焕光，等，2011. 崇左蔗区螟虫为害造成产量和糖分损失及生防效果［J］. 甘蔗糖业（4）：18－25.

王穿才，2008. 黄翅大白蚁生物学习性及防治技术［J］. 中国森林病虫，27（6）：15－17.

王华弟，徐志宏，冯志全，等，2007. 中华稻蝗发生规律与防治技术研究［J］. 中国农学通报，23（8）：387－391.

魏鸿钧，张治良，王荫长，1995. 中国地下害虫［M］. 上海：上海科学技术出版社.

魏吉利，黄诚华，商显坤，等，2014. 甘蔗红尾白螟蛹、成虫及卵特性研究［J］. 中国糖料（3）：23－24.

吴秋琳，姜玉英，吴孔明，2019. 草地贪夜蛾缅甸虫源迁入中国的路径分析［J］. 植物保护，45（2）：1－6.

熊国如，李增平，冯翠莲，等，2010. 海南蔗区甘蔗害虫发生情况及防治对策［J］. 热带作物学报，31（12）：2243－2249.

徐志德，李德运，周贵清，等，2007. 黑翅土白蚁的生物学特性及综合防治技术［J］. 昆虫知识，44（5）：763－769.

杨彩，陈汉英，黄祖权，1992. 蔗根锯天牛综合防治技术试验［J］. 甘蔗糖业（1）：11－15.

杨霁，李文凤，黄应昆，等，1996. 甘蔗斑点象生物学及防治研究［J］. 昆虫知识，33（6）：332－335.

杨友军，2003. 甘蔗螟虫为害加深原因及防治对策［J］. 甘蔗，10（2）：36－38.

姚全，黄秋琼，宁准健，等，2006. 螟虫、锯天牛及白蚁对甘蔗产量和蔗糖分的危害及防治［J］. 广西蔗糖（3）：3－6.

尹炯，黄应昆，李文凤，等，2014. 5种农药防治甘蔗螟虫田间药效评价［J］. 中国农学通报，30（13）：313－316.

尹炯，罗志明，黄应昆，等，2012. 6种杀虫剂对甘蔗蛴螬的田间防治效果［J］. 农药，51（4）：298－300.

尹炯，罗志明，黄应昆，等，2013. 布氏白僵菌防治蔗田蛴螬的初步研究［J］. 植物保护，39（6）：156－159.

尹益寿，沈荣武，吴德龙，等，1992. 甘蔗异背长蝽田间发生规律及药剂防治的研究［J］. 江西农业大学学报，14（4）：372－382.

张开芳，1999. 赤眼蜂防治甘蔗二点螟田间应用效果初报［J］. 甘蔗糖业（1）：19－21.

卓富彦，朱景全，任彬元，等，2020. 2020年云南省黄脊竹蝗发生防控初报［J］. 中国植保导刊，40（8）：60－62.

Early R，González－Moreno P，Murphy S T，et al.，2018. Forecasting the global extent of invasion of the cereal pest *Spodoptera frugiperda*，the fall armyworm［J］. NeoBiota. 40：25－50.

Guo L Z，Feng R Y，Liang E Y，et al.，2000. Infestation by *Tetramoera schistaceana* Snellen，*Chilo infuscatellus* Snellen and *C. sacchariphagus* of sugarcane plants and their control by chemicals［J］. Plant Protection：23－25.

Hattori I，1969. The host plants of *Proceras venosatus* Walker in Japan［J］. Japanese Journal of Applied Entomology & Zoology，13（2）：93－94.

Ingrisch S，1989. Records，descriptions and revisionary studies of acrididae from Thailand and adjacent regions（Orthoptera，Acridoidea）［J］. SpixianaMuenchen，11：205－242.

Ingrisch S，1990. Grylloptera and Orthoptera s. str. from Nepal and Darjeeling in the zoologische staatssammlung muenchen［J］. Spixiaan Muenchen，13：149－182.

Jiang X，Luo L，Zhang L，et al.，2011. Regulation of migration in *Mythimna separata*（Walker）in China：a review integrating environmental，physiological，hormonal，genetic，and molecular factors［J］. Environmental entomology，40（3）：516－533.

Kinjo M，Nagamine M，Sugie H，et al.，1996. Sex pheromone of the sugarcane shoot borer，*Tetramoera schistaceana* Snellen（Lepidoptera：Tortricidae：Olethreutinae）isolation and identification［J］. Japanese Journal of Applied Entomology & Zoology，40（3）：191－197.

Li W F，Zhang R Y，Huang Y K，et al.，2017. Control effect evaluation of 70% thiamethoxam ZF against *Ceratovacuna lanigera* Zehntner and *Baliathrips serratus* Kobus on sugarcane［J］. Plant Diseases and Pests，8（4）：26－29.

Li W F，Zhang R Y，Huang Y K，et al.，2018. Loss of cane and sugar yield resulting from *Ceratovacuna lanigera* Zehntner damage in cane－growing regions in China［J］. Bulletin of Entomological Research，108（1）：125－129.

Li W F，Wang X Y，Huang Y K，et al.，2018. Loss of cane and sugar yield due to damage by *Tetramoera schistaceana*（Snellen）and *Chilo sacchariphagus*（Bojer）in the Cane－Growing Regions of China［J］. Pakistan dournal of Zoology，50（1）：265－271.

Schenck S，Lehrer A T，2000. Factors affecting the transmission and spread of *Sugarcane yellow leaf virus*［J］. Plant Disease，84（10）：1085－1088.

Sharanabasappa K S，Asokan CM，Swamy R，et al.，2018. First report of the fallarmyworm，*Spodopt-*

*era frugiperda* (J. E. Smith) (Lepidoptera: Noctuidae), an alienInvasive pest on maize in Indian [J]. Pest Management In HorticulturalEcosystems, 24 (1): 23-29.

Sparks A N, 1979. A review of the biology of the fall armyworm [J]. Florida Entomologist, 62 (2): 82-87.

Uesumi Y, 1972. Some ecological notes of the sugar cane borer, *Chilo sacchariphagus* stramineellus (Caradia) (=*Proceras venosatus* (Walker)) in Japan [J]. Japanese Journal of Applied Entomology & Zoology, 16 (1): 53-55.

Westbrook J, Nagoshi R, Meagher R, et al., 2016. Modeling seasonal migration of fallarmyworm moths [J]. International Journal of Biometeorology, 60 (2): 255-267.

Wickham J D, Lu W, Jin T, et al., 2015. Prionic acid: an effective sex attractant for an important pest of sugarcane, *Dorysthenes granulosus* (Coleoptera: Cerambycidae: Prioninae) [J]. Journal of economic entomology, 109 (1): 484-486.

## 2.1 大螟

大螟成虫

大螟卵

大螟幼虫

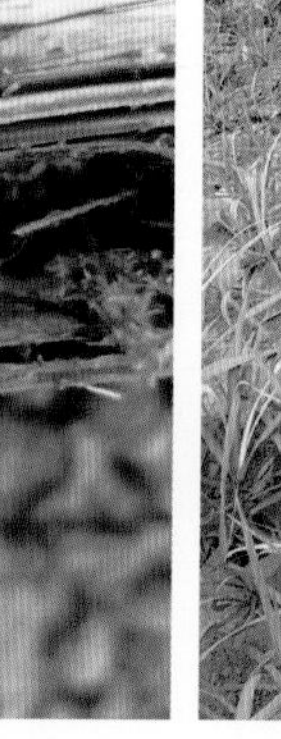

大螟蛹

大螟为害枯心苗

大螟螟害节和蛀孔

大螟幼虫蛀食蔗茎组织

大螟后期为害甘蔗梢部死尾

## 2.2 二点螟

二点螟成虫

二点螟幼虫

二点螟越冬老熟幼虫

二点螟蛹

二点螟为害造成枯心苗

二点螟螟蛀孔

二点螟螟害节（纵剖面）

## 2.3 黄螟

黄螟成虫

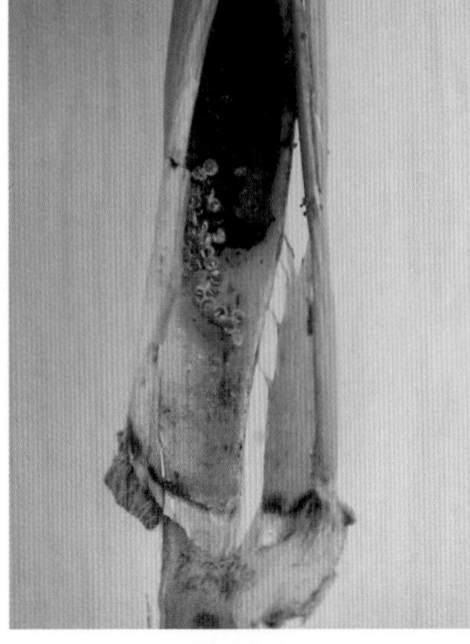
黄螟卵

黄螟幼虫

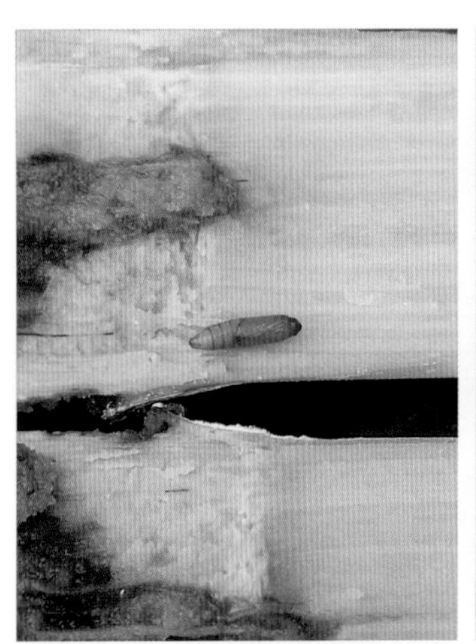
黄螟蛹

黄螟为害造成枯心苗

黄螟螟害节和蛀孔

黄螟从蔗芽蛀入为害蔗茎

黄螟为害原料蔗状

## 2.4 条螟

条螟成虫

条螟幼虫

条螟为害造成枯心苗

条螟初孵幼虫群集心叶为害

条螟为害造成花叶

条螟螟害节（纵剖面）

条螟横切为害蔗茎

条螟为害造成死尾

条螟田间为害状（后期）

## 2.5 红尾白螟

红尾白螟成虫

红尾白螟幼虫

红尾白螟蛹

红尾白螟为害造成枯心苗

红尾白螟为害造成花叶

## 2.6　台湾稻螟

台湾稻螟成虫

台湾稻螟老龄幼虫

台湾稻螟低龄幼虫

台湾稻螟为害状

太阳能杀虫灯诱杀甘蔗螟虫成虫

螟虫性诱剂及新型飞蛾诱捕器诱杀甘蔗螟虫成虫

田间释放赤眼蜂防治甘蔗螟虫（挂蜂卡）

## 2.7 甘蔗绵蚜

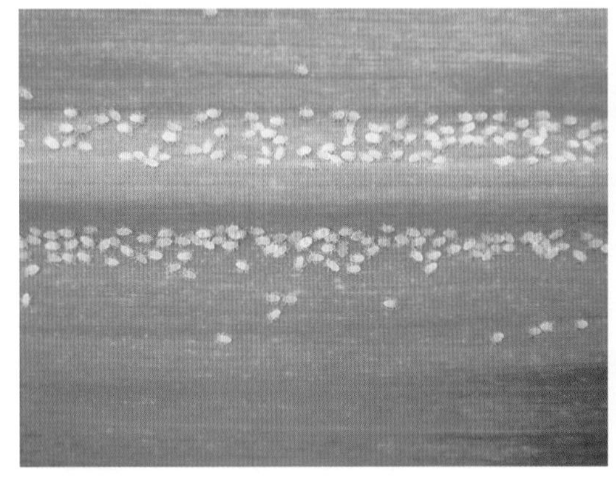

甘蔗绵蚜若蚜

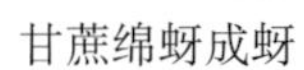

甘蔗绵蚜成蚜

甘蔗绵蚜成蚜、若蚜及为害状

甘蔗绵蚜田间为害状（前期）

甘蔗绵蚜田间为害状（后期）

甘蔗绵蚜为害引起煤烟病

甘蔗绵蚜为害的蔗种出苗率低

甘蔗绵蚜为害宿根蔗造成萌芽率低

## 2.8 甘蔗蓟马

甘蔗蓟马若虫

甘蔗蓟马成虫

甘蔗蓟马为害蔗株（初期）

甘蔗蓟马为害蔗株（后期）

甘蔗蓟马田间为害状（苗期）

甘蔗蓟马田间为害状（中期）

甘蔗蓟马田间为害状（后期）

## 2.9 粉红粉介壳虫

粉红粉介壳虫成虫、若虫

粉红粉介壳虫为害蔗茎状

粉红粉介壳虫田间为害状

## 2.10　灰粉介壳虫

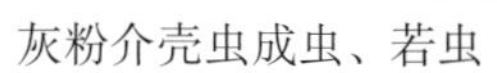
灰粉介壳虫成虫、若虫　　灰粉介壳虫为害甘蔗幼株状　　灰粉介壳虫为害蔗茎状

灰粉介壳虫田间为害状

## 2.11　大等锶金龟

大等鳃金龟成虫　　大等鳃金龟卵　　大等鳃金龟幼虫

大等鳃金龟蛹

大等鳃金龟根部为害状

大等鳃金龟田间为害状（前期）

大等鳃金龟田间为害状（后期）

## 2.12 暗褐鳃角金龟

暗褐鳃角金龟幼虫

暗褐鳃角金龟根部为害状

暗褐鳃角金龟田间为害状（前期）

暗褐鳃角金龟田间为害状（后期）

## 2.13 突背蔗金龟

突背蔗金龟成虫

突背蔗金龟幼虫

突背蔗金龟蛹

突背蔗金龟成虫咬食蔗苗基部

突背蔗金龟苗期为害状（枯心苗）

突背蔗金龟田间为害状（后期）

## 2.14 光背蔗金龟

光背蔗金龟成虫

光背蔗金龟卵

光背蔗金龟幼虫

光背蔗金龟蛹

光背蔗金龟成虫咬食蔗苗基部

光背蔗金龟为害根部状

光背蔗金龟苗期为害状（枯心苗）

光背蔗金龟田间为害状（后期）

## 2.15 细平象

细平象成虫、幼虫

细平象蛹

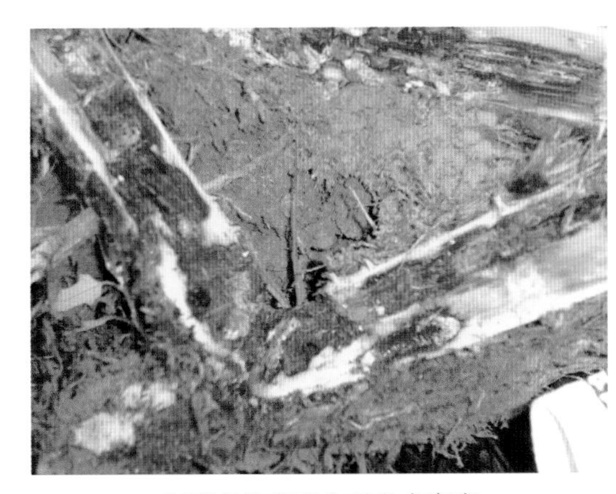

细平象为害蔗头引发赤腐病

细平象蛀食蔗头成粉碎状

细平象田间为害状（前期）

细平象田间为害状（后期）

细平象为害原料蔗状

## 2.16 斑点象

斑点象成虫、幼虫

斑点象蛹

斑点象蛀食蔗头成粉碎状

斑点象田间为害状（前期）

斑点象田间为害状（后期）

斑点象为害原料蔗状

## 2.17 甘蔗刺根蚜

甘蔗刺根蚜成虫、若虫

甘蔗刺根蚜为害甘蔗幼苗状

甘蔗刺根蚜为害甘蔗根部状

甘蔗刺根蚜田间为害状

## 2.18 黑翅土白蚁

黑翅土白蚁巢和分飞孔

黑翅土白蚁工蚁

黑翅土白蚁为害新植种苗状（纵剖面）

黑翅土白蚁为害宿根蔗桩状

黑翅土白蚁为害状（缺塘断垄）

黑翅土白蚁田间为害状（蔗茎）

黑翅土白蚁为害原料蔗状

## 2.19 黄翅大白蚁

黄翅大白蚁巢及分飞孔

黄翅大白蚁为害宿根蔗桩状

黄翅大白蚁工蚁

黄翅大白蚁田间为害状（缺塘断垄）

黄翅大白蚁田间为害蔗茎状

## 2.20 家白蚁

家白蚁巢和分飞孔

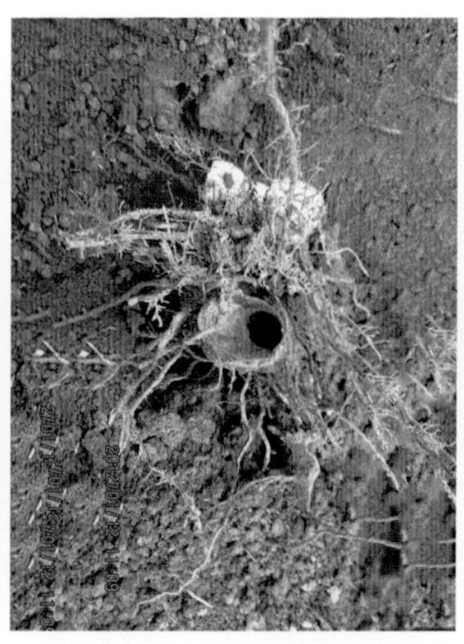

家白蚁为害宿根蔗桩状

家白蚁田间为害蔗茎状

家白蚁工蚁

家白蚁田间为害状（缺塘断垄）

## 2.21 甘蔗赭色鸟喙象

甘蔗赭色鸟喙象成虫

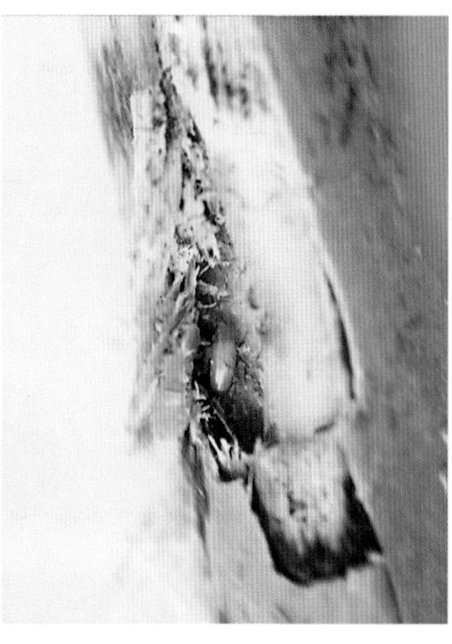
甘蔗赭色鸟喙象卵

甘蔗赭色鸟喙象产卵孔

甘蔗赭色鸟喙象幼虫

甘蔗赭色鸟喙象蛹

甘蔗赭色鸟喙象茧

甘蔗赭色鸟喙象成虫钻蛀心叶

甘蔗赭色鸟喙象幼虫钻蛀蔗茎

甘蔗赭色鸟喙象大田蔗株为害状

## 2.22 黏虫

甘蔗黏虫成虫

甘蔗黏虫低龄幼虫

甘蔗黏虫高龄幼虫

甘蔗黏虫高龄幼虫

甘蔗黏虫田间为害状

## 2.25　蓝绿象

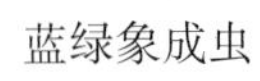

蓝绿象成虫

蓝绿象成虫群集、交尾

蓝绿象为害状

## 2.26　泡象

泡象成虫

泡象成虫交配

泡象为害状

## 2.27 中华稻蝗

中华稻蝗成虫

中华稻蝗为害状

## 2.30 异歧蔗蝗

异歧蔗蝗成虫

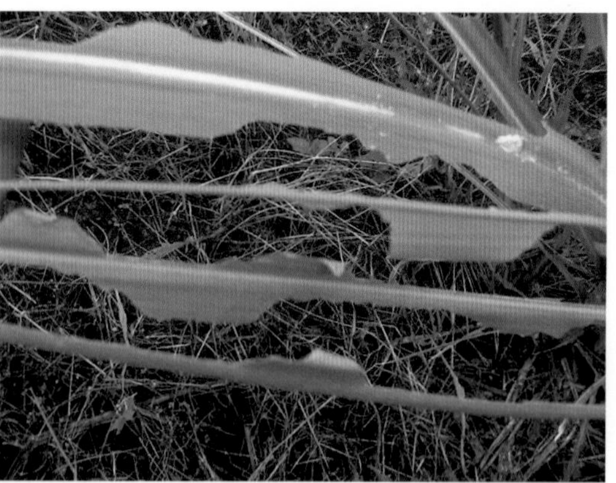

异歧蔗蝗为害状

## 2.31 甘蔗毛虫

甘蔗毛虫幼虫

甘蔗毛虫为害株

甘蔗毛虫田间为害状

## 2.32 甘蔗扁角飞虱

甘蔗扁角飞虱若虫

甘蔗扁角飞虱若虫及其为害状

甘蔗扁角飞虱为害株

## 2.33 甘蔗异背长蝽

甘蔗异背长蝽成虫

甘蔗异背长蝽若虫

甘蔗异背长蝽群集叶鞘内为害

甘蔗异背长蝽为害株

甘蔗异背长蟮田间为害状（前期）

甘蔗异背长蟮田间为害状（后期）

## 2.34 蔗根锯天牛

蔗根锯天牛成虫

蔗根锯天牛幼虫

蔗根锯天牛蛹

蔗根锯天牛茧

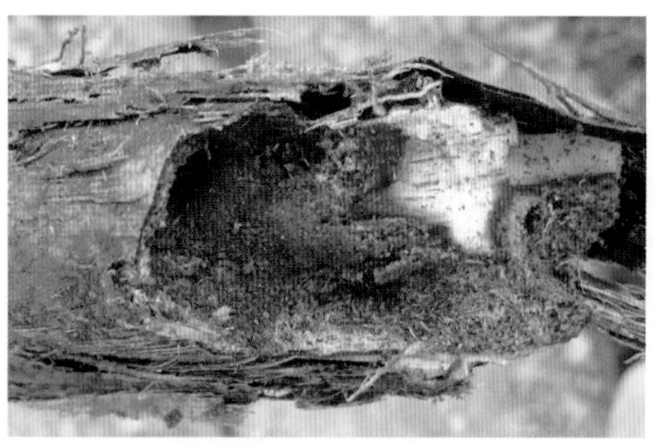

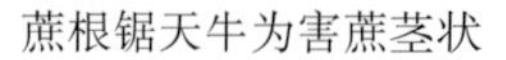

蔗根锯天牛为害蔗茎状

蔗根锯天牛大田蔗株为害状

## 2.35 褐纹金针虫

褐纹金针虫幼虫

褐纹金针虫幼虫为害生长点

褐纹金针虫为害枯心苗

## 2.36 真梶小爪螨

真梶小爪螨若螨

真梶小爪螨为害状

真梶小爪螨为害株

真梶小爪螨田间为害状

## 2.37 扁歧甘蔗羽爪螨

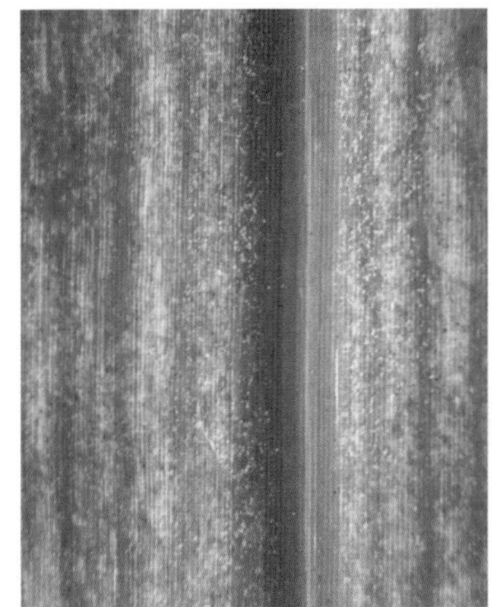

扁歧甘蔗羽爪螨成螨、若螨

扁歧甘蔗羽爪螨为害状

扁歧甘蔗羽爪螨为害株

扁歧甘蔗羽爪螨田间为害状

## 2.38 大青叶蝉

大青叶蝉成虫

大青叶蝉若虫

大青叶蝉群集心叶为害状

## 2.39 条纹平冠沫蝉

条纹平冠沫蝉成虫

条纹平冠沫蝉群集心叶为害状

条纹平冠沫蝉为害株

条纹平冠沫蝉为害引起煤烟病

## 2.40 草地贪夜蛾

草地贪夜蛾成虫

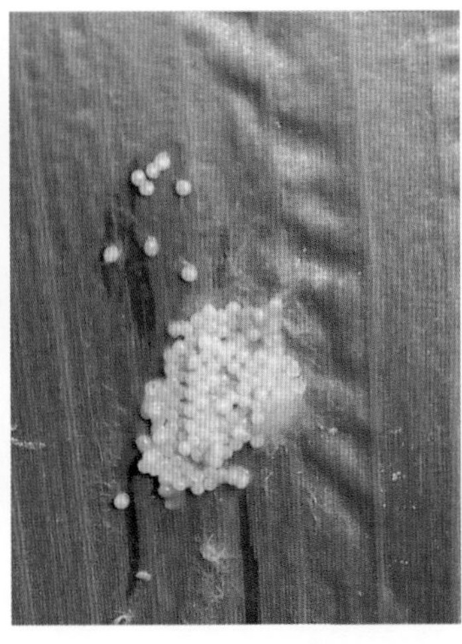

草地贪夜蛾卵

草地贪夜蛾高龄幼虫

草地贪夜蛾低龄幼虫

草地贪夜蛾为害状

## 2.41 黄脊竹蝗

黄脊竹蝗成虫

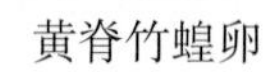

黄脊竹蝗卵

黄脊竹蝗为害状（轻度）

黄脊竹蝗田间为害状（重度）

# 甘蔗害虫优势天敌保护利用

多年来，我国防治甘蔗害虫主要依靠化学农药，长期普遍使用高毒广谱药剂，大量杀伤了自然界中害虫的天敌，导致害虫和天敌之间的动态关系发生了新的变化：害虫产生抗药性，天敌种群不断减少，克制害虫的自然因素的作用被削弱，防治工作更加被动。而且化学农药的滥用，还易于造成农药残留及环境污染，危害人类健康。因此，以综合及环保的观点来治理害虫，是当今植保工作者面临的新任务。在我国，近年来，生物防治已成为综合防治病虫害的重要措施之一，它的社会效益、生态效益越来越受到国家和社会的关注。研究并开发利用害虫优势天敌控制害虫，能收到除害增产、减轻环境污染、维护生态平衡、节省能源和降低生产成本的明显效果。随着中国加入 WTO，实施农产品质量标准化进程不断推进，对于甘蔗害虫天敌的保护和利用工作越来越重要。

我国甘蔗种植面积大、分布广，蔗区气候和环境复杂多变，害虫种类多，天敌资源十分丰富。据不完全统计，全国甘蔗害虫天敌达 300 种以上，在可查到的天敌昆虫中，具有保护利用价值和研究意义的优势种主要有：寄生甘蔗螟虫的赤眼蜂、螟黄足绒茧蜂和大螟拟丛毛寄蝇；捕食甘蔗绵蚜的大突肩瓢虫、双带盘瓢虫、六斑月瓢虫和绿线食蚜螟；捕食甘蔗粉蚧和蔗头象虫的黄足肥螋等。还有一种寄生菌——白僵菌，在自然界中分布十分广泛，可寄生蔗螟、蔗龟、蔗头象虫、蛀茎象虫等多种甘蔗害虫，其自然寄生率一般在 10%左右，对甘蔗害虫具有一定的自然抑制作用。为了适应植物保护科学化的要求，进一步发挥生物防治在甘蔗害虫综合防治中的作用，推动中国甘蔗害虫生物防治的发展，不断提高甘蔗害虫综合防治的水平，本章系统地对具有保护利用价值的 7 种甘蔗害虫优势天敌，以清晰的彩色照片和科学、准确的文字进行了描述，内容包括害虫天敌的寄生（捕食）特点、形态识别、生活习性及发生规律、保护利用途径。

## 3.1 赤眼蜂（*Trichogramma* sp.）

**【寄生特点】**赤眼蜂属膜翅目赤眼蜂科赤眼蜂属，为卵寄生蜂，是一种多选择性的卵期重要天敌。其生活史经历 4 个时期，卵至成虫的时期都是在寄生卵内度过的。在甘蔗田可寄生大螟、二点螟、黄螟、条螟、白螟、台湾稻螟和黏虫等多种鳞翅目害虫的卵。寄生过的卵块出来的是赤眼蜂成虫，它很快飞去寻找新的卵块寄生。

赤眼蜂是一类有较大利用价值的天敌，全世界有赤眼蜂 140 多种，我国有 26 种，能寄生甘蔗螟卵的赤眼蜂有拟澳洲赤眼蜂（*Trichogramma confusum* Viggiani）、螟黄赤眼蜂（*Trichogramma chilonis*）、松毛虫赤眼蜂（*Trichogramma dendrolimi* Matsumra）、稻螟赤眼蜂（*Trichogramma japonicum* Ashmead）、蔗二点螟赤眼蜂（*Trichogramma poliae* Nagaraja）、小拟赤眼蜂（*Trichogramma nana* Zehnter）、玉米螟赤眼蜂（*Trichogramma ostriniae* Pang et Chen）、广赤眼蜂（*Trichogramma evanescens*）等。其中拟澳洲赤眼蜂和螟黄赤眼蜂最重要。

我国利用拟澳洲赤眼蜂防治甘蔗螟虫是非常成功的案例。20 世纪 60 年代，中国台湾大面积释放赤眼蜂防治蔗螟，取得了可喜的成绩，放蜂田螟卵寄生率为 73.0%～74.8%，对照田为 10.2%～29.2%，螟害枯心率降低 44.4%～75.3%，螟害节率降低 37.5%～65.4%。1958 年广东省顺德区建立了全国第一个赤眼蜂站，接着，广西、福建、云南、湖南和四川等地的蔗区也相继采用赤眼蜂防治甘蔗螟虫。1974—1975 年云南省甘蔗研究所在滇东南蔗区开展了以释放赤眼蜂为主的综合防治黄螟的研究，防治效果达 80%以上，有效地控制了黄螟为害。1981—1985 年广东省农科院植保所在珠江三角洲 20 多万亩蔗田贯彻以农业防治为基础、以释放赤眼蜂为主、科学用药、保护天敌等综合防治措施，对防治蔗螟枯心效果达 80%，减少螟害节率 71%、枯梢率 58.1%，甘蔗每公顷增产 17 167.5 千克。1983—1985 年广西甘蔗研究所在贵港的 1 133 公顷蔗田开展以生态学观点为基础、以释放赤眼蜂为主的农业防治（包括选用补偿力较强的品种，推广间种黄豆）与合理用药等综合措施，对防治蔗螟枯心、螟害节率都有明显的效果。放蜂区螟卵寄生率为 53.8%～72.5%，对照区为 11.6%～15.9%。放蜂区螟害株率为 9.75%，螟害节率为 0.83%；对照区螟害株率为 43.95%～56.64%，螟害节率为 9.75%。湖北人民大垸农场甘蔗研究所与吉林农业大学生物所合作，于 1996 年开始，连续 3 年开展以释放赤眼蜂为主的综合防治二点螟的研究，累计面积达 25 万亩次，有效地控制了二点螟为害，甘蔗每公顷增产约 7 500 千克，产生了良好的经济效益、社会效益和生态效益。为了提高甘蔗产量和质量，湛江农垦丰收公司在 2007 年对蔗区 6 667 公顷甘蔗进行赤眼蜂生物防治甘蔗螟虫害，累计放蜂 7 批，放蜂量达 35.8 亿头。结果在抽查的 1 000 多条甘蔗样品中平均虫节率为 23.0%，比去年同期下降了 16.7%，虫节的下降预计可多产糖 4 800 吨，预计增加产值达 1 680 万元。依托国家“948”行业重大项目，福建农林大学从台湾引进并进行消化，建立了一套完整的利用米蛾（*Corcyra cephalocrocis*）卵繁殖赤眼蜂（*Trichogramma chilonis*）的技术流程，包括以米蛾繁殖、收集成蛾交配产卵、收集米蛾卵与制作卵卡、赤眼蜂繁殖、恒温保存和田间释放为主要内容的技术环节。2009 年，在国家甘蔗产业技术体系支持下，岗位科学家许莉萍、张华及其团队成员制作蜂卡约 15 万张，在广东湛江蔗区进行赤眼蜂防治甘蔗螟虫示范面积 667 公顷以上。调查显示，不同密度放蜂区螟虫卵的寄生率均达到 100%，与对照区相比，甘蔗螟害株率和螟害节率明显下降，防治效果分别达到 45%和 41%。岗位科学家黄诚华在广西蔗区开展蓖麻蚕繁殖赤眼蜂防治甘蔗螟虫技术示范，累计应用面积达 5 333 公顷。调查显示，与对照区相比，放蜂区蔗螟卵的寄生率提高 30%以上，甘蔗螟害节率下降 44%以上。

**【形态识别】**赤眼蜂成虫体长在 0.5 毫米左右，体淡黄色至暗黄色，有光泽。成虫及蛹的复眼均为赤红色，故名赤眼蜂。触角 1 对，淡黄色至黄褐色，由 6 节组成。腹部特别是雄蜂的腹部或呈黑褐色，或有黑褐色横带。翅膜质透明，翅面密生 10 多列放射状排列的细毛，翅缘有缨毛，后翅狭长。足 3 对，淡黄色。腹部近圆锥形，末端尖锐。

**【生活习性及发生规律】**自然界中，赤眼蜂在我国南方地区1年可发生30代，个别地区因气候适宜可终年繁殖。由于环境条件和种类的不同，赤眼蜂的越冬情况也各异。有的地区是以老熟幼虫或预蛹在寄主的卵内越冬；有的则以蛹态在寄主的卵内越冬。越冬期的长短也因地而异。

赤眼蜂主要依靠触角上的嗅觉器官寻找寄生卵，当找到寄主后，稍后即可排卵。赤眼蜂最爱寄生于蔗螟刚产的新鲜卵，如果胚胎发育已达一定程度，卵面变色后，赤眼蜂就不爱寄生。

赤眼蜂生育的最适宜温度为25～28 ℃；滞育低温区为5～8 ℃，在0～2 ℃的低温下可引起长期滞育，15 ℃以下为不活动低温区；30 ℃以上发育不良，40～45 ℃为不活动高温区。田间的气温变化对赤眼蜂成虫活动影响也较大，在20 ℃以下时，其活动方式以爬行为主，活动缓慢；25 ℃以上时则以飞翔为主。低温季节赤眼蜂的活动范围小，水平扩散半径一般在7米以内。温度高，成蜂的寿命短；温度低则寿命长。在30 ℃的温度条件下，其成蜂寿命为2～4天；在20 ℃的温度条件下成蜂寿命可延长8～10天。赤眼蜂雌蜂的繁殖力通常与温度有关，温度过高或过低均能降低其繁殖的能力。赤眼蜂在相对湿度60%～90%的范围内，均能正常发育，人工繁殖赤眼蜂最适宜的相对湿度为80%。赤眼蜂成蜂有较强的趋光性，在室内或繁殖箱内常向光线强的一侧活动。风和气流对赤眼蜂的活动和扩散有直接的影响，大风不利于其活动。强风暴雨对其活动或寄生效果均有不良影响。

**【保护利用途径】**

（1）提倡间套种。在蔗田间套种大豆、花生、蔬菜、绿肥等作物，可改变田间小气候，有利于赤眼蜂的生存和繁殖。

（2）合理用药。从早春蔗田开始，不用或少用广谱杀虫剂，改用选择性杀虫剂，并采用根区土壤施药，使初期数量较少的赤眼蜂得到保护和利用。

（3）人工饲养繁殖，释放赤眼蜂。赤眼蜂的利用价值在于：寄生害虫于卵期，可把害虫消灭在发生为害之前；可以大批量人工饲养繁殖，大面积用于防治；防虫效果好且稳定。甘蔗螟虫是赤眼蜂的主要防治对象之一，甘蔗田释放赤眼蜂的关键技术是以适当的数量和适宜的时间使羽化出来的赤眼蜂和甘蔗螟卵最大限度地相遇。因此，可采用米蛾卵、蓖麻蚕卵进行人工饲养繁殖赤眼蜂，于3月中下旬蔗螟开始产卵时，即开始在蔗田补充释放赤眼蜂。每隔10～15天放1次，全年共放蜂5～7次，每公顷设75～120个释放点，每公顷每次放蜂15万头左右。并利用重复放蜂法，即把不同羽化日期的赤眼蜂寄主卵分3批，同时放入释放器，每批蜂的羽化期相隔3～6天，这样在12～15天内都有赤眼蜂在田间活动，从而可大大提高防治效果。放蜂时应注意天气变化，选择晴天8:00—9:00露水干后或16:00以后日照不强烈时进行。若遇暴风雨，则不能释放，可将卵块放在繁蜂箱中密闭，并饲以蜜糖水，待天气转晴后再释放。

（4）赤眼蜂携带病毒。即以昆虫病毒流行学理论为基础，以赤眼蜂为媒介传播病毒，在宿主害虫种群中诱发病毒流行病，达到控制目标害虫的目的，可起到事半功倍的效果。使用“赤眼蜂携带病毒”时，必须在蔗螟产卵盛期，根据虫情发生密度，每公顷按等距离施放75～105枚，挂在蔗株背阴处即可，以清晨至10:00或15:00后使用为宜，不能与化学农药同时使用。

## 3.2 螟黄足绒茧蜂［*Apanteles flavipes*（Cameron）］

**【寄生特点】**螟黄足绒茧蜂属膜翅目茧蜂科绒茧蜂属，是寄生大螟、二点螟的优势天敌，对控制螟害的发生有效。螟黄足绒茧蜂在云南分布得相当广泛，滇东北的巧家、永善，滇南的开远、弥勒、文山、金平，滇中的宾川、华宁等蔗区都先后发现过该蜂。该蜂以幼虫在大螟、二点螟的幼虫体内行多寄生。在开远调查，从寄主第一代到第五代都有寄生，与各代蔗螟幼虫发生吻合，自然寄生率高达25%～40%，5—6月寄生率最高；繁殖量大，1个蔗螟幼虫体内可出蜂80～100多头；被寄生的蔗螟幼虫行动迟钝，食量大减最终不取食，且转株为害少，因而减少了对甘蔗的为害。

**【形态识别】**螟黄足绒茧蜂成虫体长1.8毫米左右。头部光滑，颜面显著突出；雌蜂触角亚念珠形，暗褐色，明显比体短，雄蜂触角丝形，黄褐色，比体长。体黑色，前胸背板侧面部分及腹板、翅基片、腹部腹面黄褐色。翅透明，翅痣及前缘脉淡褐色。足黄褐色，爪黑色。茧白色，20～30个小茧群聚在一起，排列不规则，茧块外有薄丝缠绕。小茧圆筒形，长约3毫米，直径1毫米，两端钝圆。

**【生活习性及发生规律】**自然界中，螟黄足绒茧蜂在云南1年可发生4～5代，与各代蔗螟幼虫吻合，寄主幼虫二龄时开始寄生。螟黄足绒茧蜂成虫有趋光性，黑暗中行动缓慢，或不活动，亮光下行动活泼。白天可见成蜂在蔗苗间飞翔或在植株上爬行，寻找寄主。产卵前的雌蜂主要是靠蔗叶和寄主幼虫排出的粪便气味来搜索产卵对象。1头雌蜂可寻找多个寄主幼虫产卵，1头寄主幼虫可被多个雌蜂产卵。每头雌蜂抱卵均在100～200粒。成蜂在日平均气温20℃条件下，不给食料只活1.5～2天，喂清水的可活2～2.5天，喂蜂蜜的可活3～4天，雌雄性比为26：1。整个幼虫期都在寄主体内取食发育，老熟后才脱出寄主体外结茧化蛹，蛹期一般为6～7天。每头寄主出蜂18～108个，平均64个。寄主在幼虫脱出后，可继续存活2～5天，但不再取食，以后干缩死亡发黑，但不腐烂发臭。

**【保护利用途径】**

（1）大力推广间套种。在蔗田间套种玉米、大豆、花生、蔬菜、绿肥等作物，可改变田间小气候，有利于螟黄足绒茧蜂的生存和繁殖。

（2）合理用药。从早春蔗田开始，不用或少用广谱杀虫剂，改用选择性杀虫剂，并采用根区土壤施药，使初期数量较少的螟黄足绒茧蜂得到保护和利用。

（3）人工饲养繁殖，补充释放螟黄足绒茧蜂。可采用转换寄主黏虫进行人工饲养繁殖螟黄足绒茧蜂，于3—6月甘蔗螟虫第一代、第二代幼虫高峰期，分期分批补充释放到蔗田，增加田间螟黄足绒茧蜂的种群数量，提高寄生率。

## 3.3 大突肩瓢虫［*Synonycha grandis*（Thunberg）］

**【捕食特点】**大突肩瓢虫属鞘翅目瓢虫科，是捕食甘蔗绵蚜的优势种天敌。在中国蔗区分布广、种群数量多、捕食量极大（是所有瓢虫中最大的），1头大突肩瓢虫一生可捕食32 000头甘蔗绵蚜，对甘蔗绵蚜具有明显的抑制作用。据田间调查，大突肩瓢虫成虫和幼虫均喜欢捕食甘蔗绵蚜，其成虫食量大于幼虫；冬春季甘蔗绵蚜缺乏时，也会捕食竹笋蚜、玉米蚜、橘蚜、豆蚜及菜蚜等多种蚜虫。

在甘蔗绵蚜的诸多天敌中，最早被注意并作为防治手段利用的就是大突肩瓢虫。早在20世纪30年代末期，我国台湾就已在室内饲养繁殖这种瓢虫（饲料是田间采集的甘蔗绵蚜），然后散放到蔗田。1951—1954年，曾记录台湾散放23 582头大突肩瓢虫到60公顷受甘蔗绵蚜严重为害的蔗田，多数情况下，持续1个月的散放就几乎把全部甘蔗绵蚜扑灭。1980—1981年，广西壮族自治区农业科学院、广西大学协作进行以生物防治为主的综合防治试验，散放瓢虫治蚜。他们的经验是，入春（3月）先散放瓢虫到秋植地，以抑制虫源；入夏（5—6月）分3～4批散放到宿根或春植蔗地（标准是蚜害株率5%，虫情指数在0.006左右），可有效控制甘蔗绵蚜大发生。

**【形态识别】**成虫体长11～14毫米，宽10.2～13.2毫米。体近于圆形，背面光滑不被绒毛。头部黄色无斑。前胸背板黄色，中央具梯形大黑斑，基部与后缘相连。小盾片黑色。鞘翅黄色，共有13个黑斑，3个位于鞘缝上。刚孵化的幼虫淡黄色，后变成黑褐色，三龄后黑灰色；老龄幼虫体长15～16毫米；头、足黑色，胸、腹背面灰黑色，腹面黄褐色；腹部第一、第二节背面两侧有2个灰黄色的斑，第四节灰黄色；中、后胸和腹部长满突起的肉刺，刺上有黑色。

**【生活习性及发生规律】**室内饲养结合田间观察，大突肩瓢虫在云南蔗区1年发生4代。第一代6月上旬至8月下旬，第二代7月上旬至10月中旬，第三代9月上旬至12月中旬，第四代（越冬代）10月中下旬至次年7月。世代重叠，以第三代及第四代成虫在蔗茎中下部老叶鞘内越冬。发育历期因季节不同而异。夏季6—8月，气温高，世代历期短；秋季9—11月，气温低，世代历期长。越冬成虫寿命长，可达284天以上。

刚羽化的成虫先静伏在蛹壳上或蛹壳周围，随后即可活动取食、交尾产卵。1头成虫一生产卵321～1 410粒，卵群集竖产在蔗叶正面、叶鞘背面及杂草上。成虫爬行迅速，喜在蔗叶背面捕食大龄甘蔗绵蚜，在食料不足时，会残食自产卵粒。可短距离飞翔，具假死性，耐饥力强。一至二龄幼虫喜欢捕食低龄甘蔗绵蚜，三龄以上幼虫则喜食大龄甘蔗绵蚜。食料不足时幼虫会自相残杀，处于静止蜕皮虫态的幼虫和初孵的幼虫易被残食。老熟幼虫多在蔗茎中下部老叶、枯叶背面尤其在稍松动的叶鞘内侧等处化蛹。

据田间调查，大突肩瓢虫的发生期稍滞后于甘蔗绵蚜，5—6月甘蔗绵蚜发生初期，蔗田中瓢虫种群数量太少，繁殖速度慢；7—8月甘蔗绵蚜发生盛期，瓢虫的控制效能甚微。直到9—10月大突肩瓢虫的种群数量才明显增长，11月形成全年繁殖高峰。此时每片受甘蔗绵蚜为害的蔗叶上平均有瓢虫成虫2～3头、幼虫6～8头、卵30～50粒，以及少量蛹，能有效控制甘蔗绵蚜第二、第三个高峰的出现。12月进入越冬期。导致前期瓢虫种群数量太少的主要原因是：自然情况下瓢虫越冬存活率低，其次是甘蔗收砍时人为地破坏了瓢虫的自然越冬场所，再加上放火销毁蔗叶导致大批越冬瓢虫死亡，以及6—7月普遍使用高毒广谱药剂防治甘蔗绵蚜杀伤了蔗田中有限的瓢虫。因此，保护瓢虫越冬、提高越冬存活率以及合理用药是利用此天敌的关键。

**【保护利用途径】**

（1）人工保种繁殖。在12月甘蔗收砍前及时将越冬瓢虫大量采回室内，置于玻璃缸中，人工饲喂5%～10%糖水和冷藏（3～4℃）的甘蔗绵蚜，能显著提高瓢虫的越冬存活率。并结合移植助迁、人工繁殖，在6月初甘蔗绵蚜点状发生时，把瓢虫大量散放到蔗田使其增殖，以达到有效控制甘蔗绵蚜为害的效果。散放虫态以成虫、大龄幼虫为主，同时应选择在晴朗和温暖的天气进行，一般每公顷放出大突肩瓢虫成虫750～1 500头或幼虫37 500头左右，分散放于蚜虫虫口密度较大的蔗株上。

（2）提倡间套种。尽可能在蔗地中间套种玉米、大豆、花生、蔬菜、绿肥等作物。间套种一方面可改善蔗地小气候环境，以利于瓢虫的栖息和繁生；另一方面可利用间套作物上蚜虫发生早、数量大的特点，显著增加瓢虫的数量。

（3）合理用药。大突肩瓢虫成虫和幼虫均对杀虫剂十分敏感，因此化学防治必须采用选择性杀虫剂，根据虫情，控制施药次数、施药方法和施药时间，使初期数量较少的瓢虫得到保护和利用。

（4）提倡蔗叶还田。同时应大力提倡蔗叶还田，最大限度地减少对瓢虫杀伤的可能性，充分发挥大突肩瓢虫对甘蔗绵蚜的自然控制作用。

## 3.4 双带盘瓢虫［*Lemnia biplagiata*（Swartz）］

**【捕食特点】**双带盘瓢虫属鞘翅目瓢虫科，是捕食甘蔗绵蚜的另一种主要天敌，捕食量仅次于大突肩瓢虫，其成虫、幼虫均能捕食甘蔗绵蚜。在各蔗区均有分布，活动范围广泛，经常出现在甘蔗及竹子、玉米、蔬菜、果树等多种作物上，捕食蚜虫、木虱、叶蝉和飞虱等害虫。此种瓢虫个体较大，捕食效能高。据饲养观测，双带盘瓢虫全幼虫期可捕食甘蔗绵蚜580头，最多可捕食738头。三至四龄期幼虫捕食量最大，占全幼虫期食量的84.14%。成虫期平均每天可捕食甘蔗绵蚜126头，最多达253头。双带盘瓢虫在田间随猎物季节性的消长而转移捕食，种群数量增长速度快，春季田间虫口密度大，在甘蔗绵蚜发生初期，对抑制甘蔗绵蚜种群数量的增长有较大作用。

**【形态识别】**成虫体长5～6.5毫米，宽4.6～5.2毫米。体近于圆形。头部黄色或黑色，或大部黑色而在复眼内侧有狭长黄斑。前胸背板黑色，两侧各有1个浅黄色斑，常由前角延伸至后角，或自前角延伸至中部，两侧斑与前缘的浅黄色带相连。鞘翅黑色，每鞘翅中央各有1个横置的红黄色斑，斑的前缘有2～3个波状纹。幼虫身体微细长，呈纺锤形，除前胸及尾节外，胸部及腹部各节均有2～4个刺状突起，体色及斑纹随龄期而异。

**【生活习性及发生规律】**据初步观察，双带盘瓢虫在云南1年约发生7代。以第五、第六、第七代成虫在蔗地和蔗地附近有竹蚜的竹林或其他作物地的隐蔽处所越冬。双带盘瓢虫各虫态的发育历期因代而异。卵期一般为2～5天，幼虫期为7～16天，预蛹及蛹期为4～11天，完成一个世代一般需26～40天。各虫态的发育速率随着发育期间的温度升高而显著加快。在田间，越冬成虫一般在3月下旬开始产卵繁殖，4—12月几乎都可以见到各种虫态，世代重叠。越冬成虫寿命长者可达200天左右。

成虫一般羽化后6～7天（最早3天）开始交尾。温暖季节可多次交尾、多次产卵，雌成虫一生产卵量由数十粒到900多粒不等，一般为200～600粒。其中以越冬代能安全越冬的个体产卵量较大。从时期来说，4—5月产卵量最大。双带盘瓢虫产卵场所要求不很严格，在蔗地或其他作物中，卵可分布于植株的各个部位。幼虫孵化后5～10小时开始分散觅食，低龄幼虫喜食幼蚜，老龄幼虫喜食成蚜，其食性凶猛，食量大。幼虫共四龄，食料不足时幼虫会自相残杀，此时初孵和正在蜕皮的个体易受侵害。老熟幼虫多在蔗株枯鞘、叶片或蔗茎上化蛹，有的也可在杂草上化蛹，低温季节则多集中于蔗株枯鞘内侧化蛹。

据田间调查，双带盘瓢虫成虫于3月中下旬开始活动取食，常先在有蚜虫的竹林、玉米、蔬菜、果树等作物中产卵繁殖，待到蔗地甘蔗绵蚜发生后，一般在4—5月，再迁到蔗地繁殖。随着甘蔗绵蚜种群数量的增长，蔗地中双带盘瓢虫的种群数量也明显增加，至6月上中旬，达到第一个高峰。此期双带盘瓢虫种群密度一般为15 000头/公顷左右，甘蔗绵蚜发生较严重的部分蔗地，达到30 000～45 000头/公顷，双带盘瓢虫种群数量占甘蔗绵蚜天敌总数量的60%～80%。从7月中下旬开始，蔗地双带盘瓢虫种群数量下降，一直到9月中下旬再复回升，11月底至12月初达到一年中的第二高峰期。12月进入越冬期。造成早春双带盘瓢虫田间种群数量很少的主要原因是此瓢虫抗寒能力较差，冬期低温造成其越冬死亡率很高，除此之外是甘蔗收砍时破坏了瓢虫的越冬场所，再加上放火销毁蔗叶导致大批越冬瓢虫死亡，而且早春蔗地中甘蔗绵蚜种群数量亦很小，满足不了双带盘瓢虫繁殖所需的食料。

**【保护利用途径】**田间调查表明，在甘蔗绵蚜发生初期，甘蔗绵蚜零星发生时，如果蔗地中有一定数量的双带盘瓢虫，就可以对甘蔗绵蚜种群数量的发展起到较明显的抑制作用，使甘蔗绵蚜种群数量难以形成高峰。另外，双带盘瓢虫还可以与甘蔗绵蚜的另一种重要天敌——大突肩瓢虫配合利用，从而发挥更大的作用。由于双带盘瓢虫发育繁殖的适温范围较大突肩瓢虫宽，其生活周期短，年世代数多，捕食对象也较多，所以，其常先于大突肩瓢虫在田间活动取食和繁殖，也先于大突肩瓢虫在蔗地出现；还因其食量相对小于大突肩瓢虫，因而易在蔗地甘蔗绵蚜零星发生时形成群落。这样，在甘蔗绵蚜种群数量小时利用双带盘瓢虫控制，在甘蔗绵蚜种群数量较大后则同时利用两种瓢虫控制，效果也就更明显。对双带盘瓢虫保护利用的具体措施可参考大突肩瓢虫。

## 3.5 绿线食蚜螟（*Thiallela* sp.）

**【捕食特点】**绿线食蚜螟属鳞翅目螟蛾科，是捕食甘蔗绵蚜的一种重要天敌。在国外分布于菲律宾、爪哇等地区，在我国广东、广西、台湾、福建、云南等地的植蔗区均有分布。该虫在云南蔗区分布广泛，以幼虫捕食甘蔗绵蚜。幼虫结网巢于甘蔗绵蚜群落中，并隐藏其内，不时伸出身体前头部捕食甘蔗绵蚜。一龄幼虫主要取食甘蔗绵蚜的分泌物，偶见咬断甘蔗绵蚜的触角和足；二龄幼虫可直接咬破甘蔗绵蚜腹部，吸取甘蔗绵蚜体液；三龄幼虫和四龄幼虫食量大增，可将甘蔗绵蚜食尽仅剩背板、头壳等残骸。一头幼虫一生平均可捕食甘蔗绵蚜133头，最多达152头。甘蔗绵蚜盛发后期田间种群数量多，一年中发生盛期在9—12月，对后期甘蔗绵蚜种群数量的增长具有明显的抑制作用。

**【形态识别】**成虫体长6.5～9.0毫米，翅展16～22毫米，雌蛾体大而雄蛾体小。头部近圆形。复眼黑褐色稍突出。触角丝状但逐渐向端部缩小，鞭节由43个亚节组成。单眼2个，黑色位于触角后方。前翅近三角形而较狭长，外横线在近前缘1/3处内曲，外横线外侧灰黄色，到外缘呈暗褐色，在外缘有5个暗褐色小点。内横线粗而明显，中部缢缩。后翅前缘和外缘为褐色，其他部分均为灰白色。老龄幼虫体长12.5～14.5毫米；体色通常为淡黄绿色，体背具5条纵线，其中背部绿色线较细，亚背线和气门上线很接近。幼虫前口式。单眼6个，排列弧形。触角3节。前胸背板发达，呈黄色或黄褐色，气门圆形。中胸3毛的毛片非常发达，毛片周围呈黑褐色，中间呈淡绿色。

**【生活习性及发生规律】**据初步观察，绿线食蚜螟1年可发生多代，世代重叠。以幼虫和蛹越冬，但越冬蛹羽化率很低，仅为3%。一年中的发生盛期主要在9—12月。绿线食蚜螟各虫态的发育历期因代而异。卵期一般为4～5天，幼虫期为14～15天，蛹期为6～13天，完成一个世代一般需25～33天。各虫态的发育速率随着发育期间的温度升高而显著加快。成虫白昼蛰伏于禾本科杂草上，黄昏后开始活动，天黑飞向蔗田。21:30至次日凌晨最活跃，并在这段时间内交配。雌蛾一生产卵量一般为86～174粒，平均126粒。绿线食蚜螟的卵散生在甘蔗叶背甘蔗绵蚜群附近。幼虫孵化后即爬离卵壳，经过3～4小时，即能吐丝结网，也能随风飘到邻近的蔗叶上。幼虫通常在蔗叶主脉两侧吐丝营巢并栖息其中，不时外出捕食甘蔗绵蚜，丝巢可随幼虫的发育逐渐扩大，有时整片蔗叶中脉两侧都布满了丝巢。老龄幼虫在丝巢中化蛹，有时可集结化蛹，少则2～3头，多则10～12头，这种现象多见于近叶片基部20厘米左右处。湿度对绿线食蚜螟蛹期的发育影响很大，当相对湿度低于95%时，蛹的羽化率下降，低于80%时则基本上不能羽化。

**【保护利用途径】**

（1）提倡间套种。在蔗田间套种大豆、花生、蔬菜、绿肥等作物，可改善田间小气候，丰富农田生态系统的多样性，有利于早春绿线食蚜螟的保存和繁殖。

（2）合理用药。广谱化学农药对绿线食蚜螟的成虫和幼虫均有明显的杀伤作用。因此，从早春蔗田开始，就应不用或少用广谱杀虫剂，改用选择性杀虫剂，并采用根区土壤施药，这可避免对绿线食蚜螟等天敌的杀伤作用。

（3）提倡蔗叶还田。避免放火销毁蔗叶导致大批越冬绿线食蚜螟死亡，同时可为其提供良好的越冬场所，提高越冬存活率。

## 3.6 黄足肥螋（*Euborellia pallipes* Shiraki）

**【捕食特点】**黄足肥螋属革翅目肥螋科，在我国广东、广西、台湾、福建、云南等地的植蔗区均有分布。在云南蔗区分布十分广泛，在蔗田内普遍发现，是甘蔗象鼻虫、螟虫、粉红粉介壳虫和蓟马等多种害虫的重要天敌。以成虫、若虫捕食蔗螟幼虫、甘蔗粉蚧成虫及若虫、蔗头象虫幼虫及卵、甘蔗蓟马成虫及若虫，以及小地老虎。黄足肥螋分布广、数量多、捕食范围宽、食量大，对多种甘蔗重要害虫均具有明显的抑制作用。

**【形态识别】**成虫体长8～13毫米，体形扁平，黑褐色，有光泽，从头部至尾端渐次增大。头略似圆形。复眼较小。触角16节，丝状，淡褐色。前胸背近似矩形，长宽约相等，后缘呈弧形。中胸背横长方形，两侧缘具片状的小前翅。后胸背很短，无翅。腹部大而长，末端稍细，具铗一对，铗的内方有锯齿。卵近似圆形，乳白色，长1毫米，宽0.8毫米左右。若虫与成虫相似，但触角节数少，尾铗须状分节。

**【生活习性及发生规律】**据初步观察，黄足肥螋在云南每年发生1代。一生只有卵、若虫和成虫3个虫期，属渐变态。成虫、若虫在土块缝隙或土洞中越冬，次年3月开始活动，5—6月为产卵盛期，8—11月成虫及若虫活动最多。11月以后进入越冬。黄足肥螋多在夜晚活动，有趋光性，白天则潜伏在土缝内及石块、树皮、甘蔗老叶鞘下。喜进入心叶、老叶鞘内及根际附近捕食害虫，捕食对象多为地面活动的害虫，有时将猎获物用尾铗住，拖进土块缝隙内取食。黄足肥螋产卵成堆，每堆10～20粒，由雌虫伏在其上护卵育幼。

**【保护利用途径】**

（1）提倡间套种。在蔗田间套种大豆、花生、蔬菜、绿肥等作物，可改善田间小气候，创造农田生态系统的多样性，为黄足肥螋的生存和繁殖提供有利条件。

（2）合理用药。甘蔗地应少用或不用广谱农药，改用选择性杀虫剂，并采用根区土壤施药，这可避免对黄足肥螋等天敌的杀伤作用，保护和利用自然种群控制害虫。

（3）提倡蔗叶还田。避免放火销毁蔗叶导致大批越冬黄足肥螋死亡，同时可为其提供良好的越冬场所，提高越冬存活率。

（4）人工饲养繁殖，补充释放到蔗地。黄足肥螋室内饲养方法简单，易操作。即入冬前在黄足肥螋栖息活动的场所捕捉成虫，放入装有细沙土的罐头瓶内，每瓶10余头，再放3～4段干叶鞘供其栖息，每天供给甘蔗粉介壳虫为食，并注意保持好土壤湿度（15%左右），待成虫产卵、若虫孵化后及时分移到另一瓶内饲养，所用细沙土根据污染情况每隔10～20天更换一次。

## 3.7 寄生菌类——白僵菌（*Beauveria bassiana*）

**【寄生特点】**在昆虫的僵病中，以白僵菌引起的僵病最为常见，在整个昆虫真菌病中占21%。病原属链孢霉目（Moniliales）链孢霉科（Moniliaceae）白僵菌属（*Beauveria*）。白僵菌能寄生于200多种昆虫和螨类，在我国云南蔗区分布最广泛。田间调查发现，白僵菌可侵染蔗龟幼虫、蔗头象虫和蛀茎象虫的幼虫、蛹和成虫，其自然发病率一般在8%～15%，对甘蔗虫害具有一定控制作用。

白僵菌主要靠气流和雨水传播分生孢子，昆虫主要通过体壁接触感染白僵菌。白僵菌侵入虫体后，病菌在虫体内扩展繁殖。昆虫感病后活动减慢，停止取食，慢慢死亡，病菌占满虫体后，虫体干化变成僵体，体表也长满白色病菌，即白僵菌。

**【生物学特性】**白僵菌的分生孢子在25℃、相对湿度90%以上、pH4.4的条件下萌发率最高。菌丝在13～36℃均能生长，生育适温为21～30℃，最适相对湿度98%以上，最适pH为4～5。在30℃、相对湿度为70%以下、pH为6的情况下，最适于分生孢子产生。白僵菌在培养基上可保持1～2年，在干燥条件下甚至可存活5年，在虫体上可维持6个月。

**【应用成效】**白僵菌是中国应用于田间防治害虫规模较大的一种昆虫病原真菌，据1992年的不完全统计，应用白僵菌防治40多种害虫获得成功，仅我国南方的10个省份就有白僵菌生产工厂64个，年生产能力达2 100多吨，每年防治面积达到50.3万余公顷，对控制虫害的发生、减少环境的污染起到了巨大的作用。

我国从1956年以来，曾先后利用白僵菌防治南部地区的甘薯象甲和北部地区的大豆食心虫，效果较好。后又将其推广应用于松毛虫、玉米螟，效果明显，防治效果一般可达80%以上。福建宁德用白僵菌防治茶毛虫，室内防治效果达90%，田间防治效果达82.4%。浙江用白僵菌防治水稻黑尾叶蝉、稻飞虱，效果达50%～70%。安徽用白僵菌防治三化螟，效果达56%，对茶假眼小绿叶蝉7天内防治效果为94.6%，对茶树小黄卷叶蛾防治效果达75%～96%。在内蒙古、新疆、福建等省（自治区）试验，用50倍稀释液防治地老虎，防治效果达66.9%～72.7%，防治三叶草夜蛾为68.2%～96.3%，防治甜菜象甲为75.5%。湖南郴州用白僵菌防治油菜象虫、金龟子、叶甲、蝗虫、天牛、丹蛾、黄刺蛾、棉铃虫、黏虫、菜粉蝶，黑龙江用白僵菌防治马铃薯二十八星瓢虫等，都有一定的效果。澳大利亚、法国等植蔗国家多年来坚持用白僵菌防治甘蔗金龟子等地下害虫，均取得了明显的防治效果和良好的环境生态效益。

用白僵菌制剂防治甘蔗害虫，可于3月中下旬蔗螟开始产卵时，按1亿孢子/毫升的浓度喷雾；或于4—5月蔗龟、蔗头象虫、天牛等地下害虫活动产卵高峰期，结合甘蔗松蔸培土，每公顷选用2%白僵菌粉粒剂45～60千克，与600千克干细土或化肥混合均匀撒施于蔗株基部并覆土，防治效果显著，有效期可维持很长时间。

# 主要参考文献

安玉兴，管楚雄，2009. 甘蔗主要病虫及防治图谱［M］. 广州：暨南大学出版社.
安玉兴，杨俊贤，黄振瑞，等，2009. 甘蔗有害生物可持续控制的思考与探讨（下）［J］. 甘蔗糖业（4）：21-23.
邓展云，方锋学，刘海斌，等，2010. 古巴蝇和赤眼蜂防治甘蔗螟虫大田示范［J］. 中国糖料（3）：9-11.
龚恒亮，管楚雄，安玉兴，等，2009. 甘蔗地下害虫生物防治技术（上）［J］. 甘蔗糖业（5）：13-20.
龚恒亮，管楚雄，安玉兴，等，2009. 甘蔗地下害虫生物防治技术（下）［J］. 甘蔗糖业（6）：11-22.
郭良珍，冯荣杨，梁恩义，等，2001. 螟黄赤眼蜂对甘蔗螟虫的控制效果［J］. 西南农业大学学报，23（5）：39-400.
胡玉伟，赵东容，毛永凯，等，2017. 球孢白僵菌高孢粉防治甘蔗害虫的田间应用［J］. 甘蔗糖业（4）：42-45.
黄宝城，1982. 国外甘蔗害虫生物防治概况［J］. 甘蔗糖业（6）：26-30.
黄应昆，李文凤，1995. 云南甘蔗害虫及其天敌资源［J］. 甘蔗糖业（5）：15-17.
黄应昆，李文凤，2011. 现代甘蔗病虫草害原色图谱［M］. 北京：中国农业出版社.
黄应昆，李文凤，2014. 现代甘蔗有害生物及天敌资源名录［M］. 北京：中国农业出版社.
黄应昆，李文凤，2016. 现代甘蔗病虫草害防治彩色图说［M］. 北京：中国农业出版社.
李创珍，杨皇红，金孟肖，1982. 绿线螟的生活史和生活习性研究初报［J］. 基因组学与应用生物学（2）：21-26.
李丽英，1984. 赤眼蜂研究应用新进展［J］. 应用昆虫学报（5）：48-52.
李伟群，邓国荣，黎家福，1989. 蔗田早期害虫天敌保护利用试验初报［J］. 甘蔗糖业（2）：25-28.
李文凤，1995. 螟黄足绒茧蜂的初步观察［J］. 昆虫天敌，17（3）：7-8.
李文凤，黄应昆，2004. 云南甘蔗害虫天敌及其自然控制作用［J］. 昆虫天敌，26（4）：156-162.
李文凤，黄应昆，2006. 甘蔗害虫优势天敌及其保护利用［J］. 昆虫天敌，28（2）：85-92.
李文凤，黄应昆，罗志明，2001. 大突肩瓢虫生物学及田间种群消长研究［J］. 昆虫天敌，23（2）：61-63.
李文凤，黄应昆，王晓燕，等，2009. 大突肩瓢虫成虫越冬期人工保种技术［J］. 中国生物防治，25（4）：370-373.
李杨瑞，2010. 现代甘蔗学［M］. 北京：中国农业出版社.
柳晶莹，王国太，1982. 福建绿线螟虫观察初记［J］. 甘蔗糖业（6）：31-32.
马奇祥，李正先，1999. 玉米病虫草害彩色图说［M］. 北京：中国农业出版社.
潘雪红，黄诚华，辛德育，2009. 甘蔗螟虫主要优势天敌及其生物防治意义［J］. 广西农业科学，40（1）：49-52.
王承纶，张荆，1998. 赤眼蜂的研究、繁殖与应用［M］. 太原：山西科学技术出版社.
翁锦周，1992. 甘蔗绵蚜天敌种类及利用概况综述［J］. 福建甘蔗（2）：38-41.
贤振华，1988. 双带盘瓢虫生物学特性及利用途径探讨［J］. 甘蔗糖业（3）：40-44.
徐四琼，孙倚，曾德亮，2005. 白僵菌研究与应用的现状及展望［J］. 安徽农学通报（7）：71-72.
尹炯，罗志明，黄应昆，等，2013. 布氏白僵菌防治蔗田蛴螬的初步研究［J］. 植物保护，39（6）：156-159.

张开芳，1999. 赤眼蜂防治甘蔗二点螟田间应用效果初报 [J]. 甘蔗糖业（1）：19－21.

张雪丽，张清泉，黄风宽，等，2008. 双带盘瓢虫对甘蔗绵蚜捕食作用研究 [J]. 南方农业学报，39（6）：776－778.

张中联，林展明，1995. 坚持繁殖利用赤眼蜂防治甘蔗螟虫十八年的体会 [J]. 昆虫天敌，17（3）：125－127.

周至宏，王助引，陈可才，1999. 甘蔗病虫鼠草防治彩色图志 [M]. 南宁：广西科学技术出版社.

Ayvaz A，Karasu E，Karabörklü S，et al.，2008. Effects of cold storage，rearing temperature，parasitoid age and irradiation on the performance of *Trichogramma evanescens*，*Westwood*（Hymenoptera：Trichogrammatidae）[J]. Journal of Stored Products Research，44（3）：232－240.

Chand H，Kumar A，Paswan S，et al.，2014. Potential of *Apanteles flavipes* Cameron against *Chilo tumidicostalis* Hampson in sugarcane [J]. Journal of Entomological Research.

Cueva C M，Ayquipa A G.，Mescua B V，2015. Studies on *Apanteles flavipes*（Cameron），introduced to control *Diatraea saccharalis*（F.）in Peru [J]. Revista Peruana De Entomologia，73－76.

Legaspi J C，Poprawski T J，Legaspi B C J，2000. Laboratory and field evaluation of *Beauveria bassiana* against sugarcane stalkborers（Lepidoptera：Pyralidea）in the lower rio grande valley of texas [J]. Journal of Economic Entomology，93（1）：54.

Srikanth J，2016. A 100 years of biological control of sugarcane pests in India：review and perspective [J]. Science Nutrition and Natural Resources，11（13）：1－32.

Yu J Z，Chi H，Chen B H，2005. Life table and predation of *Lemnia biplagiata*（Coleoptera：Coccinellidae）fed on *Aphis gossypii*（Homoptera：Aphididae）with a proof on relationship among gross reproduction rate，net reproduction rate，and preadult survivorship [J]. Annals of the Entomological Society of America，98（4）：475－482.

## 3.1 赤眼蜂

田间释放拟澳洲赤眼蜂

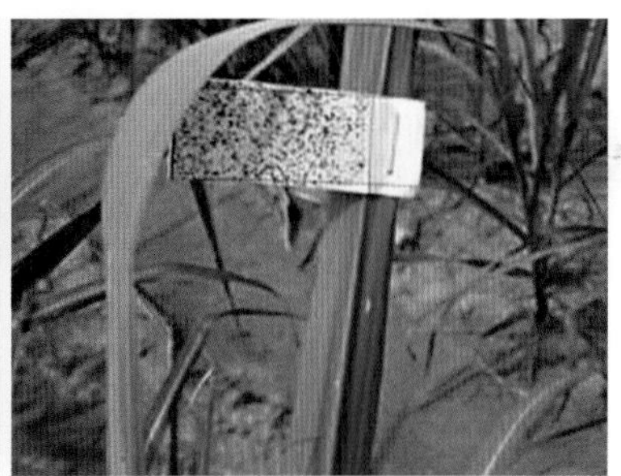

拟澳洲赤眼蜂蜂卡

## 3.2 螟黄足绒茧蜂

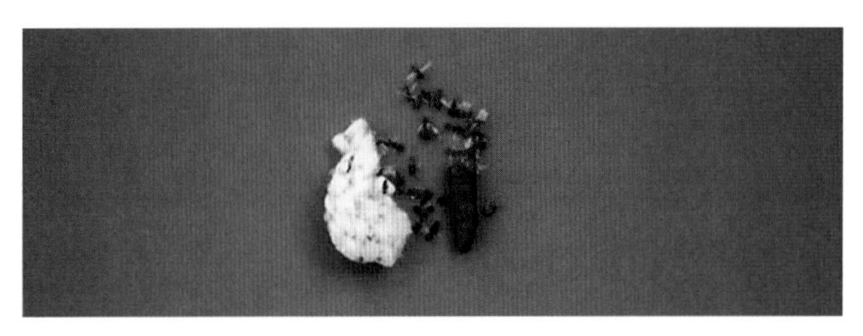

螟黄足绒茧蜂成蜂及茧

## 3.3 大突肩瓢虫

大突肩瓢虫成虫

大突肩瓢虫幼虫

大突肩瓢虫蛹

大突肩瓢虫成虫及幼虫捕食甘蔗绵蚜

大突肩瓢虫成虫捕食甘蔗绵蚜

## 3.4 双带盘瓢虫

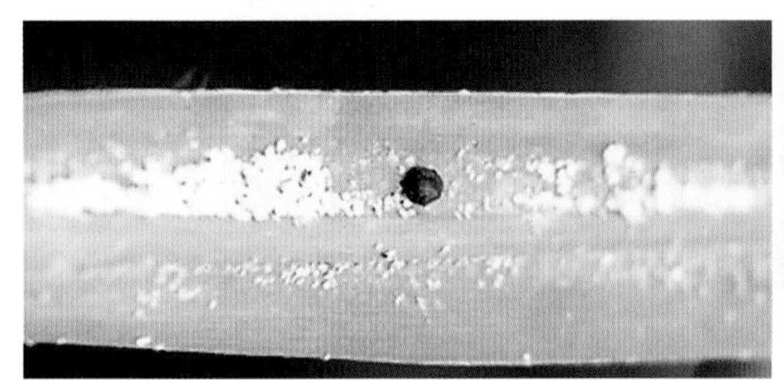
双带盘瓢虫成虫捕食甘蔗绵蚜

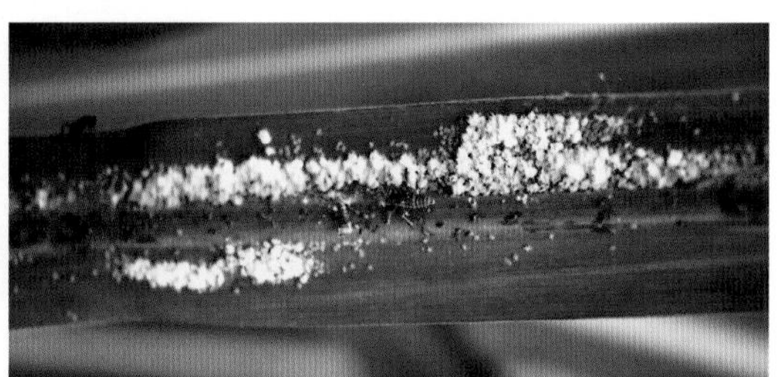
双带盘瓢虫幼虫捕食甘蔗绵蚜

## 3.5 绿线食蚜螟

绿线食蚜螟幼虫捕食甘蔗绵蚜

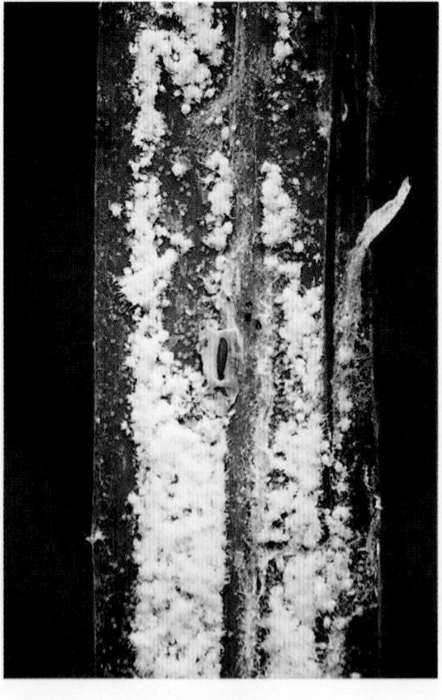
绿线食蚜螟蛹

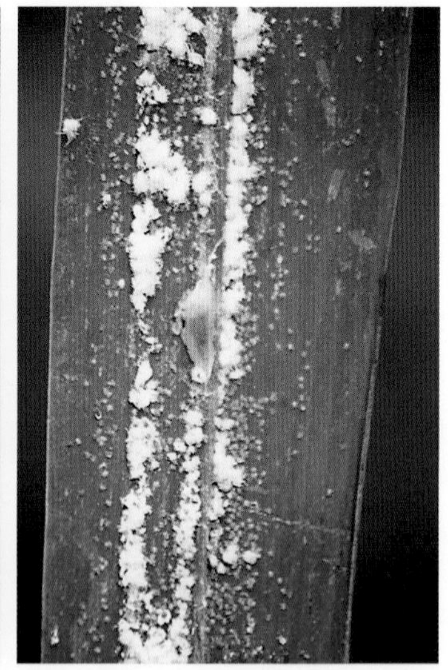
绿线食蚜螟茧

## 3.6 黄足肥螋

黄足肥螋成虫

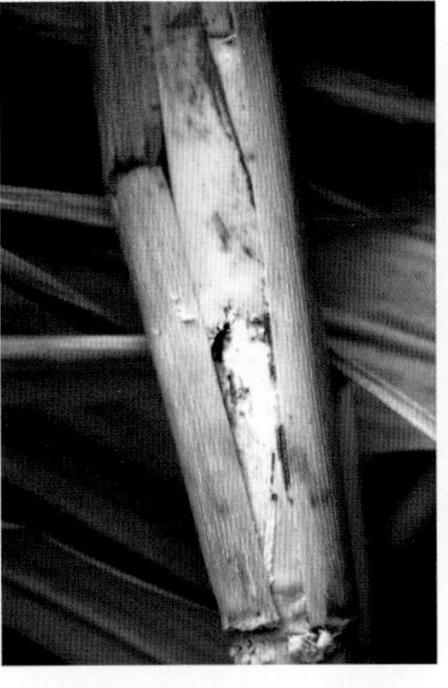

黄足肥螋成虫捕食甘蔗粉蚧

黄足肥螋成虫捕食甘蔗蓟马

黄足肥螋成虫捕食蔗螟幼虫

黄足肥螋成虫捕食越冬蔗螟幼虫

## 3.7 白僵菌

白僵菌寄生细平象成虫

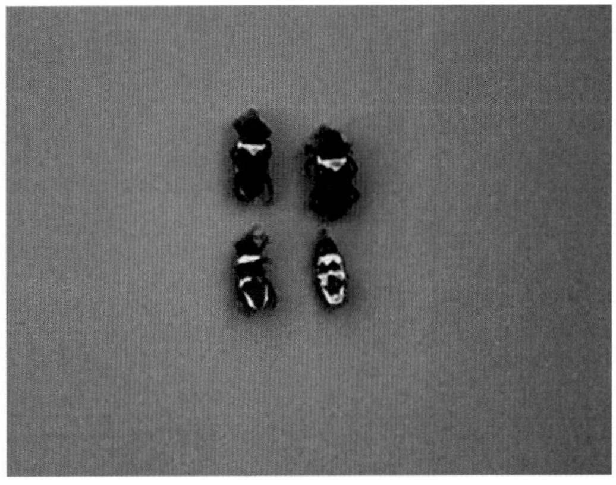

白僵菌寄生斑点象成虫

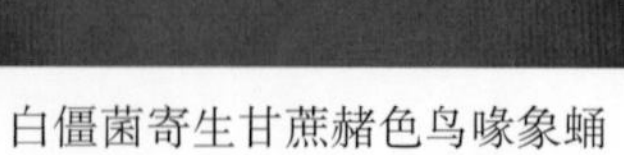

白僵菌寄生甘蔗赭色鸟喙象蛹

白僵菌寄生蔗龟幼虫

白僵菌寄生蔗龟蛹

# 甘蔗杂草诊治

采用化学除草剂防治蔗田杂草来代替人工及机械除草，是一项在世界上已广泛应用的技术，它具有防治成本低、节省工时、劳动强度低、能及时有效地防除杂草等优点，能保证蔗株正常生长而获高产。但若化学除草剂使用不当，则会造成药害，既花了钱又不能使甘蔗正常生长反而减产，只有根据所防治的杂草种类正确选用除草剂及根据土壤墒情科学喷施，才能使除草剂发挥其功效。本章以图文并茂的形式，系统地对蔗田主要杂草及分布、田间消长规律和化学防除进行了描述。

## 4.1 蔗田杂草

### 4.1.1 杂草的定义

杂草指的是人类有目的栽培的植物以外的植物，即在农业生产中，除了所栽培的作物外，其余影响作物生长的植物都属于杂草。在蔗田中除甘蔗以外的植物包括前作的花生、玉米、大豆或绿肥作物遗株，都属于杂草，应当除去。

### 4.1.2 杂草的分类

(1) 依杂草的生活史分类。

① 一年生杂草。此种杂草在不到 1 年的时间内就完成了从种子发芽、生长至结实、成熟、死亡一个世代的生活史。大田中最常见的杂草多是一年生杂草，并分为夏季一年生类如苍耳属、马唐属等和冬季一年生类如繁缕、荠属、宝盖草等。

② 两年生杂草。在 2 年内完成生活史的杂草称二年生杂草。第一年种子发芽后行营养生长，蓄积营养物质，第二年开始成熟产生种子后死亡。这类杂草多在温带发生，如野胡萝卜、矢车菊、飞廉、毒鱼草等。

③ 多年生杂草。这类杂草可生活 2 年以上，也可能一直活下去，大部分是以地下营养器官行无性繁殖，有的可并用种子行有性繁殖及用营养器官行无性繁殖。这类杂草的营养器官如走茎、块茎等易因耕作而被分离成小段，随中耕器或犁被带到田间各处，在适宜条件下抽芽生长形成新植株，终年不绝，如狗牙根、白茅、香附子等。

(2) 依形态和植物学分类。

① 单子叶杂草。单子叶杂草一般指禾本科和莎草科杂草，即种子萌发出土时具有一片子叶的杂草。此类杂草的茎秆呈圆筒形，有节，叶片狭长，叶脉平行，叶鞘一侧纵裂开，根系为须根。

② 双子叶杂草。双子叶杂草俗称阔叶杂草，即种子萌发出土时具有两片对生的子叶的杂草。此类杂草叶面积大，叶片着生角度大，叶片平展，叶脉网状，根系为直根。

### 4.1.3 杂草的繁殖与传播

杂草可通过有性和无性的方式进行繁殖。有性繁殖通过种子繁殖，无性繁殖可通过根、茎、叶或根茎、匍匐茎、块茎、球茎和鳞茎等器官繁殖。

杂草可以通过营养繁殖器官散布传播，但主要还是通过种子进行散布传播。杂草种子主要是借助自然力如风吹、流水及动物取食排泄传播；或附着在机械上、动物的皮毛上或人的衣服、鞋子上，通过机械、动物或人的移动而到处散布传播。

### 4.1.4 杂草的危害性

我国蔗区草害普遍而严重，据试验及调查，苗期不除草对照区较人工除草区或除草剂处理区甘蔗株高降低10%～20%，每公顷损失甘蔗7.5～45吨，甘蔗平均减产20%，严重的甚至死亡无收，糖量损失10%～25%。初步调查统计，蔗区草害占病虫草害的60%左右，严重的草害面积达30%左右，杂草成为长期以来影响我国甘蔗生产发展的一个重大问题。这一问题尤其在人少地广、人均管理面积大、劳力缺乏的蔗区更为突出。

杂草对甘蔗的为害具体表现在杂草能大量掠夺甘蔗生长所需要的水分、养料与阳光，阻碍甘蔗生长。同时，在杂草繁生的情况下，杂草往往妨碍其他农业措施（如追肥、培土）的及时进行。蔗田杂草繁生势必增加除草用工量，从而也增加了生产成本。此外，杂草又往往是甘蔗病虫的中间寄主，杂草多时又常成为鼠类藏身之处，因此，杂草繁生有利于病、虫、鼠害的传播和扩展而影响甘蔗生长，降低甘蔗产量。

### 4.1.5 蔗田主要杂草及分布

我国甘蔗产区大多位于热带和亚热带，其共同特点是气温较高，降水量充沛，一年四季杂草丛生。主要杂草有马唐、尾稃草、牛筋草、狗牙根、双穗雀稗、胜红蓟、灰藜、鬼针草、耳草、辣子草、香附子等。总的来说禾本科类杂草为害最重，阔叶类杂草次之，莎草科杂草为害较小。一年生杂草群落为害面广，为害程度严重，多年生杂草群落仅在局部蔗区为害严重。

受气候条件的影响和长期耕作的选择，杂草在不同的气候区域及不同类型土壤上形成了相对稳定的群落。如南亚热带蔗区以胜红蓟、马唐、竹节草、草龙、光头稗等杂草构成的群落占主体，而中亚热带蔗区以马唐、千金子、牛筋草、光头稗等杂草构成的群落占主体；在长期耕作的蔗园，以一年生的各类杂草构成的群落为主，而河流两岸的河滩田及新垦荒种植的丘陵旱坡地多发生双穗雀稗、铺地黍、狗牙根及白茅等多年生恶性杂草群落；在同一气候区域、同一种植时期，杂草群落受甘蔗种植时期和甘蔗培土管理的影响而有较大的变化。在春植蔗、春宿根蔗和秋植蔗3种主要种植时期内，春植蔗在培土前的蔗苗期以禾本科杂草为主，培土后以阔叶草群落为主，而春宿根蔗、秋植蔗在甘蔗培土前后则均为阔叶杂草群落。

### 4.1.6 蔗田杂草的发生规律

蔗田杂草的发生受蔗田类型、植期、气候、甘蔗群体结构等诸多因子的影响，并随这些因子的变化而变化。蔗田杂草的萌发期及高峰期，主要与蔗田类型、土壤湿度（灌水或降水）的关系较密切。根据蔗田类型、土壤湿度及杂草发生情况，可把蔗区杂草的发生分为旱地蔗发生型、可灌蔗田发生型及地膜覆盖蔗发生型。

（1）旱地蔗发生型。其杂草的田间消长规律主要受降水影响。旱坡地春植及宿根蔗，3—4月降水量小，杂草萌发量少，不易生长，无须进行前期化学除草。6月初进入雨季后，蔗地已进行了中耕培土，大量滋生杂草，这时由于光、热、水、肥都得到保证，杂草生长迅猛，再加上前期干旱，甘蔗生长缓慢，到杂草大发生时尚未封行，因而杂草得以泛滥生长，很易形成草害或草荒。旱坡地秋植蔗，8—10月土壤潮湿，光、热充足，有利于杂草萌发生长，而蔗苗尚小很易形成杂草优势而造成草灾。应在秋植蔗下种覆土及培土后、春植蔗及宿根蔗培土后，采用异丙甲草胺、甲・灭・敌草隆、莠去津、草净津、嗪草酮、莠灭净、西玛津、敌草隆、乙氧氟草醚、都阿混剂、扑草净等除草剂进行土表施药，把杂草防治于幼草期，这是旱地蔗化学除草成功与否的关键。

（2）可灌蔗田发生型。其发生特点与旱地发生型不同的是杂草的田间消长规律除受降水的影响外，还受灌水条件的影响。由于甘蔗出苗前及出苗后均可灌水，土壤潮湿，杂草种子易萌发形成夹窝草为害蔗苗，并给甘蔗培土带来困难，可在种植及宿根松蔸后，于第二次出苗灌水后2～3天喷施异丙甲草胺、甲・灭・敌草隆、莠去津、草净津、嗪草酮、莠灭净、西玛津、敌草隆、乙氧氟草醚、都阿混剂、扑草净等土壤处理型除草剂进行芽期或幼草期防治或结合间套蔬菜、施肥和小培土等管理措施清除杂草；5月底至6月初进入雨季，甘蔗大培土后，大量滋生杂草，这一时期由于温度高、降水多而杂草萌生量大，长势猛，极易造成杂草和甘蔗争肥、争水、争光而影响甘蔗拔节生长，降低蔗株成茎率，从而严重影响产量。所以甘蔗进行了大培土后，应施用异丙甲草胺、甲・灭・敌草隆、莠去津、草净津、嗪草酮、莠灭净、西玛津、敌草隆、乙氧氟草醚、都阿混剂、扑草净等封闭型土壤处理除草剂，把杂草杀死于萌芽期及幼草期，这是使用化学除草技术夺取甘蔗高产及充分发挥除草剂优势的关键。

（3）地膜覆盖蔗发生型。地膜覆盖蔗由于膜内土壤潮湿、光热充足，极易萌生大量杂草而不易清除，降低地膜覆盖效果。可选用甘蔗专用除草膜或在盖膜前喷施异丙甲草胺、甲・灭・敌草隆、莠去津、草净津、嗪草酮、莠灭净、西玛津、敌草隆、乙氧氟草醚、都阿混剂、扑草净等除草剂进行土壤处理，芽前除草。

## 4.2 蔗田杂草的防除措施

由于蔗田杂草种类繁多，其生物学特性各有差异，故采用单一的防除措施常难以控制它们的蔓延生长。只有通过农业防除措施、机械防除措施、化学防除措施等综合防除措施，才有可能把草害加以压制和减少，而达到防除的目的。

### 4.2.1 耕作与杂草防除

耕作主要是调节和改变农作物与杂草的生长条件。耕作一方面促进了作物的生长，另一方能抑制杂草的发生。如在甘蔗下种前将杂草耕翻入土，破坏杂草地下繁殖体，结合开沟起垄清除杂草，可以减轻多年生杂草为害；选用分蘖强、前期生长快的甘蔗品种，可利用其生长快、分蘖多的特性在蔗苗期提早封行，形成群体优势，抑制杂草的发生和生长；在甘蔗苗期间作豆科作物及蔬菜等，既充分利用空间和光能，又能以苗欺草，达到控制杂草的目的；蔗田的松蔸、培土等作业，也可消灭部分杂草，通过破坏杂草的生长周期而达到防治杂草的目的；合理的轮作是综合除草的重要措施。

### 4.2.2 加强田间管理

清除地边、沟边及路旁的杂草，减少杂草种子对农田的侵害来源。

### 4.2.3 化学防除措施

化学除草，就是用化学药剂，全部或部分代替人工和机械除草消灭杂草的方法。在蔗田采用化学除草，不仅除草效果好，能及时有效地防除蔗田杂草，而且防治成本低，可节省工时，减轻劳动强度，降低农业劳动成本，提高劳动生产率。同时，也使害虫和病菌失去了众多的中间寄主和野生寄主，在一定程度上减轻了病、虫、鼠害；田间水分、养分、空间等条件可被甘蔗充分利用，促使甘蔗正常生长发育而提高甘蔗产量。

#### 4.2.3.1 除草剂的分类

专用于防除杂草及有害植物的药剂称除草剂，按其对作物和杂草的选择性分为以下2种：

（1）选择性除草。除草剂在不同的植物间有选择性。即在一定剂量范围内，这类除草剂能够毒害或杀死某些植物，而对另外一些作物较安全，可在作物和杂草都存在时使用。如异丙甲草胺、甲·灭·敌草隆、莠去津、草净津、嗪草酮、莠灭净、西玛津、敌草隆、乙氧氟草醚等对甘蔗安全，但可有效地防除杂草。

（2）灭生性除草剂。这类除草剂对植物缺乏选择性或选择性小。例如草甘膦，这类除草剂不能喷到作物上，主要用于休闲地、田边、地埂除草，或者通过时差、位差，安全用于农田除草。

按除草剂的作用方式，分为以下2种：

（1）触杀型除草剂。这类除草剂被植物吸收后，不在植物体内移动或移动范围较小。主要在接触部位起作用。例如除草醚、五氯酚钠等，使用时需要均匀喷洒在杂草上才能取得较好的防除效果，但用其常难彻底去除宿根性杂草。

（2）内吸输导型除草剂。这类除草剂被植物茎叶或根部吸收后，能够在植物体内输导，将药剂输送到其他部位，甚至遍及整个植株。如莠灭净、莠去津、草甘膦、扑草净等。

按除草剂的使用方法，分为以下2种：

（1）土壤处理除草剂。以土壤处理法施用的除草剂，即在杂草尚未出土或杂草正处于萌芽期，将除草剂施于土壤表面形成药层，通过杂草的根、芽鞘或下胚轴等部位吸收而产生毒效。例如莠去津、草净津、嗪草酮、莠灭净、西玛津、敌草隆、乙氧氟草醚、扑草净等。

（2）茎叶处理除草剂。以茎叶处理法施用的除草剂，即在植物生长期将除草剂直接喷洒到杂草茎叶上，因此必须选用选择性强的除草剂，如莠去津、草净津、莠灭净、甲·灭·敌草隆等。

**4.2.3.2 蔗田常用除草剂及用量**

（1）各土壤处理药剂及用量。72%异丙甲草胺乳油 1 950 毫升/公顷，65%甲·灭·敌草隆可湿性粉剂 2 250～3 000 克/公顷，40%莠去津胶悬剂 3 000～3 750 毫升/公顷，40%草净津胶悬剂 3 000～3 750 毫升/公顷，50%嗪草酮可湿性粉剂 600～750 克/公顷，80%莠灭净可湿性粉剂 1 500～1 950 克/公顷，80%敌草隆可湿性粉剂 1 500～1 950 克/公顷，50%西玛津可湿性粉剂 3 000～3 750 克/公顷，24%乙氧氟草醚乳油 300～450 毫升/公顷，50%扑草净可湿性粉剂 1 500～2 250 克/公顷。

（2）各茎叶（大草）处理药剂及用量。38%硝·灭·氰草津可湿性粉剂 2 700～3 600 克/公顷，50%硝磺·莠去津可湿性粉剂 1 500 克/公顷，65%甲·灭·敌草隆可湿性粉剂 3 000～3 750 克/公顷，80%莠灭净可湿性粉剂 2 400～3 000 克/公顷，40%莠去津胶悬剂 3 750～4 500 毫升/公顷，40%草净津胶悬剂 3 750～4 500 毫升/公顷。

防除蔗园恶性杂草香附子可选用 75%氯吡嘧磺隆可湿性粉剂 150 克（有效成分 112.5 克）/公顷、20%噻吩磺隆可湿性粉剂 1 125 克（有效成分 225 克）/公顷，或 65%甲·灭·敌草隆可湿性粉剂 3 150 克（有效成分 2 047.5 克）/公顷。

注意，以上药剂各配方，每公顷用水量均为 750～900 千克，用水量可视土壤潮湿情况适当增减。

**4.2.3.3 最佳施药时期**

根据杂草消长规律、为害特点、甘蔗生长及管理特点，蔗田化学除草应以早期芽后土壤处理为主，以中后期防除大草为辅。

（1）可灌蔗田春植、旱地蔗秋植及地膜覆盖蔗，在甘蔗下种覆土后施 1 次除草剂进行土壤处理，再辅以人工中耕除草、培土可解决甘蔗苗期杂草为害。

（2）在 5 月底 6 月初，甘蔗培土后，雨季来临，高温高湿，杂草种子极易萌发，生长快，应大力推广除草剂进行土壤处理，保持 1～2 个月内无杂草，使甘蔗迅速生长封行，可从实质上解决杂草为害问题。

（3）对于部分没有进行土壤处理、错过了芽期及幼草期防治的蔗田，可采用莠灭净、甲·灭·敌草隆、莠去津、草净津等茎叶处理除草剂，在甘蔗与杂草间有较大的位差时进行定向喷雾，可有效防除多种一年生或多年生杂草。

**4.2.3.4 蔗田施用除草剂的基本要求**

（1）进行土壤处理的地块，土地要平整，土块要细碎。因为大土块容易在田间形成空隙，药液很难喷洒到空隙内，杂草容易从这些地方生长，且大土块经过大雨或风雨后会碎裂成小土块，破坏原来的药层，杂草种子易得以萌发。

（2）施药时土壤要有一定的湿度，以利于药剂的吸收，一般在灌溉后或雨后施药效果好。

(3) 喷药要均匀，只有将药液均匀全面地喷施覆盖地面，避免漏喷，才能取得良好的除草效果。

(4) 施药后不要翻动土面，以免破坏药层和将药层下的杂草种子带到表土层而起不到化除作用。

(5) 进行叶面喷施时，应根据杂草的不同种类及不同的草龄选用相应的除草剂进行处理，并在杂草出齐、生长旺盛期喷施效果好，对于草龄大的应适当增加药量。

(6) 对于有间套作物的蔗田，施用除草剂时，所选用的除草剂必须对间作物安全。

### 4.2.4 甘蔗专用除草地膜

化学除草是蔗区应用较广泛的除草方法，但由于我国蔗区大多地处山区，旱地蔗居多，因此除草剂的应用有较大难度。甘蔗专用除草地膜是在普通地膜基础上加载甘蔗专用除草剂，制成一种正反两面都覆有除草剂的地膜产品。它既有普通地膜的增温保湿作用，又能安全有效防除蔗园杂草，对一年生单子叶、双子叶杂草都有较好的防除效果，是近年在生产上大力推广应用的除草新技术。近年，该产品已经在广大蔗区得到大面积推广，深受广大农民欢迎，其用户遍布广东、广西、江西、海南、福建、云南、四川、湖北、浙江等地。

#### 4.2.4.1 产品特性

(1) 甘蔗专用除草地膜是在生产地膜时采取特殊的工艺和配方，地膜双面含有除草剂，不分正反面，使用方便。使用甘蔗除草地膜进行覆盖栽培，能取得保湿、保肥、增温和防除杂草的效果。盖膜后膜的下表面凝结的水珠可将除草剂逐渐溶出，并在下落时将除草剂带到表土层，从而抑制或杀死杂草。

(2) 甘蔗专用除草地膜主要是防除一年生的单、双子叶杂草种子长出的幼苗，在盖膜后的2～3个月，总防除效果不低于80%。甘蔗专用除草地膜对一些多年生的杂草种子长出的幼苗也有较好的防除效果，但对多年生杂草的草蔸或地下根、茎长出的杂草效果不理想，也不能用于防除一些恶性杂草如香附子等。

(3) 使用甘蔗专用除草地膜每公顷可增产12～15吨。

#### 4.2.4.2 合理使用除草地膜

(1) 使用除草地膜前一定要整碎大的土块，使植沟平整，地膜要贴紧地面，膜两边应拉紧，用泥土把膜两边压紧压实不留空隙，不能有大的土块或杂物拱起地膜，应使膜的透光面积达到最大，如此有利于提高除草剂分布的均匀度。

(2) 保持适度的土壤湿度，以利于土表的土壤水分循环，加速除草剂从膜上释放出来和在土表药层的分布，故土壤太干燥时应先淋水后盖膜，雨水过多或地势过低时，应开沟排水，避免膜面浸水使得膜上的除草剂被冲走。

(3) 尽量延长盖膜时间，以最大限度发挥地膜作用。地膜是一次性用品，盖膜中途不得揭膜作他用。

#### 4.2.4.3 产品规格及包装

地膜厚度为0.008～0.01毫米，每卷重量相等，地膜宽度和每卷重量可按用户要求生产。

#### 4.2.4.4 甘蔗除草地膜覆盖栽培技术

（1）选用良种。选择早中熟、高产、高糖、适应性广、抗逆性强和宿根性好的甘蔗品种，如新台糖10号、新台糖16号、新台糖20号、新台糖22号、粤糖93-159、闽糖69-421、云蔗99-91、云蔗99-601等。

（2）选地。选择土层深厚、土质疏松、土壤肥力较高、保水保肥能力较强、易排灌的田块。

（3）整地。选择晴朗的天气按两犁两耙进行整地，要求深耕深松，深耕至35～40厘米，耕作层要达到深、松、细、平。

（4）开植蔗沟，施肥。按行距100～120厘米开植蔗沟，沟深25～30厘米，水田要挖好排水沟。开沟后每公顷施尿素300～450千克、过磷酸钙750～1 125千克、氯化钾150～225千克，或每公顷施复合肥（15∶15∶15）750～900千克于植沟底，然后覆土盖肥。

（5）下种。地膜甘蔗可适当提早种植，下种时间以11月至次年3月初为宜。选用健壮梢头或上半茎作蔗种；蔗种先浸清水1～2天，砍成双芽苗，用50%多菌灵可湿性粉剂配成0.2%药液浸种3～5分钟。每公顷下种量：中小径种6 750千克，中大径种9 750千克。下种时采用双行接顶种植，种茎贴紧土壤，芽在两侧，同时每公顷选用3.6%加强型杀虫双、5%丁硫克百威、5%杀虫单·毒死蜱、5%丁硫克百威·杀虫单等颗粒剂45～90千克或15%毒死蜱颗粒剂15～18千克，与底肥混合均匀后撒施于植沟内，防治地下害虫。后覆土盖种，捡干净蔗头，表土要打细、整平。

（6）覆膜。甘蔗除草地膜不分正反面，覆膜时地膜要拉直、拉紧，膜要紧贴植沟，膜边用碎土压实密封，如此有利于发挥地膜的保水、增温作用及除草功能。如果土壤太干燥则要先淋足水再盖膜。

（7）及时助苗穿膜。甘蔗出苗后，若发现蔗苗不能自行穿膜，可在蔗苗的正上方膜面戳穿小孔，将蔗苗引出孔外，并用碎土封住孔口，每隔5～7天检查1次，连续进行2～3次即可。

（8）中后期管理。追肥在大培土时（甘蔗分蘖结束进入拔节期，时间为5—7月）进行，每公顷施300～450千克尿素、150～225千克钾肥，适当加大培土厚度，使培土厚度不低于30厘米；要适时灌水，同时注意防治病虫鼠害。

（9）适时收获。按先熟先斩、早熟高糖先斩的原则进行，留宿根的蔗田宜在晴天用小锄低斩入土3厘米。

（10）注意事项。

① 植沟平整与否、土壤湿度和盖膜质量是影响除草效果的关键因素。盖膜前，一定要捡干净蔗头、蔗茎、草根；土壤要细且植沟一定要平；土壤湿度要适中。

② 盖膜后如遇连续降水、降水过多或地势过低的情况，建议应先开沟排水，避免膜面浸水使得地膜上的除草剂被冲刷掉。

③ 本产品对香附子及其他多年生恶性杂草的防除效果差。

④ 尽量延长盖膜时间，以最大限度发挥地膜作用。地膜是一次性用品，不能重复使用。

⑤ 本产品只适用于甘蔗栽培，不能用于其他作物。

# 主要参考文献

傅扬，2005. 云南省甘蔗田杂草发生为害状况及化学防除技术 [M]. 北京：中国农业大学出版社.
管楚雄，张玫，1994. 几个土壤处理除草剂防除蔗田杂草效果初报 [J]. 甘蔗糖业 (2)：18-20.
黄瑶珠，杨友军，陈东城，等，2017. 甘蔗除草地膜全膜覆盖轻简栽培技术在广西龙州蔗区推广前景 [J]. 甘蔗糖业 (1)：44-47.
黄应昆，李文凤，1995. 云南蔗区主要害虫、杂草分布发生规律 [J]. 农药，34 (12)：25-27.
黄应昆，李文凤，2011. 现代甘蔗病虫草害原色图谱 [M]. 北京：中国农业出版社.
黄应昆，李文凤，罗志明，等，2002. 40%氰草津胶悬剂防除蔗田杂草田间药效试验 [J]. 甘蔗，9 (4)：23-25.
邝乐生，陈明周，等，2006. 甘蔗除草地膜的推广应用 [J]. 甘蔗糖业 (4)：10-16.
李成宽，李朝正，孟爱宝，等，2016. 除草地膜全覆盖对旱地甘蔗产质量的影响 [J]. 中国糖料，38 (5)：28-29.
李军，赵惠兰，段明雄，等，2010. 甘蔗除草地膜应用效果研究 [J]. 中国糖料 (2)：33-34.
李奇伟，陈子云，梁洪，2000. 现代甘蔗改良技术 [M]. 广州：华南理工大学出版社.
罗志明，李文凤，李俊，等，2009. 甘蔗除草地膜在甘蔗实生苗移栽中的应用效果 [J]. 农药，48 (12)：924-926.
申科，黄应昆，李文凤，等，2012. 65%甲·灭·敌草隆防除蔗田杂草的效果 [J]. 杂草科学，30 (4)：55-57.
覃建林，龙丽萍，梁卫忠，等，2005. 13 种除草剂对甘蔗田恶性杂草香附子的防除效果试验及评价 [J]. 广西农业科学 (36)：359-362.
王磊，张宇，唐静，2007. 敌草隆与莠去津复配对杂草的防除效应 [J]. 广东农业科学 (9)：69-71.
许跃辉，杨琼英，1990. 云南省甘蔗产区杂草调查及其化学防除 [J]. 杂草学报，4 (2)：9-11.
杨友军，高旭华，黄瑶珠，等，2016. 甘蔗除草地膜全膜覆盖轻简栽培技术 [J]. 甘蔗糖业 (2)：41-43.
杨之文，2006. 甘蔗光降解除草地膜的推广应用总结 [J]. 甘蔗糖业 (4)：8-10.
尹炯，李文凤，黄应昆，等，2013. 72%异丙甲草胺乳油对蔗田杂草的防除效果 [J]. 中国农学通报，29 (21)：175-178.
Devi T C, Bharathalakshmi M, Kumari M B G S, et al., 2010. Managing weeds of sugarcane ratoon through integrated means [J]. Indian Journal of Sugarcane Technology.
Distelfeld A, Avni R, Fischer A M, 2011. Relationship between water consumption and herbicide absorption in weeds and sugarcane [J]. Planta Daninha, 29 (spe): 1045-1051.
Farooq M A, Haider K, Ahmad S, et al., 2014. Efficacy of different post-emergence chemical application for summer weeds management in sugarcane [J]. Convention Pakistan Society of Sugar Technologists.
Khan F, Khan M Z, 2015. Weeds and weed control methods in sugarcane: a case study of Khyber Pakhtunkhwa Pakistan [J]. Pakistan Journal of Weed Science Research, 21: 217-228.
Srivastava T K, Chauhan R S, 2006. Weed dynamies and control of weeds in relation to management practices under sugarcane (*Saccharum* species complex hybrid) multi-ratooning system [J]. Indian Journal of Agronomy, 51 (3): 228-231.
Li W F, Zhang R Y, Huang Y K, et al., 2016. Control effect evaluation of herbicides for malignant weed nut grass in sugarcane field [J]. Agricultural Science & Technology, 17 (6): 1391-1394.

# 4　蔗田杂草

胜红蓟幼株

胜红蓟成株

胜红蓟为害状

鬼针草

鬼针草花序

牛膝菊

牛膝菊花序

牛膝菊为害状

奶浆菜

奶浆菜花序

银胶菊

银胶菊花序

银胶菊为害状

藜

藜花序

铁苋菜

空心莲子草

空心莲子草花序

空心莲子草为害状

鸭跖草

鸭跖草为害状

龙葵幼株

龙葵成株

龙葵为害状

牛筋草

牛筋草花序

牛筋草为害状

马　唐

马唐花序

马唐为害状

稗草幼株

稗草成株

稗草为害状

千金子幼株

千金子成株

金色狗尾草

香附子

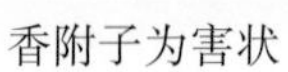

香附子为害状

铺地黍

铺地黍为害状

狗牙根

裂叶牵牛

圆叶牵牛

小旋花

田旋花

新植蔗田杂草为害状

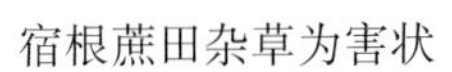

宿根蔗田杂草为害状

地膜覆盖蔗田杂草为害状

甘蔗苗期杂草为害状

甘蔗伸长期杂草为害状

甘蔗拔节期杂草为害状

除草膜除草效果

除草膜除草效果（左处理右对照）

65%甲·灭·敌草隆可湿性粉剂茎叶处理效果显著（10天，左对照右处理）

72%异丙甲草胺乳油土壤处理效果显著（30 天，左对照右处理）

20%噻吩磺隆可湿性粉剂防除香附子效果显著（15 天）

20%噻吩磺隆可湿性粉剂防除香附子效果显著（15 天，左对照右处理）

65%甲·灭·敌草隆可湿性粉剂防除香附子效果显著（15 天）

65%甲·灭·敌草隆可湿性粉剂防除香附子效果显著（15 天，左对照右处理）

甘蔗下种后土壤处理除草效果

甘蔗培土后土壤处理除草效果（左处理右对照）

甘蔗培土后土壤处理除草效果

甘蔗伸长期茎叶处理除草效果（左处理右对照）

甘蔗拔节期茎叶处理除草效果

38%硝·灭·氰草津可湿性粉剂茎叶处理效果显著（10天）

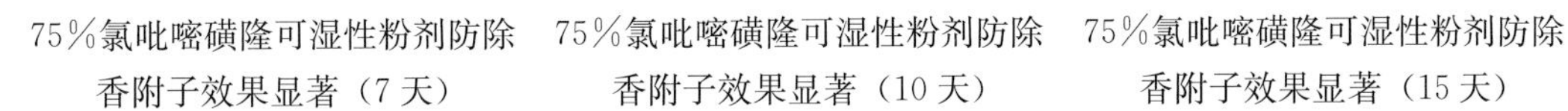

75%氯吡嘧磺隆可湿性粉剂防除香附子效果显著（7天）

75%氯吡嘧磺隆可湿性粉剂防除香附子效果显著（10天）

75%氯吡嘧磺隆可湿性粉剂防除香附子效果显著（15天）

# 甘蔗病虫害综合防控

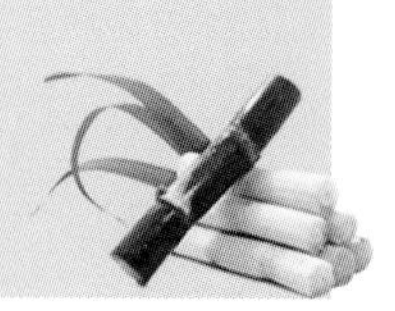

近年来，由于蔗区生态的多样性、复杂化、立体气候及种植制度等原因，尤其近年来甘蔗引种频繁，一些危险性病虫害随种苗在蔗区间相互传播蔓延，加之甘蔗生长周期长、长期连作、宿根栽培、无性繁殖、连片种植、植期多样化及化学农药滥用，还有近来大多蔗区，冬暖且持续干旱，形成了十分有利于甘蔗病虫害繁殖生存的环境，为病虫害扩展蔓延提供了有利条件，导致蔗螟、蔗龟、甘蔗绵蚜、蓟马、黏虫、黑穗病、锈病、褐条病、梢腐病、叶焦病、花叶病、宿根矮化病等多种病虫害发生普遍，为害严重，并呈日趋加重之态势，致使甘蔗单产低、宿根年限短、产量下降快、种植成本增高，严重影响了蔗糖产业持续稳定健康发展。

植物病虫害是由寄主植物、病原物和环境条件等各方面的因素配合而发生的，对于甘蔗病虫害必须通过各种途径进行综合防治。除消灭病原物以减少它们的侵染外，还可以充分利用寄主植物的抗性来控制介体的传播，或者改变栽培和环境条件来防治或减轻病虫害的发生。因此，要有效地预防病虫害的发生或减轻为害的程度，从而减少病虫害所造成的损失，达到“双高”甘蔗栽培的目的，必须坚持“预防为主，综合防治”的植保方针，主治重要病虫，兼治次要病虫。一是积极推行重大病虫害发生预警监测制度，加强病虫害预警监测和防治队伍建设，提高监测和防治手段，适时掌握虫情动态，为科学防治提供依据。二是建立病虫害防治快速反应机制和行动预案，组建专业化机防队，加强对蔗螟、蔗龟、蔗天牛、甘蔗绵蚜、蓟马、黏虫等重要害虫的统防统治。三是在病虫害防治关键时期，积极组织技术人员深入生产一线对甘蔗病虫害发生为害及防治情况进行实地查看，做好查苗情、查墒情、查病虫“三查”工作，密切监测病虫害发生动态，及时发布信息，抓准防治适期，切实做好病虫害防控指导工作。同时，各蔗区科研部门、甘蔗生产管理部门和制糖企业应积极组织甘蔗病虫草害防治科技培训和科技普及，使广大蔗农充分认识病虫草害的危害性和防治的重要性，提高蔗农防治意识和防治水平，增强蔗区综合防治能力。

## 5.1 甘蔗病虫害发生为害及防治存在的问题

### 5.1.1 甘蔗品种单一化严重，存在病害生理小种暴发的生产安全隐患

新台糖系列品种在生产上大面积推广应用，造成甘蔗品种单一化严重（新台糖型品种占近50%的面积）。生产中新台糖系列品种在不同区域不同程度地表现出感甘蔗花叶病、黑穗病、锈病，而甘蔗花叶病、黑穗病、锈病不但病原复杂，且病原致病性分化现象以及株系（生理小种）与寄主间协同进化现象普遍存在，这样一来，甘蔗生产过分依赖某一遗

传种质，必然存在病害生理小种长期大量积累，造成潜在的生产安全隐患，严重威胁着蔗糖产业的持续稳定健康发展。

### 5.1.2 危险性病虫害随种苗传播蔓延，给甘蔗安全生产带来严重隐患

据报道，目前世界上已发现的甘蔗病害有120种以上，甘蔗害虫有上千种，不同国家、不同蔗区的甘蔗病虫害种类不同，病菌生理小种、病毒株系也不相同。而许多重要的甘蔗病虫害都是通过种苗传播的，如真菌病害中的黑穗病、霜霉病等，细菌病害中的宿根矮化病、白条病等，以及几乎所有病毒病（如花叶病等）、植原体病（白叶病）、甘蔗粉介壳虫、多种蔗螟等都是通过种苗传播的。尤其近年来，频繁大量地从境外引种以及各蔗区间相互调种对加快甘蔗品种改良虽有很大的促进作用，但引种、调种、繁种工作中，由于未对甘蔗病虫害给予足够的重视，种苗带病虫问题十分突出，一些危险性病虫害（如蔗螟、甘蔗粉介壳虫、甘蔗花叶病、黑穗病和新的植原体病害白叶病等）随种苗在蔗区间相互传播蔓延，发生更普遍，为害更严重，对甘蔗安全生产造成了严重隐患。

### 5.1.3 多种病虫混合发生，难以防治

我国蔗区为害甘蔗的病虫害种类繁多，且一年多代，世代重叠，同一蔗园，多种病虫混合发生，发生时期、发生规律及生活习性不一，蔗农难以掌握病虫发生时间和发生规律，防治工作和科学合理用药有难度，致使许多病虫害长期以来得不到有效防控，病原物逐年积累，扩展蔓延迅速，损失严重。

### 5.1.4 蔗农防治意识差，缺少有效的预防措施

目前多数蔗区甘蔗生产重点转移到山区，蔗农种蔗时间短，加上自身局限性，甘蔗种植、管理粗放，蔗农对病虫害的危害性和防治重要性认识不足，防治意识差，未能在病虫害发生前期或为害程度较轻时及时管理，缺少有效的预防措施。

### 5.1.5 重新植轻宿根蔗管理，整体防控效果不理想

多数蔗区，蔗农习惯在新植蔗种植时撒药防治，而对于宿根蔗田间前期管理，多数蔗农不重视，未进行破垄松蔸、撒药覆土防虫等高产栽培措施，造成宿根蔗苗期病虫害发生严重，整体防控效果不理想。

### 5.1.6 化学农药的不科学不合理施用，对环境安全构成威胁

生产上防治甘蔗病虫害主要依赖化学农药，而化学防治大多由小户分散进行，统防统治工作难以实施、推进缓慢；再加上缺少预警监测体系，蔗农用药无准确的病虫发生测报信息指导，在农药使用的种类、剂量、时间上不合理，市场上销售生产上使用的大部分农药参差不齐，质量难以保证，整体防治效果不佳。还有由于长期使用高毒广谱性农药，用药品种较单一，使用时间较长，害虫产生了抗药性，防治效果明显降低。另外，高毒广谱性农药大量杀伤了自然界中的害虫天敌，导致害虫和天敌之间动态关系发生了新变化，天敌种群不断减少，克制害虫的自然因素作用被减弱，害虫防治工作更加被动。而且化学农

药的滥用造成了农药残留、环境污染、人类健康受威胁等问题，对环境安全构成威胁。

## 5.2 我国甘蔗病虫害防治与世界先进国家的主要差距

甘蔗先进生产国如美国、澳大利亚、巴西、印度、法国、古巴的甘蔗植物保护技术处于国际领先地位，我国与这些国家的主要差距主要表现在以下几方面。

一是这些国家在引种、调种环节执行严格的病虫害检疫制度，研究建立了规范化的甘蔗主要病害检测技术和方法及符合国际标准的、规范化的甘蔗进出口检疫和疫情检测程序。在病虫害控制方面，制定了病虫害综合治理策略，建立了预警监测及快速诊断检测技术体系，对个别为害严重、控制困难的病害，甚至采取 24 小时的报告制度。

二是这些国家针对蔗区主要病虫害研究建立了标准化的、先进的抗病虫鉴定评价方法和指标、技术体系，并对本国所用的种质资源的抗病虫性以及产业存在的重要病虫害进行比较全面、系统的研究。同时，在品种选育过程中对各种病害分别进行抗病性测定。品种推广应用前，必须明确其对该国各种主要和次要病害的抗性水平并进行合理布局。

三是这些国家都把建立甘蔗专用种苗圃、种植脱毒健康种苗作为提高甘蔗产量和糖分的一项重要举措。并且十分重视脱毒健康种苗的研究、生产和推广，每个糖厂均建有自己的健康种苗生产基地，80%以上的蔗区使用健康种苗，通过坚持不懈地使用脱毒健康种苗，摆脱了宿根矮化病和白条病对甘蔗产量和糖分造成严重损失的困扰。

四是这些国家在害虫防治方面，广泛采用生物防治技术，结合抗虫育种和耕作、栽培措施。多年来长期坚持利用赤眼蜂、古巴蝇防治甘蔗螟虫和利用白僵菌防治蔗龟等地下害虫，均取得了明显的防治效果和良好的环境生态效益。

## 5.3 甘蔗病虫害科学防控对策及措施

防治上注重早期预警监测，关键抓好发生初期防治，根据甘蔗病虫发生为害特点，因地、因病虫制宜，以农业防治为基础，以物理防治、生物防治为辅，减少病源虫源；以统一化防控为重点和抓好关键时期科学用药的综合防治措施协调运用，对新植蔗、宿根蔗统防统治，可达到高效、快速、持续、有效控制甘蔗病虫发生为害的目的。

### 5.3.1 加强甘蔗引种检疫

检疫是病虫害防治中的一个重要环节，检疫的目的是防止危险性病虫害从病区向无病区传播。目前，世界上已发现的甘蔗病害有 120 种以上，甘蔗害虫有 1 000 多种，不同国家、不同蔗区甘蔗病虫害种类不同，病菌生理小种、病毒株系也不相同。而许多重要的甘蔗病虫害都是通过种苗传播的，如真菌和卵菌病害中的黑穗病、霜霉病等，细菌病害中的宿根矮化病、白条病等，几乎所有病毒病（如花叶病、黄叶病等）和新的植原体病害白叶病等，以及甘蔗粉介壳虫、多种蔗螟等都是通过种苗传播的。近年来，频繁大量从境外引种、蔗区间相互调种，这对加快甘蔗品种改良虽有很大的促进作用，但引种、调种、繁种工作中，由于对甘蔗病虫害未引起足够重视，种苗带病虫问题十分突出，使得一些危险性病虫害随种苗在蔗区间相互传播蔓延，给甘蔗安全生产带来了严重隐患。因此，各级部门应提高对潜在检疫性甘蔗有害生物的认识，切实加强甘蔗引种检疫，严防危险性病虫随种苗传播蔓延，增强减灾防灾能力，确保品种质量和甘蔗生产安全，为蔗糖业持续稳定健康发展提供安全保障。首先，要掌握和了解蔗区病虫害发生情况，避免从病虫害发生区引种，防止危险性病虫害传入；其次，引进的蔗种应集中繁殖，并加强对病虫害的监测，一旦发现危险性病虫害便及时销毁，控制病虫害传播；最后，认真清除砍种留下的残留物并集中销毁，同时对砍好的蔗种用2%～3%石灰水浸种12～24小时，或用50%多菌灵可湿性粉剂加40%氯虫苯甲酰胺·噻虫嗪水分散粒剂1 000倍液浸种3～5分钟，有条件的可用50 ℃热水浸种2小时进行种苗消毒处理，以防危险性病虫害扩散蔓延。只有这样，才能有效地阻止危险性病虫害随着蔗种的引进而传播，确保蔗区生产安全。

### 5.3.2 培育和利用抗病虫品种

国内外的研究表明，防治甘蔗病虫害最为经济有效的措施就是选用抗病虫品种。澳大利亚、印度、古巴、美国、巴西等国都曾发生过甘蔗病虫害大流行，对甘蔗生产造成了严重损失。后来都是通过加强抗病虫育种工作，培育和选种抗病虫品种，甘蔗病虫害才得到了有效控制。目前，我国蔗区甘蔗病虫害发生越来越普遍，为害损失越来越严重。要解决这一问题，最有效的途径就是要加强抗病虫育种工作，不断培育和筛选出能抗蔗区重要病虫害的新品种，供蔗农种植。另外，蔗区引种要结合本蔗区病虫害发生情况，注意了解引进品种对病虫害的抗性水平，尽可能引进抗病虫品种。同时引进的品种要加强对病虫害表现情况观察，对于感病虫品种应及早淘汰，使品种推广做到合理布局，这样才能从根本上控制蔗区病虫害的发生流行。

### 5.3.3 大力推广使用脱毒健康种苗

甘蔗作为用蔗茎腋芽进行无性繁殖的作物，经多年反复种植，极易受到病虫反复侵染，造成甘蔗产量和品质下降。防止种传病虫害，最经济有效的措施就是生产、繁殖和推广使用脱毒健康种苗。国外许多蔗糖生产国家和地区都把建立甘蔗专用种苗圃，种植健康、无病虫、无混杂种苗，作为提高甘蔗产量和糖分的一项重要举措。例如，美国路易斯安那州从20世纪60年代起便开始研究使用甘蔗专用种苗圃。先使用热蒸汽消毒种苗，防治宿根矮化病、黑穗病等为害，随后又转用效果更好的热水浸种消毒，近年又推广使用热水浸种消毒结合组织培养脱病技术来获得和培育无病原种，再用原种材料繁殖建立起供应生产专用的苗圃。通过长期不懈地使用健康无病虫甘蔗种苗，路易斯安那州甘蔗生产摆脱了宿根矮化病、嵌纹病、黑穗病和白条病对甘蔗产量和糖分造成严重损失的困扰，为整个地区甘蔗高产稳产创造了良好条件。古巴、澳大利亚、南非和哥伦比亚等国则采用传统的甘蔗无病苗圃供应生产用种。我国甘蔗生产对种苗的质量要求相对较低，生产上，农民历来都是种植自留种苗，没有对种苗的质量进行严格把关，种苗带病虫害这一问题十分突出，因而一些危险性病虫害随种苗在蔗区间相互传播蔓延，给我国的甘蔗安全生产带来了严重隐患。要防止危险性病虫害随种苗传播蔓延，最有效的措施是选用无病虫种苗，而无病虫种苗的来源，最好是建立健康种苗繁殖圃——三级苗圃制。

一级苗圃。这是三级苗圃制中最重要的苗圃。蔗种选择外观健康的蔗株，再用 50 ℃温水脱毒处理 2 小时后种植。一级苗圃需严格保护以免受病虫害侵染，各种操作和保护要由经过培训的技术人员担任。一旦发现染病蔗株，应尽快拔除以防止再次侵染。

二级苗圃。第二年大量繁殖从一级苗圃中收获的蔗种。蔗种不用再进行温水脱毒处理，但必须保证去除再次侵染的其他条件。二级苗圃从下种开始直至收获，都必须加强田间管理，严格保护，定期检查病害发生情况。

三级苗圃。第三年对从二级苗圃中得到的蔗种进行再扩繁。可不进行温水脱毒处理，但必须对蔗田进行定期的病害检查。在三级苗圃中收获的蔗种即为无病种苗，可提供给蔗农种植。

### 5.3.4 加强田间管理

（1）快锄低砍收获。甘蔗收获时入土 3～5 厘米，快锄低砍降低宿根蔗蔸，可除去大量越冬虫源病源，减轻病虫害侵染为害，有利于宿根发苗。

（2）消灭越冬病虫。甘蔗收砍后及时清洁田园、销毁病株残叶，对秋冬植蔗应在 3—4 月喷药防治，以减少病原菌积累，压低越冬虫源。

（3）深耕晒垡。虫害发生严重的不留宿根蔗地，甘蔗收获后应及时深耕勤耙。在机械作用和人工捡拾之下，可有效地除去越冬老熟幼虫及部分蛹。

（4）选用无病虫健壮种苗作种。选择无病虫健壮的甘蔗，最好是用新植蔗梢头苗作种，可有效地避免病虫害随蔗种传播为害。严禁从甘蔗白叶病发生区、发生田块调种、留种。

（5）及时施肥培土。合理施肥，增施有机肥，适当多施磷、钾肥，避免重施氮肥，促使蔗苗生长健壮，早生快发，增强蔗株的抗病虫能力。

（6）搞好排灌系统，及时排除蔗田积水，降低田间湿度，减少病原菌的繁殖和侵染。

（7）及时拔除病株，及早割除发病严重的病叶，以减少田间菌源，控制病虫害扩展蔓延。

（8）剥除老脚叶，间去无效、病弱株，及时防除杂草，使蔗田通风透气，降低田间湿度，以减轻病害。

（9）人工捕杀害虫，以减少转株为害和降低田间虫量。

（10）在重病区减少宿根年限，加强与水稻、玉米、甘薯、花生、大豆等非感病作物轮作，减少病虫的数量，改良土壤结构，提高土壤肥力，如此有利于甘蔗正常生长，从而增强其抗病虫能力。

### 5.3.5 化学防治

要夺取农业丰收，把病、虫、杂草为害压到最低限度，非常重要的一点，就是要科学合理地使用农药。在农作物病、虫、杂草综合治理中，农药具有药效高、见效快、使用方便、适用范围广、适宜机械化等优点，有着其他防治方法所不具备的作用，有独特的优越性和不可替代性。但化学防治要取得好的效果，必须根据病虫草害发生规律，掌握科学的施药技术。

一是采用化学药剂对蔗种进行消毒处理，可有效杀灭蔗种自身所带病虫，防止其传播为害。二是加强田间巡查，在病虫害发生初期及时喷药防治，减少菌量，压低虫口密度，控制病虫害发生流行，可取到事半功倍的效果。

对蔗螟、蔗龟、蔗头象虫、蛀茎象虫、白蚁、天牛、金针虫、刺根蚜等严重发生地块，可在3—4月新植蔗下种、宿根蔗松蔸或5—6月大培土时，每公顷选用3.6%杀虫双、5%丁硫克百威、5%杀虫单·毒死蜱、8%毒死蜱·辛硫磷等颗粒剂45～90千克，15%毒死蜱颗粒剂15～18千克，或10%杀虫单·噻虫嗪颗粒剂、10%噻虫胺·杀虫单颗粒剂37.5～45千克，与公顷施肥量混合均匀后，均匀撒施于蔗沟、蔗蔸或蔗株基部，及时覆土或盖膜。防治效果可达80%以上，增产效果显著，同时还可延长宿根年限，降低成本。

6—7月，甘蔗绵蚜、蓟马发生初期，选用广谱内吸新型杀虫剂70%噻虫嗪水分散粉剂1 500倍液+90%杀虫单可溶性粉剂800倍液，全田均匀喷雾，或2—7月结合甘蔗种植、中耕管理和培土，每公顷施70%噻虫嗪水分散粉剂600克、2%吡虫啉颗粒剂30千克，或10%杀虫单·噻虫嗪颗粒剂、10%噻虫胺·杀虫单颗粒剂37.5～45千克，及时消灭中心虫株，既可有效防治甘蔗绵蚜、蓟马，又能很好兼治后期螟虫危害。

6—8月，黏虫常暴发为害甘蔗、玉米、水稻和谷子等作物。应切实掌握防治，抓住幼虫低龄阶段（三龄以前），在甘蔗、玉米百株有幼虫20～50头时，及时施药防治。每公顷选用51%甲维·毒死蜱乳油1 500毫升、20%阿维·杀螟松乳油1 500毫升+40%稻散·高氯氟乳油750毫升、20%氯虫苯甲酰胺悬浮剂180毫升+30%甲维·杀虫单微乳剂1 800毫升，每公顷用药量兑水675～900千克进行人工或机动叶面喷施（或每公顷用药量兑飞防专用助剂及水15千克，采用无人机飞防叶面喷施）。应注意专业化施药，统防统治、速战速决。

甘蔗病害一般在雨季发生较多，在7—8月病害发生初期，对于眼斑病可选用75%百菌清可湿性粉剂、50%克菌丹可湿性粉剂500倍液或1%波尔多液进行喷施；对于梢腐病、褐条病、黄斑病、褐斑病、轮斑病、叶焦病可选用50%多菌灵可湿性粉剂、50%苯菌灵可湿性粉剂1 000倍液或1%波尔多液；对于锈病选用97%敌锈钠原粉、65%代森锌可湿性粉剂、12.5%烯唑醇可湿性粉剂或75%百菌清可湿性粉剂500～600倍液进行叶面喷雾，每7～10天喷1次，连喷2～3次，可有效控制病害扩展蔓延。

防治凤梨病、赤腐病病菌、粉介壳虫，可选用2%～3%石灰水浸种12～24小时或用50%多菌灵可湿性粉剂、32.5%苯醚甲环唑·嘧菌酯悬浮剂、28.7%精甲霜灵·咯菌腈·噻虫嗪悬浮种衣剂800倍液加40%氯虫苯甲酰胺·噻虫嗪水分散粒剂1 000倍液浸种3～5分钟。

### 5.3.6 生物防治

以综合及环保的观点来治理害虫，是当今植保工作者的新任务。近年来，生物防治已成为我国综合防治病虫害的重要措施之一，它的社会效益、经济效益和生态效益越来越受到国家和社会各界的关注。研究并开发利用害虫优势天敌控制害虫，能取得除害增产、减轻环境污染、维护生态平衡、节省能源和降低生产成本的明显效果。我国甘蔗种植面积大、分布广，蔗区气候、环境复杂多变，害虫种类多，天敌资源十分丰富。在可查到的天敌昆虫中，具有保护利用价值和研究意义的优势种主要有：寄生甘蔗螟虫的赤眼蜂、螟黄足绒茧蜂和大螟拟丛毛寄蝇；捕食甘蔗绵蚜的大突肩瓢虫、双带盘瓢虫、六斑月瓢虫和绿线食蚜螟；捕食甘蔗粉蚧和蔗头象虫的黄足肥螋等；还有一种寄生菌——白僵菌，在自然界中分布十分广泛，可寄生蔗螟、蔗龟、蔗头象虫、蛀茎象虫等多种甘蔗害虫，其自然寄生率一般在10%左右，对甘蔗害虫具有一定的自然抑制作用。因此，必须合理用药，保护利用害虫天敌。大力推广间套种，可改善田间小气候，创造有利于天敌生存和繁殖的环境条件，达到以虫治虫的目的。同时应大力宣传、试验、示范和推广性外激素技术、释放赤眼蜂、生物导弹技术、白僵菌制剂等先进适用的生物防治技术。

（1）利用性外激素技术。可用于诱杀法和迷向法防治蔗螟。诱杀法，即在各代蛹开始羽化前，在蔗地内设直径20厘米左右的诱捕盆，把诱芯横架于距盆水面1厘米左右的位置，每公顷设30～45个诱捕盆（连片蔗地则设1个），把雄蛾直接诱捕到水中使其淹死；或在3—7月成虫盛发期，每公顷设3～6个螟虫性诱剂新型飞蛾诱捕器，诱杀成虫，每15～20天更换1次诱芯，适时清理诱捕器。迷向法，即将内含性诱剂的塑料管诱芯200支（约2.5厘米/支）均匀地插于蔗叶中脉处（1.8米×1.8米面积蔗地插1支），每隔15～20天更换1次诱芯，诱芯能不断释放出性外激素干扰成虫交配，以减少害虫发生量。

（2）释放赤眼蜂。赤眼蜂在蔗田中是多种蔗螟的主要天敌，有条件的可对其进行人工繁殖，选择蔗螟产卵高峰期补充释放到蔗田，每公顷每次放蜂15万头左右，设75～120个释放点，全年共放蜂5～7次，能对蔗螟起到很好的抑制效果。

（3）应用生物导弹技术。它是以昆虫病毒流行学理论为基础，以卵寄生蜂为媒介传播病毒，在宿主害虫种群中诱发病毒流行病，达到控制目标害虫的目的，起到事半功倍的效果。使用生物导弹时，必须在蔗螟产卵盛期，根据虫情发生密度，每公顷按等距离施放75～105枚，将带有甘蔗螟虫防治病毒的赤眼蜂卵卡挂在蔗株背阴处即可，以清晨至10:00或15:00后使用为宜，不能与化学农药同时使用。

### 5.3.7 物理防治

利用蔗螟、蔗龟、蔗天牛、甘蔗白蚁、甘蔗金针虫等成虫的强趋光性，用频振式杀虫灯诱杀成虫。该方法成本低，环保安全，可降低虫口基数，保护蔗苗，减轻为害。

具体方法：在3—7月成虫盛发期，每2～4公顷安装1盏灯（单灯辐射半径100～120米），安装高度一般以1～1.5米为宜（接虫口对地距离），每天开灯时间以20:00—22:00成虫活动高峰期为佳。

品种是基础，栽培是关键，病虫害是最大威胁。防治甘蔗病虫害是“双高”甘蔗栽培技术的一个重要环节，实践证明，如果抓好病虫害防治工作，不仅能显著提高甘蔗的产量和品质，而且可使甘蔗生产取得更大的经济效益和社会效益。甘蔗病虫害防治是一项长期性、系统性的综合工程，只有各级领导高度重视，蔗糖企业大力支持，广大蔗农积极行动，认真贯彻“预防为主，综合防治”的植保方针，才能有效防治甘蔗病虫害，防止病虫害扩展蔓延为害，确保甘蔗生产持续稳定健康发展。应建立健全基层植保机构，加强病虫预警监测和防治队伍的建设，提高监测和防治手段，适时掌握甘蔗病虫害的发生动态。另外，应根据甘蔗病虫害的发生为害特点，因地、因作物、因病虫制宜，采取以农业防治、物理防治、生物防治方法为基础，减少虫源病源。还要以统一化防为重点，抓好关键时期科学用药，协调运用综合防治措施。

# 主要参考文献

邓展云，1997. 广西甘蔗引种检疫的现状和展望［J］. 广西蔗糖（4）：20－22.
符晓云，黄惠恩，2002. 印度甘蔗害虫的生物防治［J］. 甘蔗，9（1）：24－32.
龚恒亮，管楚雄，安玉兴，等，2009. 甘蔗地下害虫生物防治技术（上）. 甘蔗糖业（5）：13－20.
黄鸿能，1984. 对中国甘蔗病虫害检疫的几点建议［J］. 甘蔗糖业（4）：26－28.
黄应昆，李文凤，1995. 云南甘蔗害虫及其天敌资源［J］. 甘蔗糖业（5）：15－17.
黄应昆，李文凤，2006. 5％丁硫克百威颗粒剂防治甘蔗害虫田间药效试验［J］. 中国糖料（4）：34－35.
黄应昆，李文凤，2016. 现代甘蔗病虫草害防治彩色图说［M］. 北京：中国农业出版社.
黄应昆，李文凤，何文志，等，2013. 甘蔗温水处理脱毒种苗生产技术研究［J］. 西南农业学报，26（5）：2153－2157.
黄应昆，李文凤，罗志明，2001. 15％毒死蜱颗粒剂防治甘蔗害虫田间药效试验［J］. 农药，41（10）：26－27.
黄应昆，李文凤，罗志明，等，2001. 甘蔗赭色鸟喙象为害成灾因素及综合防治［J］. 植物保护，27（3）：23－25.
黄应昆，李文凤，杨琼英，等，1999. 甘蔗赭色鸟喙象药剂防治试验［J］. 农药，38（9）：24.
李奇伟，陈子云，梁洪，2000. 现代甘蔗改良技术［M］. 广州：华南理工大学出版社.
李文凤，单红丽，黄应昆，等，2013. 云南甘蔗主要病虫害发生动态与防控对策［J］. 中国糖料（1）：59－62.
李文凤，黄应昆，2004. 云南甘蔗害虫天敌及其自然控制作用［J］. 昆虫天敌，26（4）：156－162.
李文凤，黄应昆，2006. 甘蔗害虫优势天敌及其保护利用［J］. 昆虫天敌，28（2）：85－92.
李文凤，黄应昆，罗志明，2003. 5％丁硫克百威・杀虫单颗粒剂防治甘蔗害虫田间药效试验［J］. 甘蔗，10（2）：11－13.
李文凤，黄应昆，罗志明，等，2009. 甘蔗宿根矮化病（RSD）温水脱菌研究［J］. 西南农业学报，22（2）：343－347.
李文凤，王晓燕，黄应昆，等，2010. 潜在的检疫性甘蔗有害生物［J］. 植物保护，36（5）：174－178.
李文凤，尹炯，黄应昆，等，2014. 云南蔗区甘蔗螟虫种群结构动态与防控对策［J］. 农学学报，4（8）：35－38.
李杨瑞，2010. 现代甘蔗学［M］. 北京：中国农业出版社.
卢文洁，徐宏，李文凤，等，2011. 甘蔗病虫害防治技术及高效低毒农药应用［J］. 中国糖料（3）：64－67.
罗志明，李文凤，黄应昆，等，2013. 32.5SC 苯醚甲环唑嘧菌酯对甘蔗凤梨病的田间效果评价［J］. 热带农业科学，33（12）：50－52.
潘雪红，黄诚华，辛德育，2009. 甘蔗螟虫主要优势天敌及其生物防治意义［J］. 广西农业科学，40（1）：49－52.
王建南，陈如凯，1995. 国内外开展甘蔗引种检疫的新进展［J］. 甘蔗，2（1）：60－64.
王晓燕，李文凤，黄应昆，等，2010. 种传甘蔗病害流行特点及防治对策［J］. 中国糖料（2）：45－48.
王晓燕，李文凤，黄应昆，等，2014. 澳大利亚甘蔗科研与引种检疫［J］. 中国糖料（1）：85－88.
翁锦周，1992. 甘蔗绵蚜天敌种类及利用概况综述［J］. 福建甘蔗（2）：38－41.
夏红明，黄应昆，吴才文，等，2009. 澳大利亚甘蔗抗黑穗病鉴定体系在云南甘蔗抗病育种上的应用研究［J］. 西南农业学报，22（6）：1610－1615.
尹炯，罗志明，黄应昆，等，2013. 布氏白僵菌防治蔗田蛴螬的初步研究［J］. 植物保护，39（6）：156－159.
游建华，何为中，曾慧，等，2001. 谈脱毒种苗在广西甘蔗生产的应用及效益展望［J］. 甘蔗糖业（1）：13－17.
曾慧，游建华，何为中，等，2003. 甘蔗健康脱毒种苗生产技术方法研究初报［J］. 中国糖料（4）：16－18.
张华，陈如凯，2003. 提升我国甘蔗核心技术竞争力的研究［J］. 甘蔗，10（3）：49－54.
周仲驹，黄茹娟，林奇英，1989. 甘蔗花叶病的发生及甘蔗品种的抗性［J］. 福建农学院学报，18（4）：520－525.
Li W F，Wang X Y，Huang Y K，et al.，2018. Loss of cane and sugar yield due to damage by *Tetramoera schistaceana*（Snellen）and *Chilo sacchariphagus*（Bojer）in the cane－growing regions of China［J］. Pakistan Journal of Zoology，50（1）：265－271.
Li W F，Zhang R Y，Huang Y K，et al.，2018. Loss of cane and sugar yield resulting from *Ceratovacuna lanigera* Zehntner damage in cane－growing regions in China［J］. Bulletin of Entomological Research，108（1）：125－129.
Wang X Y，Li W F，Huang Y K，et al.，2017. Identification of sugarcane white leaf phytoplasma in fields and quaratine sugarcane samples in Yunnan Province，China［J］. Sugar Tech（1）：85－88.
Zhang R Y，Shan H L，Li W F，et al.，2017. First report of sugarcane leaf scald caused by *Xanthomonas albilineans*（Ashby）Dowson in the province of Guangxi，China［J］. Plant Disease，101（8）：1541.

# 附 录

## 附录一 潜在的检疫性甘蔗有害生物名录

**昆虫**

1 蔗根象［*Diaprepes abbreviata*（L.）］
2 小蔗螟［*Diatraea saccharalis*（Fabricius）］
3 白缘象甲［*Graphognathus leucoioma*（Boheman）；*Naupactus leucoloma*（Boheman）］
4 蔗扁蛾［*Opogona sacchari*（Bojer）］
5 褐纹甘蔗象［*Rhabdoscelus lineaticollis*（Heller）］
6 几内亚甘蔗象［*Rhabdoscelus obscurus*（Boisduval）］
7 红棕象甲［*Rhabdoscelus ferrugineus*（Olivier）］
8 乳白蚁（非中国种）［*Coptotermes* spp.（non-Chinese species）］
9 刺盾蚧［*Selenaspidus articulatus* Morgan］
10 南美玉米秆草螟［*Diatraea crambidoides*（Grote）］
11 西南玉米秆草螟［*Diatraea grandiosella*（Dyar）］
12 甘蔗螟（*Diatraea centrella* Moschlrer）
13 粉稻螟［*Chilo partellus*（Swinhow）］
14 非洲茎螟（*Eldana saccharina* Walder）

**真菌**

15 甘蔗凋萎病菌（*Cephalosporium sacchari* E. J. Butler et Hafiz Khan）
16 玉米霜霉病菌（非中国种）［*Peronosclerospora* spp.（non-Chinese species）］
17 甘蔗壳多胞叶枯病菌（*Stagonospora sacchari* Lo et Ling）
18 甘蔗霜霉病菌［*Peronosclerospora sacchari*（Miyake）Shaw］
19 甘蔗黑穗病菌（*Ustilago scitaminea* Syd.）

**细菌**

20 甘蔗白色条纹病菌［*Xanthomonas albilineans*（Ashby）Dowson］
21 甘蔗流胶病菌［*Xanthomonas axonopodis* pv. *vasculorum*（Cobb）Vauterin et al.］
22 甘蔗宿根矮化病菌（*Leifsonia xyli* subsp. *xyli*，Lxx）

**植原体**

23 甘蔗白叶病植原体（Sugarcane white leaf phytoplasma）
23 甘蔗草苗病植原体（Sugarcane grassy shoot phytoplasma）

**线虫**

25 香蕉穿孔线虫［*Radopholus similis*（Cobb）Thorne］

26　甘蔗孢囊线虫（*Heterodera sacchaei* Luc et merny）
27　爪哇根结线虫［*Meloidogyne javanica*（Treub）Chitwood］

病毒及类病毒

28　甘蔗线条病毒（*Sugarcane streak virus*，SSV）
29　甘蔗斐济病毒（*Sugarcane fiji disease virus*，SFDV）
30　甘蔗嵌纹（花叶）病毒（*Sugarcane mosaic virus*，SCMV）
31　高粱花叶病毒（*Sorghum mosaic virus*，SrMV）
32　甘蔗黄叶病毒（*Sugarcane yellow leaf virus*，ScLV）
33　甘蔗杆状病毒（*Sugarcane bacilliform virus*，SCBV）
34　甘蔗条纹花叶病毒（*Sugarcane streak mosaic virus*，SCSMV）

杂草

35　假高粱（及其杂交种）［*Sorghum halepense*（L.）Pers.（Johnson grass and its cross breeds）］
36　黑高粱（*Sorghum almum* Parodi.）

# 附录二　大突肩瓢虫成虫越冬期人工保种技术

## 1　技术背景

（1）甘蔗绵蚜（*Ceratovacuna lanigera* Zehntner）属同翅目蚜科，是甘蔗生产上的主要害虫之一，发生面积可达种植面积的80%以上。被害蔗一般减产13.7%～24.6%，重的减产达50%以上，蔗糖分含量降低10%～40%。目前防治甘蔗绵蚜主要依靠化学农药。由于长期连续使用高毒广谱性农药，不仅大量杀伤了自然界中害虫的天敌，破坏了生态平衡，使害虫产生抗药性，而且污染了环境，还易造成食糖中农药残留，进而危害人类健康。因此，研究并开发利用优势天敌生物防治甘蔗绵蚜，已成为生产无公害蔗糖产品、发展现代绿色蔗糖业的迫切需要。

（2）大突肩瓢虫［*Synonycha grandis*（Thunberg）］属鞘翅目瓢虫科，是捕食甘蔗绵蚜的优势种天敌。在我国蔗区分布广，种群数量多，捕食量极大（1头瓢虫一生可捕食32 000头甘蔗绵蚜），是一种可保护利用的优势天敌。但田间自然条件下大突肩瓢虫发生期滞后于甘蔗绵蚜，5—6月甘蔗绵蚜发生初期，蔗田中瓢虫种群数量太少，繁殖速度慢，7—8月甘蔗绵蚜发生盛期，瓢虫的自然控制效能甚微。其主要原因是：一方面自然情况下瓢虫的越冬存活率低，另一方面甘蔗收砍导致人为破坏了瓢虫的自然越冬场所，再加上放火销毁蔗叶导致大批的越冬瓢虫死亡。因此，能否在5—6月甘蔗绵蚜点状发生时，把瓢虫大量散放到蔗田以达到增殖的目的，是利用好此种天敌的关键。

## 2　技术方案

（1）大突肩瓢虫成虫在蔗田的自然越冬环境为蔗茎中下部老叶鞘内。通过在室内模拟大突肩瓢虫成虫的野外越冬环境，在冬季低温到来之前大量采集蔗地的大突肩瓢虫成虫放入该越冬环境中并用人工饲料保护饲养过冬，可达到有效保护瓢虫成虫安全越冬的目的。

（2）模拟的越冬环境为在直径18厘米、高30厘米的玻璃缸内竖直搭放6～8段15～20厘米长的甘蔗枯叶鞘，在缸底放一直径5厘米的培养皿，用于装吸足清水或蔗糖水的脱脂棉，培养皿周围散放冰冻的甘蔗绵蚜，再将大突肩瓢虫成虫放入里面，每缸50头，缸口紧罩1个纱网，置于室内15～20℃下饲养观察。每3天更换一次新鲜饲料，并保持养虫缸的洁净。

## 3　技术优点和有益效果

（1）在室内营造良好的越冬环境和提供适合饲喂的人工饲料，能显著提高瓢虫的越冬存活率，保种效果好，可以有效保护成虫安全越冬。通过本方法保存存活的成虫重新取食新鲜甘蔗绵蚜后能快速恢复繁殖能力，结合移植助迁、人工繁殖，在5—6月甘蔗绵蚜点状发生时，把瓢虫大量散放到蔗田，能很快增殖建立起庞大的种群，能很好地控制甘蔗绵蚜种群的增长。

（2）大突肩瓢虫成虫越冬环境设计简单，原料可随地取材，玻璃养虫缸可重复使用，因而经济成本低廉。

（3）本技术采用的人工饲料由蔗糖水和冰冻的甘蔗绵蚜组成，蔗糖水以重量为单位，用市售白糖加自来水配制成 1∶10 的蔗糖水；冰冻的甘蔗绵蚜由田间采集而得，用直径 10 厘米的培养皿分装后加盖置于－18 ℃的冰箱中保存。人工饲料营养全面，随地取材，制作简单，成本低廉，经济简便。

（4）本技术的采集大突肩瓢虫越冬成虫的最适宜时间为上年越冬前 11 月下旬，可结合甘蔗收砍前剥除老叶一起进行，能节约工时，有事半功倍的效果。

（5）本技术的越冬保种方法方便操作，容易掌握，是一套简便可行的有效方法，适于在各蔗区中广泛应用。

## 4 具体实施步骤

### 4.1 饲料制备

（1）冰冻甘蔗绵蚜的制备。每年 8—10 月从田间大量采集新鲜甘蔗绵蚜，用直径 10 厘米的培养皿分装后加盖置于－18 ℃冰箱保存备用，10 月到田间大量采集新鲜甘蔗绵蚜；随用随取。

（2）蔗糖水配制。以重量为单位，取 1 份白砂糖置于洁净容器中，加入 10 份水，搅拌至完全溶解，即得到蔗糖水。蔗糖水应随用随配。

### 4.2 室内越冬场所准备

在直径 18 厘米、高 30 厘米的玻璃缸内竖直搭放 6～8 段 15～20 厘米长的甘蔗枯叶鞘，在缸底放一直径 5 厘米的培养皿，内装吸足蔗糖水的脱脂棉，再在缸底四周散放冰冻的甘蔗绵蚜。

### 4.3 越冬成虫采集

每年 11 月下旬从野外蔗田的蔗茎中下部老叶鞘内采集大突肩瓢虫成虫。

### 4.4 室内越冬保种

将从野外蔗田采集的大突肩瓢虫成虫放入以上室内越冬场所，每缸 50 头，缸口紧罩 1 个纱网，置于室内 15～20 ℃下饲养。每 3 天更换 1 次新鲜饲料，并保持养虫缸的洁净。

# 附录三　甘蔗重要病害分子检测技术

## 1　甘蔗黑穗病 PCR 检测技术

### 1.1　DNA 的提取

取 0.5 克甘蔗黑穗病菌（*Ustilago scitaminea* Sydow）孢子或病部组织于研钵中，加入液氮研磨成粉状。采用 DNA Kit 植物 DNA 提取试剂盒提取叶片总 DNA，具体步骤按照说明书操作，提取后用 Eppendorf AG 22331 蛋白/核酸分析仪鉴定 DNA 质量。

### 1.2　扩增甘蔗黑穗病菌的特异性引物

引物序列采用文献报道的根据甘蔗黑穗病菌基因组 *b*E 交配型基因核苷酸保守序列设计的特异性引物，其序列为上游引物 bE4：5′- CGCTCTGGTTCATCAACG - 3′；下游引物 bE8：5′- TGCTGTCGATGGAAGGTGT - 3′。目标片段长度为 420 bp*。

### 1.3　PCR 检测

25 微升 PCR 扩增体系中含 10×PCR 反应缓冲液 2.5 微升，25 毫摩尔/升 $MgCl_2$ 2.0 微升，10 毫摩尔/升 dNTPs 1.0 微升，Taq（5 国际单位/微升）0.2 微升，上、下游引物（10 微摩尔/升）各 2.0 微升，模板 DNA2 微升，加灭菌超纯水至 25 微升。PCR 反应程序：94 ℃预变性 4 分钟；94 ℃变性 30 秒，55 ℃退火 30 秒，72 ℃延伸 1 分钟，35 个循环；最后72 ℃延伸 10 分钟。每个样品进行 3 次重复扩增检测。

### 1.4　结果及判别

取 10 微升 PCR 反应产物于 1.0%琼脂糖凝胶上电泳，用 BIO - RAD 凝胶成像系统观察、判别结果，扩增出 420 bp 条带的为阳性，未扩增出 420 bp 条带的为阴性（附图 3 - 1）。

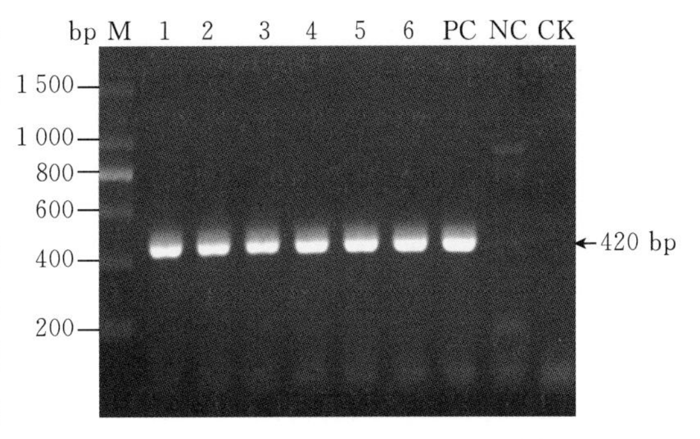


附图 3 - 1　甘蔗黑穗病菌 PCR 检测

## 2　甘蔗锈病 PCR 检测技术

### 2.1　甘蔗黄锈病菌［*Puccinia kuehnii*（Kruger）Butler］PCR 检测技术

#### 2.1.1　DNA 的提取

取甘蔗黄锈病病叶 0.2 克，采用 DNA Kit 植物 DNA 提取试剂盒提取叶片总 DNA，具体步骤按照说明书操作，提取后用 Eppendorf AG 22331 蛋白/核酸分析仪鉴定 DNA 质量。

---

* bp 表示碱基对。全书同。——编者注

2.1.2 扩增甘蔗黄锈病菌的特异性引物

引物序列采用文献报道的根据甘蔗黄锈病菌基因组 ITS 区域保守序列设计的特异性引物，其序列为上游引物 Pk1－F：5′－AAGAGTGCACTTAATTGTGGCTC－3′；下游引物 Pk1－R：5′－CAGGTAACACCTTCCTTGATGTG－3′。目的片段长度为 527 bp。

2.1.3 PCR 检测

25 微升 PCR 扩增体系中含双蒸水（$ddH_2O$）10 微升，2×PCR Taq 混合物 12.5 微升，DNA 模板 0.5 微升，上、下游引物（20 微克/微升）各 1.0 微升。PCR 反应程序：94 ℃预变性 5 分钟；94 ℃变性 30 秒，56 ℃退火 1 分钟，72 ℃延伸 30 秒，35 个循环；最后 72 ℃延伸 7 分钟。每个样品进行 3 次重复扩增检测。

2.1.4 结果及判别

取 10 微升 PCR 反应产物于 1.5%琼脂糖凝胶上电泳，用 BIO－RAD 凝胶成像系统观察、判别结果，扩增出 527 bp 条带的为阳性，未扩增出 527 bp 条带的为阴性（附图 3－2）。

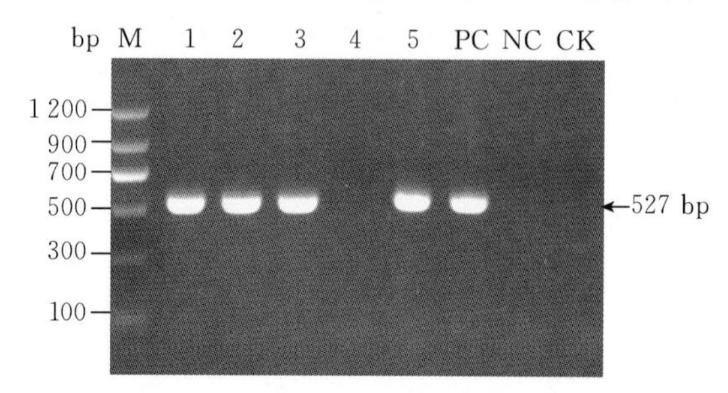


附图 3－2 甘蔗黄锈病菌 PCR 检测

2.2 甘蔗褐锈病菌（*Puccinia melanocephala* H. Sydow & P. Sydow）PCR 检测技术

2.2.1 DNA 的提取

取甘蔗褐锈病病叶 0.2 克，采用 DNA Kit 植物 DNA 提取试剂盒提取叶片总 DNA，具体步骤按照说明书操作，提取后用 Eppendorf AG 22331 蛋白/核酸分析仪鉴定 DNA 质量。

2.2.2 扩增甘蔗褐锈病菌的特异性引物

引物序列采用文献报道的根据甘蔗褐锈病菌基因组 ITS 区域保守序列设计的特异性引物，其序列为上游引物 Pm1－F：5′－AATTGTGGCTCGAACCATCTTC－3′；下游引物 Pm1－R：5′－TTGCTACTTTCCTTGATGCTC－3′。目标片段长度为 480 bp。

2.2.3 PCR 检测

25 微升 PCR 扩增体系中含 $ddH_2O$ 10 微升，2×PCR Taq 混合物 12.5 微升，DNA 模板 0.5 微升，上、下游引物（20 微克/微升）各 1.0 微升。PCR 反应程序：94 ℃预变性 5 分钟；94 ℃变性 30 秒，56 ℃退火 1 分钟，72 ℃延伸 30 秒，35 个循环；最后 72 ℃延伸 7 分钟。每个样品进行 3 次重复扩增检测。

2.2.4 结果及判别

取 10 微升 PCR 反应产物于 1.5%琼脂糖凝胶上电泳，用 BIO－RAD 凝胶成像系统观察、判别结果，扩增出 480 bp 条带的为阳性，未扩增出 480 bp 条带的为阴性（附图 3－3）。

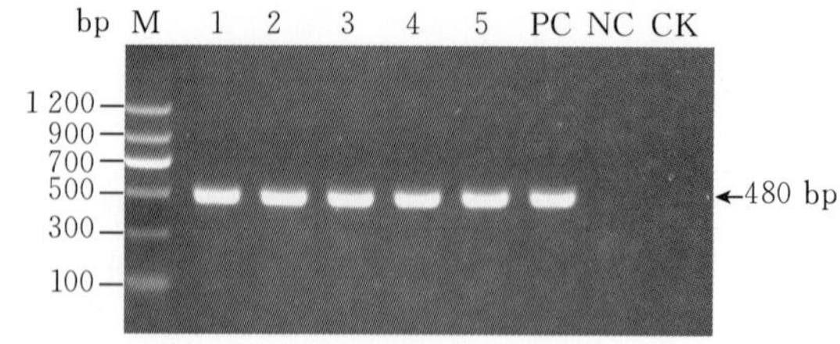


附图 3－3 甘蔗褐锈病菌 PCR 检测

## 3　甘蔗梢腐病 PCR 检测技术

### 3.1　DNA 的提取

采用 DNA Kit 植物 DNA 提取试剂盒，按照说明书提取蔗叶和菌株基因组 DNA，用 Eppendorf AG 22331 蛋白/核酸分析仪检测提取 DNA 质量，−20 ℃保存备用。

### 3.2　扩增甘蔗梢腐病菌 *Fusarium verticillioides* 和 *Fusarium proliferatum* 的特异性引物

在 GenBank 下载 *F. verticillioides* 和 *F. proliferatum* 的 rDNA - ITS 基因序列，选择序列差异较大区域，利用 Primer 5.0 软件设计 *F. verticillioides* 特异性引物 Fv - F3：5′- GTTTTACTACTACGCTATGGAAGCT - 3′和 Fv - R3：5′- CGAGTTTACAACTC-CCAAACCCCT - 3′。目的片段长度为 400 bp。设计 *F. proliferatum* 特异性引物 Fp - F4：5′- TCGGGGCCGGCTTGCCGC - 3′和 Fp - R4：5′- TACAACTCCCAAACCCCTGT-GAACATAC - 3′。目标片段长度为 362 bp。

### 3.3　PCR 检测

25 微升 PCR 扩增体系含 DNA 模板 2 微升，Taq PCR Master Mix 12.5 微升，上、下游引物各 2.5 微升（10 微摩尔/升），灭菌 $ddH_2O$ 5.5 微升。PCR 反应程序：95 ℃预变性 5 分钟，94 ℃变性 30 秒，63 ℃退火 15 秒，72 ℃延伸 30 秒，30 个循环；最后 72 ℃延伸 10 分钟。每个样品进行 3 次重复扩增检测。

### 3.4　结果及判别

取 6 微升 PCR 反应产物于 1.5%琼脂糖凝胶上电泳，用 BIO - RAD 凝胶成像系统观察、判别结果，扩增出 400 bp 和 362 bp 条带的为阳性，未扩增出 400 bp 和 362 bp 条带的为阴性（附图 3 - 4）。

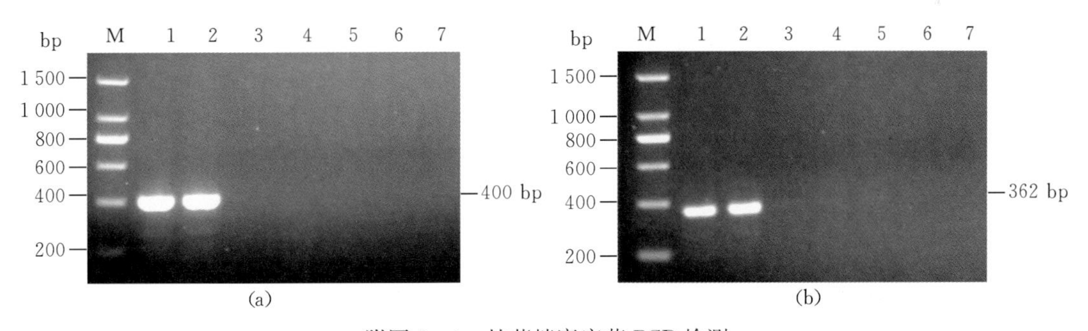


附图 3 - 4　甘蔗梢腐病菌 PCR 检测

（a）*F. verticillioides* PCR 检测；（b）*F. proliferatum* PCR 检测

## 4　甘蔗白条病 PCR 检测技术

### 4.1　样品采集与处理

于甘蔗成熟期采样检测，采用五点取样法，每个样品取 10 株，每株截取中下部茎节各 1 节，每节切成约 7 厘米长，纵向“十字”剖为 4 份，再用钳子挤压蔗茎，共取约 25 毫升蔗汁于 50 毫升离心管内混匀，样品放于冰箱中，于−20 ℃保存待用。每取 1 个样品后，取样工具先用清水冲洗，再用 75%乙醇进行消毒。

### 4.2 样品制备

取采集的蔗汁 1.5 毫升放入离心管中，13 000 转/分钟离心 3 分钟，弃上清液，向沉淀中加入 1 000 微升灭菌水，13 000 转/分钟重复操作 2 次，向沉淀中加入 20～200 微升灭菌水，-20 ℃保存备用。

### 4.3 扩增甘蔗白条病菌的特异性引物

引物参考文献报道的根据甘蔗白条病菌［*Xanthomonas albilineans*（Ashby）Dowson］基因组保守序列设计的特异性引物，其序列为上游引物 XaF：5′- CCTGGTGATGACGCTGGGTT - 3′；下游引物 XaR：5′- CGATCAGCGATGCACGCAGT - 3′。目标片段长度为 600 bp。

### 4.4 PCR 检测

25 微升 PCR 扩增体系中含 10×PCR 反应缓冲液 2.5 微升，25 毫摩尔/升 $MgCl_2$ 2.0 微升，10 毫摩尔/升 dNTPs 1.0 微升，上、下游引物（20 微克/微升）各 0.5 微升，5U Taq 聚合酶 0.2 微升，DNA 模板 1.0 微升，$ddH_2O$ 17.3 微升。PCR 反应条件为：95 ℃ 5 分钟；94 ℃ 45 秒，65 ℃ 1 分钟，72 ℃ 1 分钟，10 个循环；94 ℃ 45 秒，65 ℃ 1 分钟，72 ℃ 2 分钟，10 个循环；94 ℃ 45 秒，65 ℃ 1 分钟，72 ℃ 3 分钟，10 个循环；72 ℃ 10 分钟。每个样品进行 3 次重复扩增检测。

### 4.5 结果及判别

取 10 微升 PCR 反应产物于 1.0%琼脂糖凝胶上电泳，用 BIO - RAD 凝胶成像系统观察、判别结果，扩增出 600 bp 条带的为阳性，未扩增出 600 bp 条带的为阴性（附图 3 - 5）。

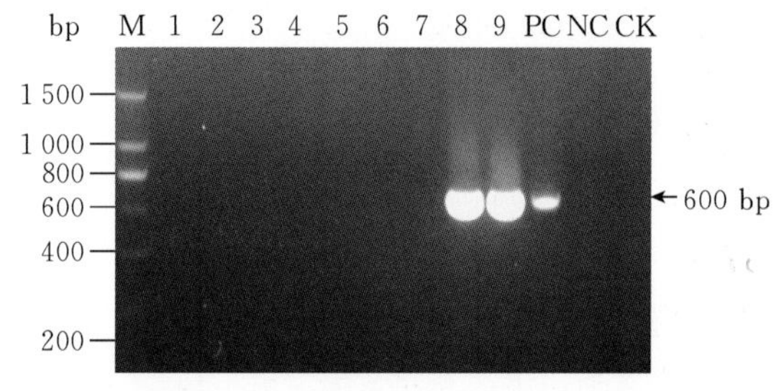


附图 3 - 5　甘蔗白条病菌 PCR 检测

## 5 甘蔗宿根矮化病 PCR 检测技术

### 5.1 样品采集与处理

样品采集与处理步骤与甘蔗白条病相同。

### 5.2 DNA 的提取

每个样品取 2 000 微升蔗汁放入离心管中，12 000 转/分钟离心 10 分钟，弃上清液。采用 DNA Kit 植物 DNA 提取试剂盒提取叶片总 DNA，具体步骤按照说明书操作，提取后用 Eppendorf AG 22331 蛋白/核酸分析仪鉴定 DNA 质量。

### 5.3 扩增甘蔗宿根矮化病菌的特异性引物

引物采用文献报道的根据甘蔗宿根矮化病菌［*Leifsonia xyli* subsp. *xyli*（Lxx）］16S～23SrDNA 基因间隔区保守序列设计的特异性引物，其序列为上游引物 Lxx1：5′- CCGAAGTGAGCAGATTGACC - 3′。下游引物 Lxx2：5′- ACCCTGTGTTGTTTTCAACG - 3′。目标片段长度为 438 bp。

### 5.4 PCR 检测

20 微升 PCR 扩增体系中含 $ddH_2O$ 8.6 微升，2×PCR Taq 混合物 8 微升，DNA 模板 3 微升，上、下游引物（20 微克/微升）各 0.2 微升；PCR 反应程序为：95 ℃预变性 5 分钟；

94 ℃变性 30 秒，56 ℃退火 30 秒，72 ℃延伸 1 分钟，35 个循环；72 ℃延伸 5 分钟。每个样品进行 3 次重复扩增检测。

5.5 结果及判别

取 10 微升 PCR 反应产物于 1.0%琼脂糖凝胶上电泳，用 BIO-RAD 凝胶成像系统观察、判别结果，扩增出 438 bp 条带的为阳性，未扩增出 438 bp 条带的为阴性（附图 3-6）。

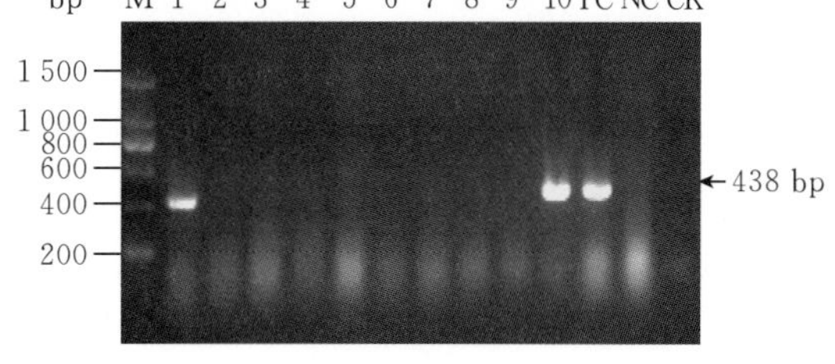


附图 3-6　甘蔗宿根矮化病菌 PCR 检测

## 6 甘蔗赤条病 PCR 检测技术

### 6.1 DNA 的提取

取 0.2 克甘蔗叶片，加入液氮研磨成粉状。采用 DNA Kit 植物 DNA 提取试剂盒提取叶片总 DNA，具体步骤按照说明书操作，提取后用 Eppendorf AG 22331 蛋白/核酸分析仪鉴定 DNA 质量。

### 6.2 扩增甘蔗赤条病菌的特异性引物

引物参考文献报道的根据甘蔗赤条病菌（*Acidovorax avenae* subsp. *avenae*）16S～23SrDNA 基因间隔区保守序列设计的特异性引物，其序列为上游引物 P0f：5′-GAGAGTTTGATCCTGGCTCAG-3′；下游引物 P6r：5′-CTACGGCAACCTTGTTACGA-3′。目标片段长度为 1 500 bp。

### 6.3 PCR 检测

25 微升 PCR 扩增体系中含 $ddH_2O$ 11.0 微升，2×PCR Taq 混合物 12.5 微升，DNA 模板 1.0 微升，上、下游引物（10 微克/微升）各 0.25 微升。PCR 反应程序为：95 ℃预变性 5 分钟；95 ℃变性 30 秒，55 ℃退火 30 秒，72 ℃延伸 1 分钟，25 个循环；最后 72 ℃延伸 7 分钟。每个样品进行 3 次重复扩增检测。

### 6.4 结果及判别

取 10 微升 PCR 反应产物于 1.5%琼脂糖凝胶上进行电泳，用 BIO-RAD 凝胶成像系统观察、判别结果，扩增出 1 500 bp 条带的为阳性，未扩增出 1 500 bp条带的为阴性（附图 3-7）。

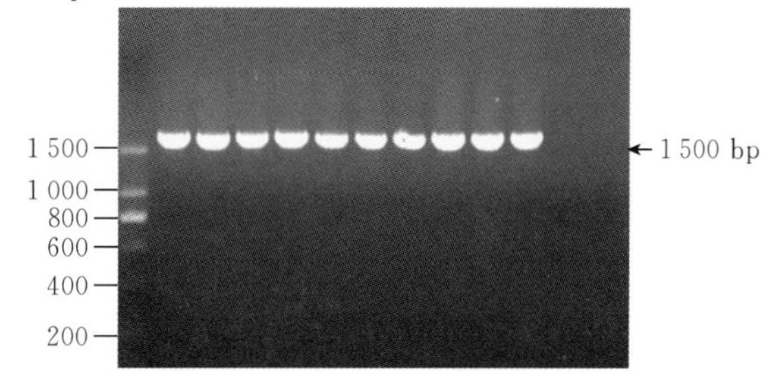


附图 3-7　甘蔗赤条病菌 PCR 检测

## 7 甘蔗花叶病 RT-PCR 检测技术

### 7.1 甘蔗花叶病毒（*Sugarcane mosaic virus*，SCMV）RT-PCR 检测技术

#### 7.1.1 RNA 的提取

取新鲜叶片 0.1 克于研钵中，加入液氮研磨成粉状。采用 RNA Kit 植物 RNA 提取试剂盒提取叶片总 RNA，具体步骤按照说明书操作，提取后用 Eppendorf AG 22331 蛋白/核酸分析仪鉴定 RNA 质量。

7.1.2 扩增 SCMV 的特异性引物

引物为本实验室根据 GenBank 登陆的 SCMV 外壳蛋白（CP）基因保守序列设计的特异性引物，其序列为上游引物 SCMV－F：5′－GATGCAGGVGCHCAAGGRGG－3′；下游引物 SCMV－R：5′－GTGCTGCTGCACTCCCAACAG－3′。目标片段长度为 924 bp。

7.1.3 RT－PCR 检测

用 TransScript One－Step gDNA Removal and cDNA Synthesis Supermix 试剂盒进行反转录。反转录程序：10 微升 RT 体系中含 2×TS reaction mix 5 微升、DEPC 水 1.5 微升、0.5 微克/微升 Oligod（T）$_{18}$ 0.5 微升、RT/RI enzyme mix 0.5 微升、gDNA remover 0.5 微升、RNA 2.0 微升；RT 反应条件是：25 ℃ 10 分钟，42 ℃ 30 分钟。PCR 程序：20 微升 PCR 体系中含 $ddH_2O$ 7.2 微升，2×PCR Taq 混合物 10 微升，cDNA 模板 2 微升，上、下游引物（20 微克/微升）各 0.4 微升；PCR 扩增程序都为：94 ℃预变性 5 分钟；94 ℃变性 30 秒，60 ℃退火 30 秒，72 ℃延伸 1 分钟，35 个循环；72 ℃延伸 10 分钟。每个样品进行 3 次重复扩增检测。

7.1.4 结果及判别

取 10 微升 PCR 反应产物于 1.0%琼脂糖凝胶上电泳，用 BIO－RAD 凝胶成像系统观察、判别结果，扩增出 924 bp 条带的为阳性，未扩增出 924 bp 条带的为阴性（附图 3－8）。

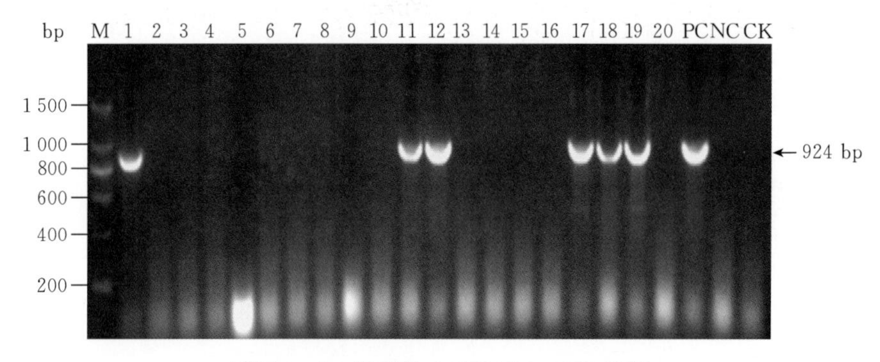


附图 3－8 甘蔗花叶病毒 RT－PCR 检测

## 7.2 高粱花叶病毒（*Sorghum mosaic virus*，SrMV）RT－PCR 检测技术

7.2.1 RNA 的提取

取新鲜叶片 0.1 克于研钵中，加入液氮研磨成粉状。采用 RNA Kit 植物 RNA 提取试剂盒提取叶片总 RNA，具体步骤按照说明书操作，提取后用 Eppendorf AG 22331 蛋白/核酸分析仪鉴定 RNA 质量。

7.2.2 扩增 SrMV 的特异性引物

引物为本实验室根据 GenBank 登陆的 SrMV 外壳蛋白（CP）基因保守序列设计的特异性引物，其序列为上游引物 SrMV－F：5′－CATCARGCAGGRGGCGGYAC－3′；下游引物 SrMV－R：5′－TTTCATCTGCATGTGGGCCTC－3′。目标片段长度为 828 bp。

7.2.3 RT－PCR 检测

用 TransScript One－Step gDNA Removal and cDNA Synthesis Supermix 试剂盒进行反转录。反转录程序：10 微升 RT 体系中含 2×TS reaction mix 5 微升、DEPC 水 1.5 微

升、0.5 微克/微升 Oligod（T）$_{18}$ 0.5 微升、RT/RI enzyme mix 0.5 微升、gDNA remover 0.5 微升、RNA 2.0 微升；RT 反应条件是：25 ℃ 10 分钟，42 ℃ 30 分钟。PCR 程序：20 微升 PCR 体系中含 $ddH_2O$ 7.2 微升，2×PCR Taq 混合物 10 微升，cDNA 模板 2 微升，上、下游引物（20 微克/微升）各 0.4 微升；PCR 扩增程序都为：94 ℃预变性 5 分钟；94 ℃变性 30 秒，60 ℃退火 30 秒，72 ℃延伸 1 分钟，35 个循环；72 ℃延伸 10 分钟。每个样品进行 3 次重复扩增检测。

7.2.4 结果及判别

取 10 微升 PCR 反应产物于 1.0%琼脂糖凝胶上电泳，用 BIO-RAD 凝胶成像系统观察、判别结果，扩增出 828 bp 条带的为阳性，未扩增出 828 bp 条带的为阴性（附图 3-9）。

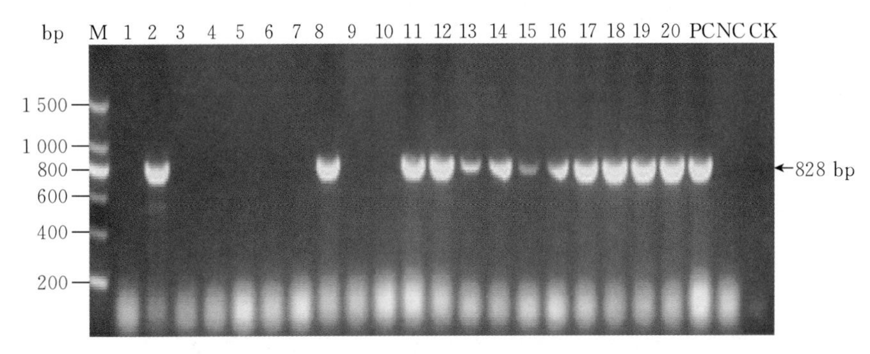


附图 3-9 高粱花叶病毒 RT-PCR 检测

7.3 甘蔗条纹花叶病毒（*Sugarcane streak mosaic virus*，SCSMV）RT-PCR 检测技术

7.3.1 RNA 的提取

取新鲜叶片 0.1 克于研钵中，加入液氮研磨成粉状。采用 RNA Kit 植物 RNA 提取试剂盒提取叶片总 RNA，具体步骤按照说明书操作，提取后用 Eppendorf AG 22331 蛋白/核酸分析仪鉴定 RNA 质量。

7.3.2 扩增 SCSMV 的特异性引物

引物为本实验室根据 GenBank 登陆的 SCSMV 外壳蛋白（CP）基因保守序列设计的特异性引物，其序列为上游引物 SCSMV-F：5′-ACAAGGAACGCAGCCACCT-3′；下游引物 SCSMV-R：5′-ACTAAGCGGTCAGGCAAC-3′。目标片段长度为 939 bp。

7.3.3 RT-PCR 检测

用 TransScript One-Step gDNA Removal and cDNA Synthesis Supermix 试剂盒进行反转录。反转录程序：10 微升 RT 体系中含 2×TS reaction mix 5 微升、DEPC 水 1.5 微升、0.5 微克/微升 Oligod（T）$_{18}$ 0.5 微升、RT/RI enzyme mix 0.5 微升、gDNA remover 0.5 微升、RNA 2.0 微升；RT 反应条件是：25 ℃ 10 分钟，42 ℃ 30 分钟。PCR 程序：20 微升 PCR 体系中含 $ddH_2O$ 9.6 微升，2×PCR Taq 混合物 8.0 微升，cDNA 模板 2 微升，上、下游引物（20 微克/微升）各 0.2 微升；PCR 扩增程序为：94 ℃预变性 5 分钟；94 ℃变性 30 秒，50 ℃退火 30 秒，72 ℃延伸 1 分钟，35 个循环；72 ℃延伸 10 分钟。每个样品进行 3 次重复扩增检测。

### 7.3.4 结果及判别

取10微升PCR反应产物于1.0%琼脂糖凝胶上电泳，用BIO-RAD凝胶成像系统观察、判别结果，扩增出939 bp条带的为阳性，未扩增出939 bp条带的为阴性（附图3-10）。

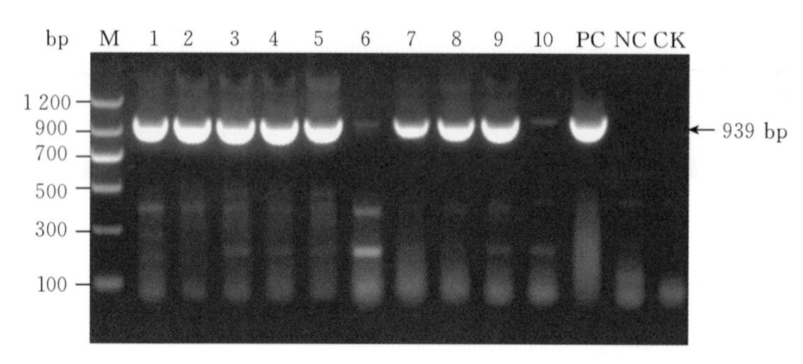


附图3-10 甘蔗条纹花叶病毒RT-PCR检测

## 8 甘蔗斐济病RT-PCR检测技术

### 8.1 RNA的提取

取新鲜叶片0.1克于研钵中，加入液氮研磨成粉状。采用RNA Kit植物RNA提取试剂盒提取叶片总RNA，具体步骤按照说明书操作，提取后用Eppendorf AG 22331蛋白/核酸分析仪鉴定RNA质量。

### 8.2 扩增甘蔗斐济病毒的特异性引物

引物采用文献报道的根据甘蔗斐济病毒（*Sugarcane fiji disease virus*，SFDV）片段9（$S_9$）基因组保守序列设计的特异性引物，其序列为上游引物FDV7F：5′-CCGAGTTACGGTCAGACTGTTCTT-3′；下游引物FDV7R：5′-CAGTGGTGACGAAATGATGGCGA-3′。目标片段长度为450 bp。

### 8.3 RT-PCR检测

采用C. therm RT-PCR试剂盒进行一步法RT-PCR检测。于0.5毫升PCR管中加入1.0微升RNA模板，上、下游引物（20微克/微升）各0.25微升，$ddH_2O$ 11.0微升。将以上混合物在PCR仪上加热至99℃变性2分钟，然后立即置于冰上。在以上变性混合液中依序加入5×buffer 5微升，10%PVP 2.5微升，100毫摩尔/升DTT 1.25微升，100%DMSO 1.25微升，5% BSA 1.0微升，20毫摩尔/升dNTPs 0.5微升，C. therm酶1.0微升，反应总体积为25微升。PCR反应条件为：57℃ 30分钟；95℃ 2分钟；95℃ 1分钟，57℃ 1分钟，72℃ 1分钟，35 cycles；72℃ 8分钟。每个样品进行3次重复扩增检测。

### 8.4 结果及判别

取10微升PCR反应产物于1.5%琼脂糖凝胶上电泳，用BIO-RAD凝胶成像系统观察、判别结果，扩增出450 bp条带的为阳性，未扩增出450 bp条带的为阴性（附图3-11）。

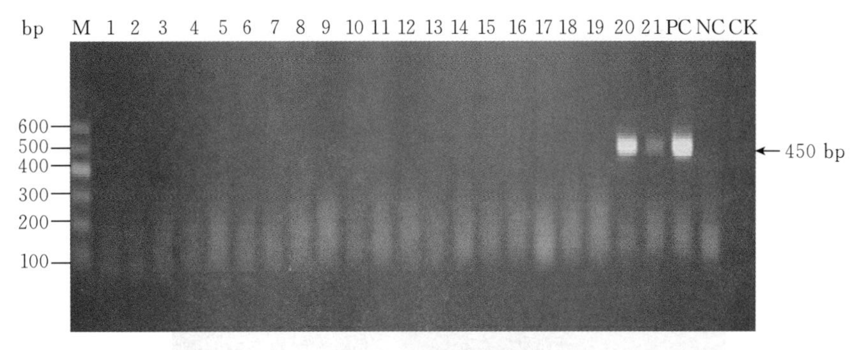


附图 3-11　甘蔗斐济病毒 RT-PCR 检测

## 9　甘蔗黄叶病毒（*Sugarcane yellow leaf virus*，SCYLV）RT-PCR 检测技术

### 9.1　RNA 的提取

取新鲜叶片 0.1 克于研钵中，加入液氮研磨成粉状。采用 RNA Kit 植物 RNA 提取试剂盒提取叶片总 RNA，具体步骤按照说明书操作，提取后用 Eppendorf AG 22331 蛋白/核酸分析仪鉴定 RNA 质量。

### 9.2　扩增 ScYLV 的特异性引物

引物为本实验室根据 GenBank 登陆的 ScYLV 外壳蛋白（CP）基因保守序列设计的特异性引物，其序列为上游引物 ScYLV-F：5′-AATCAGTGCACACATCCGAG-3′；下游引物 ScYLV-R：5′-GGAGCGTCGCCTACCTATT-3′。目标片段长度为 634 bp。

### 9.3　RT-PCR 检测

采用 One Step RNA PCR Kit（大连 TaKaRa 公司）进行 SCYLV CP 基因 RT-PCR 扩增。按序加入 $ddH_2O$ 6.2 微升，PrimeScript 1 step enzyme mix 0.8 微升，2×1 step buffer10.0 微升，上、下游引物（20 微摩尔/升）各 0.5 微升，RNA 模板 2.0 微升于 PCR 管里，低速离心几秒混匀后放入 PCR 仪。45 ℃ 30 分钟；94 ℃ 2 分钟；94 ℃ 30 秒，52 ℃ 30 秒，70 ℃ 1 分钟，30 个循环；70 ℃ 5 分钟。每个样品进行 3 次重复扩增检测。

### 9.4　结果及判别

取 10 微升 PCR 反应产物于 1.0%琼脂糖凝胶上电泳，用 BIO-RAD 凝胶成像系统观察、判别结果，扩增出 634 bp 条带的为阳性，未扩增出 634 bp 条带的为阴性（附图 3-12）。

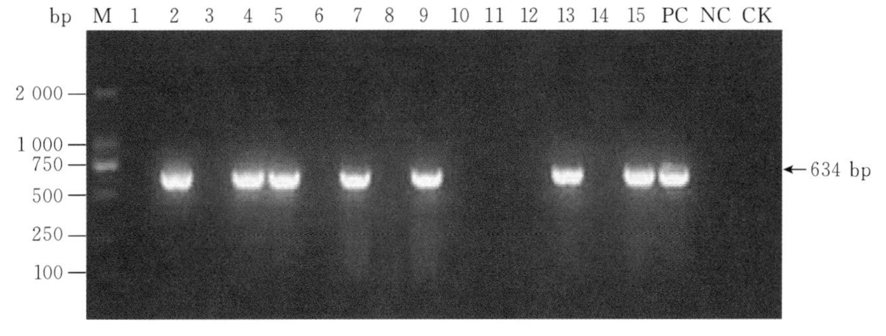


附图 3-12　甘蔗黄叶病毒 RT-PCR 检测

## 10 甘蔗杆状病毒病（*Sugarcane bacilliform virus*，SCBV）PCR检测技术

### 10.1 DNA的提取

取甘蔗叶组织0.3～0.5克加适量液氮研磨至粉状，转至2毫升离心管中。采用DNA Kit植物DNA提取试剂盒提取叶片总DNA，具体步骤按照说明书操作，提取后用Eppendorf AG 22331蛋白/核酸分析仪鉴定DNA质量。

### 10.2 扩增SCBV的特异性引物

引物参照文献报道的根据SCBV基因组保守区域设计的特异性引物，其序列为上游引物PC1：5′-ACCAGATCCGAGATTACAGAAG-3′；下游引物PC2：5′-TCACCTTGCCAACCTTCATA-3′。目标片段长度为589 bp。

### 10.3 PCR检测

在PCR管中按序加入$ddH_2O$ 7.6微升、2×PCR Taq混合物10微升、DNA模板2微升，以及上、下游引物（20微摩尔/升）各0.2微摩尔/升；加完后低速离心10秒后放进PCR仪，94 ℃预变性2分钟，94 ℃变性30秒，50 ℃退火30秒，72 ℃延伸1分钟，30个循环后72 ℃延伸5分钟。每个样品进行3次重复扩增检测。

### 10.4 结果及判别

取10微升PCR反应产物于1.0%琼脂糖凝胶上电泳，用BIO-RAD凝胶成像系统观察、判别结果，扩增589 bp条带的为阳性，未扩增出589 bp条带的为阴性（附图3-13）。

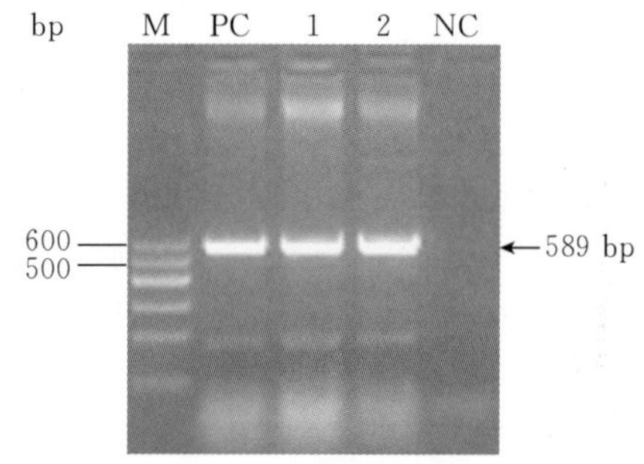


附图3-13 甘蔗杆状病毒PCR检测

## 11 甘蔗白叶病植原体（*Sugarcane white leaf phytoplasma*）巢式PCR检测技术

### 11.1 DNA的提取

取0.2克甘蔗叶片，加入液氮研磨成粉状。采用DNA Kit植物DNA提取试剂盒提取叶片总DNA，具体步骤按照说明书操作，提取后用Eppendorf AG 22331蛋白/核酸分析仪鉴定DNA质量。

### 11.2 扩增SCWL植原体的引物

引物采用文献报道的扩增植原体16S rDNA基因的通用引物对P1/P7和R16F2n/R16R2，其序列为P1：5′-AAGAGTTTGATCCTGGCTCAGGATT-3′，P7：5′-CGTCCTTCATCGGCTCTT-3′。目的片段长度为1 840 bp。R16F2n：5′-GAAACGACTGCTAAGACTGG-3′；R16R2：5′-TGACGGGCGGTGTGTACAAA CCCCG-3′。目标片段长度为1 240 bp。

### 11.3 巢氏PCR检测

以P1/P7为引物进行第1次PCR扩增，PCR反应体系为25微升：总基因组DNA 1微升，10×PCR反应缓冲液2.5微升，P1（20微摩尔/升）1微升，P7（20微摩尔/升）1微升，$MgCl_2$（25微摩尔/升）2.0微升，dNTPs（10微摩尔/升）2.0微升，Taq酶

(5 U/微升) 0.2 微升，$ddH_2O$ 15.3 微升。第 1 次 PCR 扩增程序为：94 ℃预变性 3 分钟；94 ℃变性 30 秒，55 ℃退火 30 秒，72 ℃延伸 1 分钟，35 个循环；最后 72 ℃延伸 10 分钟。第 2 次 PCR 反应体系 25 微升：取 1 微升第 1 次 PCR 扩增产物（稀释 30 倍）作为模板 DNA，R16F2n（20 微摩尔/升）1 微升，R16R2（20 微摩尔/升）1 微升，其他试剂用量同第 1 次 PCR 扩增。第 2 次 PCR 扩增程序为：94 ℃预变性 3 分钟；94 ℃变性 30 秒，57 ℃退火 30 秒，72 ℃延伸 1 分钟，35 个循环；最后 72 ℃延伸 10 分钟。每个样品进行 3 次重复扩增检测。

## 11.4　结果及判别

取 10 微升 PCR 反应产物于 1.0%琼脂糖凝胶上电泳，用 BIO - RAD 凝胶成像系统观察、判别结果，扩增出 1 240 bp 条带的为阳性，未扩增出 1 240 bp 条带的为阴性（附图 3 - 14、附图 3 - 15）。

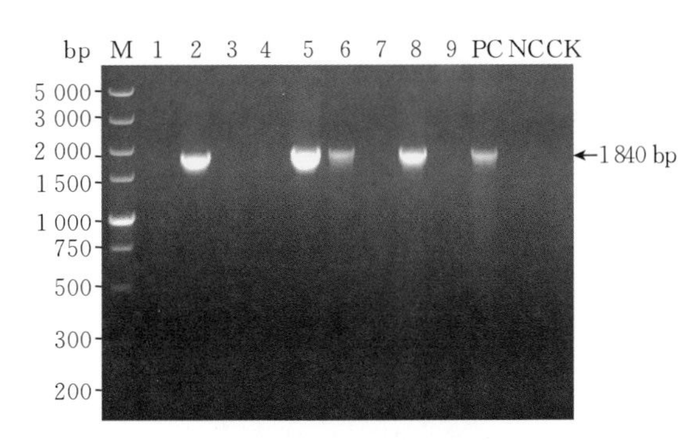


附图 3 - 14　甘蔗白叶病植原体第 1 次 PCR 检测

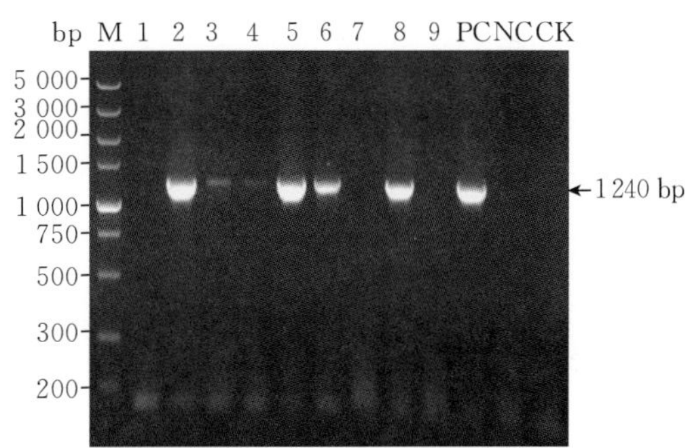


附图 3 - 15　甘蔗白叶病植原体第 2 次 PCR 检测

# 附录四　甘蔗白叶病抗病性精准鉴定技术

## 1　对照材料

鉴定材料中加入甘蔗品种粤糖 86－368、新台糖 25 号作感病对照，粤糖 83－88、云蔗 05－51 作抗病对照。

## 2　接种病原及接种液配制

从甘蔗白叶病发病区域选择具典型白叶病症状的高感品种粤糖 86－368 蔗株，经巢式 PCR 检测筛选含甘蔗白叶病植原体的蔗茎作接种病原。接种前通过压榨作接种病原的蔗茎获得携带甘蔗白叶病植原体蔗汁，加入为携带甘蔗白叶病植原体蔗汁体积 10 倍量的无菌水稀释混匀，用双层纱布过滤，滤液即为甘蔗白叶病植原体接种液，现配现用。

## 3　鉴定方法

### 3.1　包衣接种法

#### 3.1.1　材料处理

各供试材料经巢式 PCR 检测筛选不带甘蔗白叶病植原体的无病健壮蔗株，分别切成带 2 个芽的甘蔗茎段（即双芽段），在常温流动自来水中浸泡 48 小时之后，用（50±0.5)℃热水处理 2 小时，再用 70%噻虫嗪种子处理水分散粉剂和 50%多菌灵可湿性粉剂 800 倍液浸甘蔗茎段 10 分钟。

#### 3.1.2　包衣接种

将处理好的蔗种置于塑料膜表面，采用电动喷雾器按 1 000 千克处理好的蔗种用15 千克接种液的比例，将接种液均匀喷洒置于塑料膜表面的蔗种，边喷边翻动蔗种，喷完后将该塑料膜的一半覆盖蔗种，并在 25 ℃下保湿 24 小时。

#### 3.1.3　材料种植

接种后的供试材料分别种植在塑料桶（直径 35 厘米，桶深 30 厘米）内，桶内装入占桶体积 2/3 的高温蒸煮消毒土壤和有机质（体积比为 3：1)，每份供试材料种植 4 桶，4 次重复，每桶 8 芽，共 32 芽，置于 20～30 ℃抗病虫鉴定防虫温室中培养。

#### 3.1.4　病情调查

接种种植 30 天后，调查各供试材料发病株率，以后每隔 15 天调查 1 次，直至感病对照品种发病株率稳定为止。记录接种日期、出苗数、病害症状始现期、累计发病株数。

#### 3.1.5　分级标准

根据各供试材料发病株率按 1～5 级分级进行抗性水平分类，其中等级 1～5 分别表示高抗、抗病、中抗、感病和高感，其发病株率范围相应为 0%～3%、3.1%～10%、10.1%～20%、20.1%～40%和 40.1%～100%。

### 3.2 切茎接种法

#### 3.2.1 材料处理

各供试材料经巢式 PCR 检测筛选不带甘蔗白叶病植原体的无病健壮蔗株，分别切成带 2 个芽的甘蔗茎段（即双芽段），在常温流动自来水中浸泡 48 小时之后，用（50±0.5)℃热水处理 2 小时，再用 70%噻虫嗪种子处理水分散粉剂和 50%多菌灵可湿性粉剂 800 倍液浸甘蔗茎段 10 分钟。

#### 3.2.2 材料种植

处理后的供试材料分别种植在塑料桶（直径 35 厘米，桶深 30 厘米）内，桶内装入占桶体积 2/3 的高温蒸煮消毒土壤和有机质（体积比为 3∶1），每份材料种植 4 桶，4 次重复，每桶 8 芽，共 32 芽，置于 20～30 ℃抗病虫鉴定防虫温室中培养。

#### 3.2.3 切茎接种

供试材料 6 个月株龄时，在阴天傍晚用灭菌锋利切刀（或枝剪）把供试材料植株地上部分沿土表快速切去，再用移液枪将 100 微升甘蔗白叶病植原体病原接种液滴入蔗株根部切口上，每份供试材料接种 20 株，遮光 24 小时。接种后继续置于 20～30 ℃抗病虫鉴定防虫温室中培养。

#### 3.2.4 病情调查

接种 20 天后，调查各供试材料发病株率，以后每隔 15 天调查 1 次，直至感病对照品种发病株率稳定为止。记录接种日期、出苗数、病害症状始现期、累计发病株数。

#### 3.2.5 分级标准

根据各供试材料发病株率按 1～5 级分级进行抗性水平分类，其中等级 1～5 分别表示高抗、抗病、中抗、感病和高感，其发病株率范围相应为 0%～3%、3.1%～10%、10.1%～20%、20.1%～40%和 40.1%～100%。

### 3.3 田间自然感病鉴定

#### 3.3.1 发病调查

于 5—6 月甘蔗白叶病充分发病时，对白叶病发病最重的蔗区各品种材料进行田间自然发病调查。各品种材料随机选择 2～3 块地，每块地随机选择 3 个点，每点连续调查 100 株，共 300 株，记录发病株数。

$$自然发病株率=(病株数/总调查株数)\times 100\%$$

#### 3.3.2 分级标准

根据各品种材料发病株率按 1～5 级分级进行抗性水平分类，其中等级 1～5 分别表示高抗、抗病、中抗、感病和高感，其发病株率范围相应为 0%～3%、3.1%～10%、10.1%～20%、20.1%～40%和 40.1%～100%。

# 附录五　低纬高原蔗区甘蔗主要病虫害无人机防控技术

云南省农业科学院甘蔗研究所针对传统人工喷药防治存在缺陷和高秆作物甘蔗生长中后期施药难、劳力缺乏和作业效率低等问题，2016—2018 年，从飞防机型选择、专用药及助剂筛选、药械融合、田间作业、技术规范、规模化应用组织模式等层面对低纬高原甘蔗主要病虫飞防技术进行了系统开发示范，分析确定了适宜低纬高原蔗区的无人机机型及飞行技术参数，筛选出无人机飞防最佳药剂配方组合和施用技术，凝练形成了低纬高原蔗区甘蔗主要病虫害无人机防控技术且大面积成功应用（2018—2021 年推广应用无人机飞防66 667 公顷以上），为全面推广应用无人机飞防甘蔗病虫害常态化提供了成熟的全程技术支撑。采用无人机防控甘蔗病虫害具有超低量施药、作业效率高等优点，可有效解决高秆作物后期喷施困难、劳动力紧张和作业效率低的问题，为有效防控甘蔗病虫害成功开辟了一条轻简高效的新途径，切实加快甘蔗病虫害统防统治进程，对有效降低暴发流行灾害性甘蔗病虫害给蔗农和企业造成的损失、提高甘蔗产量和糖分具有极为明显的效果，对实现甘蔗病虫害全程精准防控、甘蔗提质增效、保障国家食糖安全起到了重要的作用。

## 1　防治原则与适用范围

坚持“预防为主、统防统治”的原则，树立“科学植保、公共植保、绿色植保”理念，通过选用良种、轮作间作等农艺措施，减轻病虫害对甘蔗生长的危害，有效控制病虫害发生流行。

无人机飞防，主要适用于地块相对集中的连片蔗园大面积病虫害防控。原则上蔗园坡度不超过 30°，地势平缓，蔗叶保存率 50%以上，郁闭度 0.5 以上，蔗园中无影响无人机飞行安全的障碍物。

## 2　田间蔗园病虫动态巡查

每年 4—8 月，根据主要病虫害症状特点，至少每月进行 2～3 次田间巡查，观察大田甘蔗病情虫情动态，正确诊断，在发生初期及时防治。

## 3　无人机飞防技术

### 3.1　机型选择及飞行技术参数

根据目前无人机在低纬高原云南甘蔗病虫害防治上的开发示范和应用情况，推荐的无人机机型及飞行技术参数见附表 5－1。

**附表 5－1　适宜低纬高原蔗区的无人机机型及飞行技术参数**

| 技术参数 | 极目 3WWDZ－10B | 大疆 3WWDSZ－10017 | 极飞农业 P20 2017 |
| --- | --- | --- | --- |
| 结构形式 | 四旋翼 | 八旋翼 | 四旋翼 |

（续）

| 技术参数 | 极目 3WWDZ-10B | 大疆 3WWDSZ-10017 | 极飞农业 P20 2017 |
|---|---|---|---|
| 整机重量（千克） | 17 | 13.8 | 20 |
| 药箱容量（升） | 10～20 | 10～20 | 10～20 |
| 电池容量（毫安时） | 16 000 | 12 000 | 16 000 |
| 喷头形式及数量 | 离心弥雾喷头 2 个 | 扇形压力喷头 4 个 | 高速离心雾化喷头 2 个 |
| 最大流量（升/分钟） | 2 | 1.8 | 0.5 |
| 喷幅（米） | 1～4 | 5（4 米/秒，2 米高） | 1.5～5 |
| 雾滴直径（纳米） | 10～300 | 130～250 | 70～200 |
| 飞行模式 | 手动加全自主 | 手动加全自主 | 自主飞行 |
| 避障功能 | 双目视觉全自主避障 | 手动规划避障 | 天目自主避障 |
| 仿地功能 | 仿地坡度 40°，定高 0.5～3 米 | 定高 1.5～3.5 米 | 定高 1～3 米 |
| 空载/满载悬停时间（分钟） | 17/9 | 20/10 | 18/9 |

## 3.2 甘蔗主要病虫害无人机飞防最佳药剂配方组合和施用技术

通过近年多点无人机在低纬高原云南甘蔗病虫害防治上的开发示范和应用，筛选出了适宜无人机飞防的最佳药剂配方组合和施用技术（附表 5-2）。

**附表 5-2　筛选的无人机飞防最佳药剂配方组合和施用技术**

| 防治对象 | | 最佳选用药剂及用量 | 施用技术 |
|---|---|---|---|
| 前期螟害（枯心苗） | 1 次 | 8 000 国际单位/毫克苏云金杆菌悬浮剂 1 500 毫升/公顷＋90％杀虫单可溶粉剂 2 250 克/公顷，或 20％阿维菌素・杀螟松乳油 1 500 毫升/公顷 | 4—5 月，在第 1、2 代螟虫卵孵化盛期，公顷用药量加飞防专用助剂 3 000 毫升和水 10 500 毫升，采用无人机飞防叶面喷施 |
| 甘蔗蓟马 | 1 次 | 70％噻虫嗪可分散粉剂 300 克/公顷＋磷酸二氢钾 2 400 克/公顷，或 33％氯氟吡虫啉悬乳剂 240 毫升/公顷 | 6 月中下旬（单株甘蔗蓟马量达 50 头以上），用药 160 毫升加水 8 000 毫升，采用无人机飞防叶面喷施 |
| 突发性虫害（黏虫） | 1 次 | 20％阿维菌素・杀螟松乳油 1 500 毫升/公顷＋40％稻散・高氯氟乳油 1 500 毫升/公顷，或 4.5％高效氯氰菊酯乳油，或 5％高效氰戊菊酯乳油 1 500 毫升/公顷＋90％敌百虫晶体 800 倍液，或 50％辛硫磷乳油 1 500 毫升/公顷 | 6—8 月，根据虫害发生情况，抓住低龄幼虫（3 龄前），及时组织防治。公顷用药量加飞防专用助剂 3 000 毫升和水 10 500 毫升，采用无人机飞防叶面喷施 |
| 甘蔗螟虫 | 1 次 | 40％氯虫・噻虫嗪水分散粒剂 240 克/公顷 | 8 月中旬，用药 160 克加水 8 000 毫升，采用无人机飞防叶面喷施 |
| 中后期条螟、白螟 | 1 次 | 8 000 国际单位/毫克苏云金杆菌悬浮剂 1 500 毫升/公顷＋90％杀虫单可溶粉剂 2 250 克/公顷，或 20％阿维菌素・杀螟松乳油 1 500 毫升/公顷、20％氯虫苯甲酰胺悬浮剂 150 毫升/公顷＋30％甲维・杀虫单微乳剂 2 250 毫升/公顷 | 9 月上旬第 4、5 代高发期，公顷用药量加飞防专用助剂 3 000 毫升和水 10 500 毫升，采用无人机飞防叶面喷施 |

（续）

| 防治对象 | | 最佳选用药剂及用量 | 施用技术 |
|---|---|---|---|
| 梢腐病<br>褐条病 | 1次 | 72%百菌清悬浮剂1 500毫升/公顷+50%多菌灵悬浮剂1 500毫升/公顷+磷酸二氢钾2 400克/公顷+农用增效助剂150毫升/公顷 | 8月上中旬发病期，公顷用药量加飞防专用助剂4 500毫升和水16 500毫升，采用无人机飞防第1次喷施 |
| | 2次 | 72%百菌清悬浮剂1 500毫升/公顷+50%多菌灵悬浮剂1 500毫升/公顷+磷酸二氢钾2 400克/公顷+农用增效助剂150毫升/公顷 | 第1次药后7～10天，公顷用药量加飞防专用助剂4 500毫升和水16 500毫升，采用无人机飞防第2次喷施 |
| 梢腐病褐条病+条螟白螟 | 1次 | 72%百菌清悬浮剂1 500毫升/公顷+50%多菌灵悬浮剂1 500毫升/公顷+磷酸二氢钾2 400克/公顷+农用增效助剂150毫升/公顷 | 8月下旬发病期，公顷用药量加飞防专用助剂4 500毫升和水16 500毫升，采用无人机飞防第1次喷施 |
| | 2次 | 72%百菌清悬浮剂1 500毫升/公顷+50%多菌灵悬浮剂1 500毫升/公顷+磷酸二氢钾2 400克/公顷+农用增效助剂150毫升/公顷+8 000国际单位/毫克苏云金杆菌悬浮剂1 500毫升/公顷+90%杀虫单可溶粉剂2 250克/公顷 | 第1次药后10～15天，公顷用药量加飞防专用助剂4 500毫升和水15 000毫升，采用无人机飞防第2次喷施 |

### 3.3 制定无人机防治综合方案

按照甘蔗不同病虫害发生发展情况，选取防治最佳药剂（组合）及其用量，针对飞防蔗园面积、品种和栽培管理现状、气候等因素，制定无人机飞防总体方案、单次飞防作业要求、人员分工和保障及应急措施等。

### 3.4 无人机飞防作业规程

无人机飞防气候条件能见度大于2公里，最大风速不超过5米/秒，喷雾时相对湿度应在60%以上，避免雨天施药，施药后至少要有3～4小时不下雨才能算施药有效；最适应的喷药气温是20～30 ℃，当气温度超过30 ℃时，影响防治效果，原则上暂停飞防；在满足气候条件的情况下，严格按照预定的防治方案和规定作业要求，设定飞行参数和操作程序，由专业无人机操作人员进行操作飞防；确定总防治面积、飞防次数和飞防过程的衔接和规范性操作；飞行前检查、飞行后清洗（作业后喷洒系统必须清洗），注意在飞行过程中的作物和人员安全，避免出现次生灾害。

### 3.5 注意事项

蔗园附近无桑树、养蜂场、鱼塘等敏感作物和养殖场所、水库等。如有，应提前告知；起飞前观察作业田块及周边障碍物，驱散田间及围观人员，起降期间所有人员应与无人机相距10米以上；飞行中禁止任何人员进入作业区，注意观察无人机飞行姿态，确保飞行安全，如有异常，立即返航或迫降；无人机操作人员应穿戴专业防护设备；如发生人畜危害和次生灾害，应按照预定方案紧急处理。

## 4 低纬高原蔗区甘蔗主要病虫害无人机防控技术应用及效果

为降低暴发流行灾害性甘蔗病虫给蔗农和企业造成的损失，解决高秆作物后期喷施困难、劳动力紧张和作业效率低的问题，同时探索植保无人机在甘蔗扶贫产业上规模化运用的现代组织模式。2018 年和 2019 年，临沧南华糖业有限公司年推广应用无人机飞防 15 527公顷以上。15 527 公顷无人机飞防面上巡查虫病总体防效达 85%以上，仅有局部田块因鱼塘、桑树果蔬、田边地头、电杆电线、树木等环境因素影响，未能防控或防控受影响而效果欠佳。抽样调查结果显示，因大面积飞防，即使未能有效防控，与空白对照区相比，飞防区域的虫口密度虫株率和病情病株率均较上年明显下降 30%以上。选点抽样调查结果表明：①所用药剂配方对中后期条螟、白螟螟害株或螟害节均具有良好的防控效果，螟害株或螟害节率均较空白对照显著降低 88.56%和 93.28%以上。螟害株防效为 73.08%～100%，平均防效达 88.42%以上；螟害节防效为 79.23%～100%，平均防效达 92.38%以上。②所用药剂配方对梢腐病、褐条病均具有良好的防控效果，梢腐病防效为 61.18%～92.94%，平均防效达 74.34%；褐条病防效为 78.41%～83.26%，平均防效达 81.13%。小区实测产量，飞防比空白对照增产 6 450～53 250 千克/公顷，平均增产 23 550 千克/公顷，平均增幅 25.44%；大区实测产量，飞防比空白对照增产 24 600 千克/公顷，增幅 33.67%；小区实测产量，飞防 2 次比飞防 1 次增产 7 200～24 600 千克/公顷，平均增产 13 650 千克/公顷；化验室检测甘蔗糖分，飞防比对照高 0.54%～3.93%（附图 5－1）。

附图 5－1　甘蔗病虫无人机防控

# 附录六 低纬高原蔗区甘蔗中后期灾害性真菌病害精准防控技术

## 1 防控对象

### 1.1 甘蔗梢腐病

由串珠赤霉菌［*Gibberella moniliformis*（Sheldon）Wineland］（无性阶段为镰刀菌*Fusarium*复合种）侵染甘蔗梢部引起梢头腐烂的流行性真菌病害。

### 1.2 甘蔗褐条病

由狭斑旋孢腔菌（*Cochliobolus stenospilus*）［无性阶段为狭斑平脐蠕孢（*Bipolaris stenospila*）或狗尾草平脐蠕孢（*Bipolaris setariae*）］侵染甘蔗叶部引起叶片坏死、抑制甘蔗拔节生长的流行性真菌病害。

### 1.3 甘蔗褐锈病

由黑顶柄锈菌（*Puccinia melanocephala* H. Sydow & P. Sydow）［异名蔗茅柄锈菌（*Puccinia erianthi* Padw. et Khan）］侵染甘蔗引起的流行性锈菌病害。

## 2 防控原则

坚持"预防为主，综合防治"的基本原则。树立"科学植保、公共植保、绿色植保"理念。以种植抗病品种为主，通过农艺控制措施改善和提高甘蔗品种抗病性，减轻病原菌对甘蔗植株的侵染；加强病情监测，必要时辅以药剂防控措施，减少菌量，有效控制病害发生流行。

## 3 田间病情巡查

每年6—8月，根据主要病害症状特点，至少进行4～6次田间巡查，观察大田甘蔗病情动态，正确诊断，在发病初期及时防治。

## 4 防控方法

### 4.1 农艺控制

#### 4.1.1 选择抗病品种

可选种云蔗05-49、云蔗05-51、云蔗08-1609、柳城03-182、柳城05-136、柳城07-500、福农38号、福农39号、福农42号、粤甘34号、粤糖40号、粤甘46号、桂糖30号、桂糖32号、桂糖44号、海蔗22号等抗病品种，区域内甘蔗种植品种要多样化，早中晚熟多品种搭配种植，抑制病害暴发流行。

#### 4.1.2 科学种植

深耕40厘米，深种25～35厘米。新植蔗施有机肥22 500～30 000千克/公顷，有效硅施用量 150～187.5 千克/公顷，有效钙施用量 262.5～337.5 千克/公顷，有效氮肥施用量 379.5～483 千克/公顷，有效磷肥施用量 216～240 千克/公顷，有效钾肥施用量 187.5～225 千克/公顷，可促使蔗株健壮生长，提高抗病能力。

4.1.3　加强田间管理

及时排除蔗田积水、防除杂草；去除发病严重的病株病叶，促进蔗田通风透气，降低蔗田湿度，以减轻病害。

4.1.4　清洁蔗园

甘蔗收获后及时清除销毁病株、残叶，减少病源。

4.1.5　合理轮作

重病区减少宿根年限，宜与水稻、玉米、甘薯、花生、大豆等作物轮作，或间种套种蔬菜、绿肥等，减少菌源，改良土壤结构，提高土壤肥力，增强抗病能力。

4.2　药剂防控

4.2.1　使用农药按照《农药安全使用标准》（GB 4285—1989）、《农药合理使用准则》（GB/T 8321—2000）规定，严格控制农药用量和安全间隔期。施药时注意交替轮换用药。

4.2.2　锈病

加强田间病情巡查，6—7 月发病初期，选用 80%代森锰锌可湿性粉剂 1 500 克/公顷、65%代森锌可湿性粉剂 1 500 克/公顷、12.5%烯唑醇可湿性粉剂 1 500 克/公顷之一+72%百菌清悬浮剂 1 500 毫升/公顷+磷酸二氢钾 2 400 克/公顷+农用增效助剂 150 毫升/公顷；或用 30%苯甲·嘧菌酯悬浮剂 900 毫升/公顷+磷酸二氢钾 2 400 克/公顷+农用增效助剂 150 毫升/公顷，每公顷用药兑水 900 千克进行人工或机动喷雾器叶面喷施（或每公顷用药兑飞防专用助剂及水 24 千克，无人机飞防叶面喷施），每 7～10 天喷 1 次，连续喷施 2 次。喷药时应做到叶面、叶背喷洒均匀。

4.2.3　梢腐病、褐条病

加强田间病情监测，7—8 月发病初期，选用 50%多菌灵悬浮剂 1 500 毫升/公顷+72%百菌清悬浮剂 1 500 毫升/公顷+磷酸二氢钾 2 400 克/公顷+农用增效助剂 150 毫升/公顷；或 50%多菌灵可湿性粉剂 1 500 克/公顷+75%百菌清可湿性粉剂 1 500 克/公顷+磷酸二氢钾 2 400 克/公顷+农用增效助剂 150 毫升/公顷；或用 50%甲基硫菌灵悬浮剂 1 500毫升/公顷+25%吡唑醚菌酯悬浮剂 750 毫升/公顷+磷酸二氢钾 2 400 克/公顷+农用增效助剂 150 毫升/公顷，每公顷用药兑水 900 千克进行人工或机动喷雾器叶面喷施（或每公顷用药兑飞防专用助剂及水 24 千克，无人机飞防叶面喷施），每 7～10 天喷 1 次，连续喷施 2 次。

# 附录七　甘蔗主要病虫草害全程精准高效科学防控用药指导方案

附表 7-1　甘蔗主要病虫草害全程精准高效科学防控用药指导方案

| 甘蔗种植管理/生长期 | 重点防治对象 | 施药次数 | 最佳选用药剂、用量 | 使用技术、方法 |
|---|---|---|---|---|
| 1—7月（前期防控用药方案） | 前期螟虫（白蚁）+甘蔗绵蚜（蓟马） | 1 | 10%杀虫单·噻虫嗪颗粒剂或10%噻虫胺·杀虫单颗粒剂37.5～45千克/公顷；3.6%杀虫双颗粒剂90千克/公顷+70%噻虫嗪可分散粉剂600克/公顷 | 1—5月新植蔗下种和宿根蔗管理时，每公顷用药量与施肥量混合均匀后，均匀撒施于蔗沟、蔗蔸，及时覆土或常规盖膜或全膜盖膜 |
| | 蔗头赤腐病 | 1 | 75%百菌清可湿性粉剂1 500克/公顷+50%多菌灵可湿性粉剂1 500克/公顷+磷酸二氢钾1 800克/公顷；72%百菌清悬浮剂1 500毫升/公顷+50%多菌灵悬浮剂1 500毫升/公顷+磷酸二氢钾1 800克/公顷 | 12月至次年3月收砍留宿根、及时清除病株残叶后，结合宿根管理，每公顷用药兑水675～900千克人工或机动均匀喷淋蔗蔸后及时常规盖膜或全膜盖膜 |
| | 杂草 | 1 | 38%硝·灭·氰草津可湿性粉剂2 700～3 600克/公顷，50%硝磺·莠去津可湿性粉剂1 500克/公顷；65%甲灭·敌草隆可湿性粉剂3 150克/公顷 | 在杂草出齐、生长旺盛期（3～5叶、5～6厘米高），每公顷用药量兑水675～900千克，均匀喷施于杂草叶面 |
| | 突发性虫害（黏虫和草地贪夜蛾） | 1 | 51%甲维·毒死蜱乳油1 500毫升/公顷；20%阿维·杀螟松乳油1 500毫升/公顷+40%稻散·高氯氟乳油750毫升/公顷；20%氯虫苯甲酰胺悬浮剂180毫升/公顷+30%甲维·杀虫单微乳剂1 800毫升/公顷 | 3—7月抓住低龄幼虫（3龄前），及时组织防治。每公顷用药量兑水675～900千克进行人工或机动叶面喷施（或每公顷用药量兑飞防专用助剂及水15千克，采用无人机飞防叶面喷施）。最好在下午16:00—17:00喷施，效果好 |
| | 应急性螟害（枯心苗） | 1 | 46%杀单·苏云菌可湿性粉剂2 250克/公顷+磷酸二氢钾1 200克/公顷；8 000国际单位/毫克苏云金杆菌悬浮剂1 500毫升/公顷+90%杀虫单可溶粉剂2 250克/公顷+磷酸二氢钾1 200克/公顷 | 3—4月第1、2代螟虫卵孵化盛期，每公顷用药量兑水450～675千克进行人工或机动叶面喷施（或每公顷用药量兑飞防专用助剂及水15千克，采用无人机飞防叶面喷施） |
| | 恶性杂草（香附子） | 1 | 75%氯吡嘧磺隆可湿性粉剂150克/公顷（有效成分112.5克） | 可在香附子生长旺盛期（株高10～15厘米），按每公顷用药量兑水675千克进行定向茎叶喷雾 |

（续）

| 甘蔗种植管理/生长期 | 重点防治对象 | 施药次数 | 最佳选用药剂、用量 | 使用技术、方法 |
| --- | --- | --- | --- | --- |
| 8—12月（后期二次防控用药方案） | 中后期条螟、白螟 | 1 | 人工或机动：46%杀单·苏云菌可湿性粉剂4 500克/公顷；<br>无人机飞防：90%杀虫单可溶性粉剂2 250克/公顷＋8 000国际单位/毫克苏云金杆菌悬浮剂1 500毫升/公顷或20%氯虫苯甲酰胺悬浮剂150毫升/公顷＋30%甲维·杀虫单微乳剂2 250毫升/公顷＋磷酸二氢钾1 800克/公顷＋农用增效助剂150毫升/公顷 | 9月中下旬第4～5代高发期，每公顷用药量兑水900千克进行人工或机动叶面喷施（或每公顷用药量兑飞防专用助剂及水15千克，采用无人机飞防叶面喷施） |
| | 锈病、蔗茎赤腐 | 2 | 人工或机动：75%百菌清可湿性粉剂1 500克/公顷＋80%代森锰锌可湿性粉剂1 500克/公顷＋磷酸二氢钾1 800克/公顷＋农用增效助剂150毫升/公顷；<br>无人机飞防：72%百菌清悬浮剂1 500毫升/公顷＋30%苯甲·嘧菌酯浮剂900毫升/公顷＋磷酸二氢钾1 800克/公顷＋农用增效助剂150毫升/公顷 | 7—8月发病初期，每公顷用药兑水900千克人工或机动喷施（或每公顷用药兑飞防专用助剂及水24千克，无人机飞防第一次喷施）<br>第一次药后7～10天，每公顷用药量兑水900千克进行人工或机动第二次叶面喷施（或每公顷用药量兑飞防专用助剂及水24千克，采用无人机飞防第二次叶面喷施） |
| | 梢腐病、蔗茎赤腐（褐条病） | 2 | 人工或机动：75%百菌清可湿性粉剂1 500克/公顷＋50%多菌灵可湿性粉剂1 500克/公顷＋磷酸二氢钾1 800克/公顷＋农用增效助剂150毫升/公顷；<br>无人机飞防：72%百菌清悬浮剂1 500毫升/公顷＋50%多菌灵悬浮剂1 500毫升/公顷＋磷酸二氢钾1 800克/公顷＋农用增效助剂150毫升/公顷 | 8月上中旬发病初期，每公顷用药兑水900千克，人工或机动喷施（或每公顷用药兑飞防专用助剂及水24千克，无人机飞防第一次喷施）<br>第一次药后7～10天，每公顷用药量兑水900千克，进行人工或机动第二次叶面喷施（或每公顷用药量兑飞防专用助剂及水24千克，采用无人机飞防第二次叶面喷施） |
| | 梢腐病、蔗茎赤腐（褐条病）＋中后期条螟、白螟 | 2 | 第1次施药选用以下防病配方。<br>人工或机动：75%百菌清可湿性粉剂1 500克/公顷＋50%多菌灵可湿性粉剂1 500克/公顷＋磷酸二氢钾1 800克/公顷＋农用增效助剂150毫升/公顷；<br>无人机飞防：72%百菌清悬浮剂1 500毫升/公顷＋50%多菌灵悬浮剂1 500毫升/公顷＋磷酸二氢钾1 800克/公顷＋农用增效助剂150毫升/公顷 | 8月中下旬发病期，每公顷用药量兑水900千克，进行人工或机动叶面喷施（或每公顷用药量兑飞防专用助剂及水24千克，采用无人机飞防第一次叶面喷施） |

（续）

| 甘蔗种植管理/生长期 | 重点防治对象 | 施药次数 | 最佳选用药剂、用量 | 使用技术、方法 |
| --- | --- | --- | --- | --- |
| 8—12月（后期二次防控用药方案） | 梢腐病、蔗茎赤腐（褐条病）＋中后期条螟、白螟 | 2 | 第2次施药选用上述防病配方＋以下防虫配方。<br>人工或机动：46%杀单·苏云菌可湿性粉剂4 500克/公顷；<br>无人机飞防：90%杀虫单可溶性粉剂2 250克/公顷＋8 000国际单位/毫克苏云金杆菌悬浮剂1 500毫升/公顷或20%氯虫苯甲酰胺悬浮剂150毫升/公顷＋30%甲维·杀虫单微乳剂2 250毫升/公顷＋磷酸二氢钾1 800克/公顷＋农用增效助剂150毫升/公顷 | 第一次药后10～15天，每公顷用药量兑水900千克进行人工或机动第二次叶面喷施（或每公顷用药量兑飞防专用助剂及水24千克，采用无人机飞防第二次叶面喷施） |

## ▲推广使用甘蔗温水脱毒健康种苗的意义和必要性

● 甘蔗作为用蔗茎腋芽进行无性繁殖的作物，由于多年反复种植，极易受到种苗传播病原的反复侵染，造成产量和品质下降，从而导致宿根年限的缩短以及种性的退化。

● 近年来，我国甘蔗产区大面积种植的ROC16、ROC22等新台糖系列品种由于受病虫为害，特别是宿根矮化病等感染严重，逐年退化，严重制约了蔗糖产业的发展，生产上急待推广新品种和主栽品种健康种苗。

● 针对蔗糖生产中存在的种传病害防控关键技术问题，建立健康种苗繁殖、生产规范化制度，推广使用脱毒健康种苗，有效防止危险性病虫害随种苗传播蔓延，增强减灾防灾能力，确保品种质量和甘蔗生产安全，十分必要，这对我国蔗糖产业持续稳定健康发展具有重要意义，有广阔的应用前景。

## ▲甘蔗宿根矮化病是目前我国甘蔗生产上为害最大的病害之一

● 甘蔗宿根矮化病（ratoon stunting disease，RSD）是一种普遍发生于世界各植蔗地区的重要细菌性病害。自1945年澳大利亚发现以来，已有47个国家报道了此病的发生。我国台湾于1954年最先报道，大陆于1986年首次报道，目前此病广泛存在于我国各植蔗省（自治区、直辖市）。

● 云南、广西、广东等蔗区采样检测结果表明，目前栽培品种（品系）中宿根矮化病检出率达100%，田块发病率高达86.5%，蔗株平均感染率为69.05%，干旱缺水时感病率可达100%。RSD田间症状表现为蔗株矮化、分蘖减少、茎秆变细、节间缩短，常误认为是由管理不当或品种退化等其他因素引起，一般导致蔗茎减产10%～30%，干旱天气与缺元素土壤使发病更为严重,减产率可高达60%以上。

● RSD的病原菌寄生于蔗株维管束中，发病无明显外部和内部症状，病原菌难以分离、培养，传统诊断方法极其困难。病菌主要经种茎或宿根传带致使再生植株染病，病株汁液通过耕作机械、砍刀等进行传播，由于外部症状不显著，常经人为无意识传播导致病害大面积扩展蔓延，对甘蔗生产为害极大。

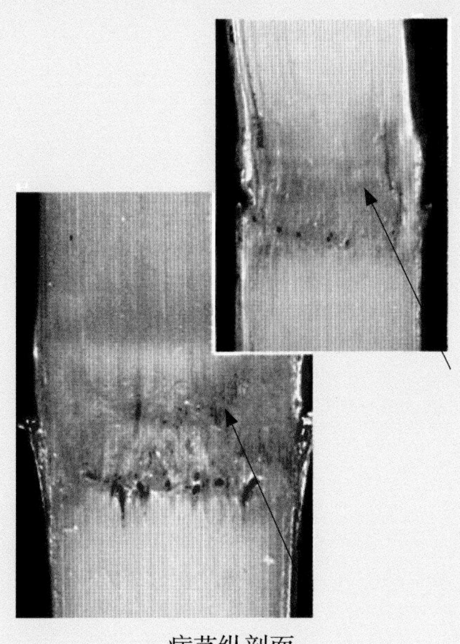
病茎纵剖面

大田蔗株被害状

## ▲甘蔗温水脱毒健康种苗生产技术原理

● 主要脱除对象为甘蔗宿根矮化病菌。

● 宿根矮化病（RSD）由一种棒杆菌属细菌 *Leifsonia xyli* subsp. *xyli* 寄生于蔗株维管束中引起，主要通过蔗种传播蔓延，且传播性极强。RSD属维管束病害，用一般物理、化学方法难以消除，温水处理是防治宿根矮化病的有效方法之一，已在澳大利亚、美国、巴西、南非、菲律宾及我国台湾等地应用多年。

● 温水处理脱毒其依据是宿根矮化病菌与甘蔗细胞对高温忍耐程度不同，利用这一差异，选择适当温度和处理时间，即温水（50±0.5）℃脱毒处理2小时，能直接有效去除带毒蔗种中的RSD病菌，去除率为99%以上。

● 甘蔗花叶病毒耐温性高，虽不能根除，但可使其钝化、浓度降低、运行速度减慢，而甘蔗细胞仍然存活并加快分裂和生长，甘蔗生长健壮，抗病毒能力增强，从而达到脱毒、抗毒目的。

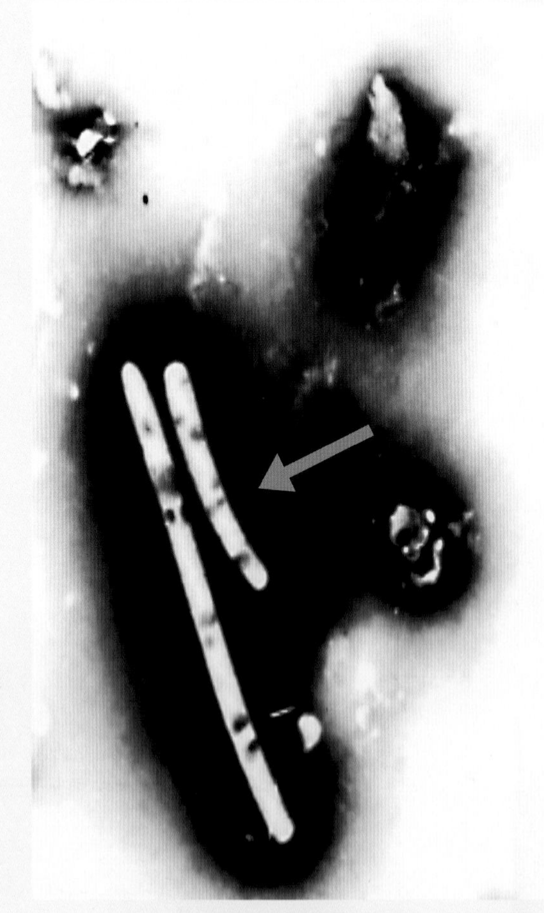

电镜下宿根矮化病病原菌形态（×10 000）

# ▲甘蔗温水脱毒健康种苗生产技术路线

## ▲技术路线

- 调查不同生态蔗区主栽品种和新品种RSD发生和分布情况并采集样品。
- 利用电镜、ELISA及PCR等检测技术对采集样品进行RSD病菌检测，明确RSD病菌致病性。
- 主栽品种和新品种采用温水处理设备进行温水（50 ± 0.5）℃脱毒处理。
- 建立无病种苗圃——三级苗圃制，温水脱毒种苗通过一级、二级、三级专用种苗圃扩繁，为大面积生产提供无病种苗。

## ▲技术路线图及要点

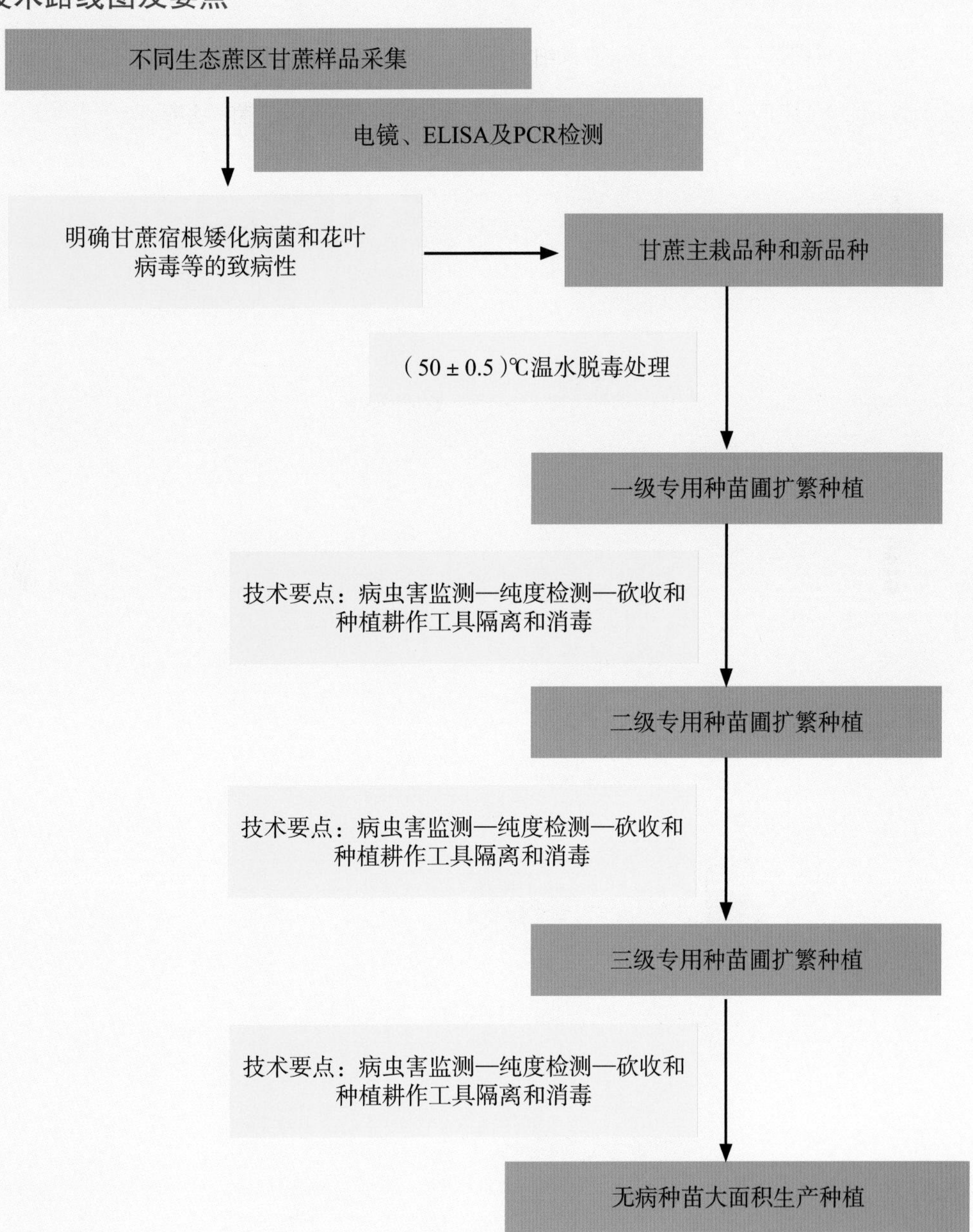


甘蔗温水脱毒种苗生产技术路线图

## ▲甘蔗温水脱毒健康种苗繁殖基地和脱毒处理车间布局

甘蔗温水脱毒健康种苗繁殖基地和脱毒处理车间布局

| 甘蔗种植规模（公顷） | 新植面积（公顷/年） | 用种量（万吨/年） | 二级种苗圃 | | | 一级种苗圃 | | | 脱毒处理车间 | | | |
|---|---|---|---|---|---|---|---|---|---|---|---|---|
| | | | 供种量（万吨/年） | 面积（公顷） | 选址及管理 | 供种量（万吨/年） | 面积（公顷） | 选址及管理 | 年生产脱毒种苗（吨） | 日生产脱毒种苗（吨） | 处理设备（台） | 厂房（米²） |
| 6 667 | 2 333 | 3.5 | 3.5 | 333 | 主产村组；专业种苗户种植管理 | 0.5 | 47 | 交通、管理方便，糖厂附近；集中连片繁殖；专业技术人员承担 | 700 | 6～8 | 1 | 120～160 |
| 13 333 | 4 667 | 7.0 | 7.0 | 667 | 主产村组；专业种苗户种植管理 | 1.0 | 93 | 交通、管理方便，糖厂附近；集中连片繁殖；专业技术人员承担 | 1 400 | （6～8）×2 | 2 | （120～160）×2 |
| 20 000 | 7 000 | 10.5 | 10.5 | 1 000 | 主产村组；专业种苗户种植管理 | 1.5 | 140 | 交通、管理方便，糖厂附近；集中连片繁殖；专业技术人员承担 | 2 100 | （6～8）×3 | 3 | （120～160）×3 |
| 备注 | — | 每亩用种1吨计 | 每亩产7吨计 | — | — | 每亩产7吨计 | — | — | 建在糖厂，充分利用糖厂榨季热水 | | | |

# ▲甘蔗温水脱毒健康种苗生产流程

## ▲样品采集

- 调查不同生态蔗区主栽和新品种宿根矮化病（RSD）发生和分布情况并采集样品。
- 于甘蔗成熟期，选择具有代表性的品种。根据品种、植期分类，随机取样。
- 每个样本取6～10条蔗茎，每条蔗茎截取中下部茎节，用刀切成7厘米左右长，再用钳子挤压25毫升甘蔗汁于50毫升离心管内混匀，样品放于冰箱中，于-20℃保存待用。每取一个样品后均用75%的酒精对取样工具进行消毒。

## ▲病原检测

- 用镜（EM）、血清学（ELISA）及PCR等检测技术对采集样品进行甘蔗宿根矮化病菌检测。
- 根据检测结果，对带有甘蔗宿根矮化病菌的甘蔗品种进行温水脱毒处理。

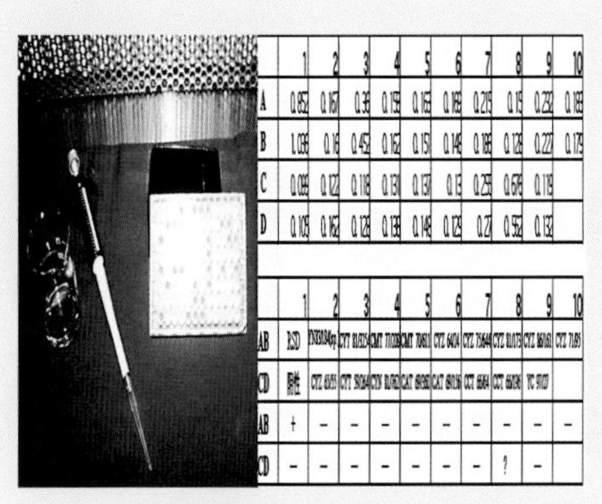

|  | 1 | 2 | 3 | 4 | 5 | 6 | 7 | 8 | 9 | 10 |
|---|---|---|---|---|---|---|---|---|---|---|
| A | 0.852 | 0.167 | 0.36 | 0.159 | 0.163 | 0.169 | 0.215 | 0.15 | 0.232 | 0.183 |
| B | 1.036 | 0.16 | 0.452 | 0.162 | 0.151 | 0.148 | 0.186 | 0.128 | 0.227 | 0.179 |
| C | 0.099 | 0.122 | 0.118 | 0.131 | 0.137 | 0.13 | 0.255 | 0.676 | 0.119 |  |
| D | 0.105 | 0.162 | 0.128 | 0.138 | 0.148 | 0.129 | 0.27 | 0.562 | 0.132 |  |

|  | 1 | 2 | 3 | 4 | 5 | 6 | 7 | 8 | 9 | 10 |
|---|---|---|---|---|---|---|---|---|---|---|
| AB | RSD | YN331834sp | CYT 81/3254 | CMT 71/1209 | CMT 70611 | CYZ 64/04 | CYZ 75/646 | CYZ 81/173 | CYZ 86/161 | CYZ 71/95 |
| CD | 阴性 | CYZ 65/55 | CYT 59/264 | CYN 81/621 | CAT 69/350 | CAT 69/136 | CCT 65/64 | CCT 66/136 | YC 97/27 |  |
| AB | + | - | - | - | - | - | - | - | - | - |
| CD | - | - | - | - | - | - | - | ? | - |  |

甘蔗宿根矮化病菌ELISA检测

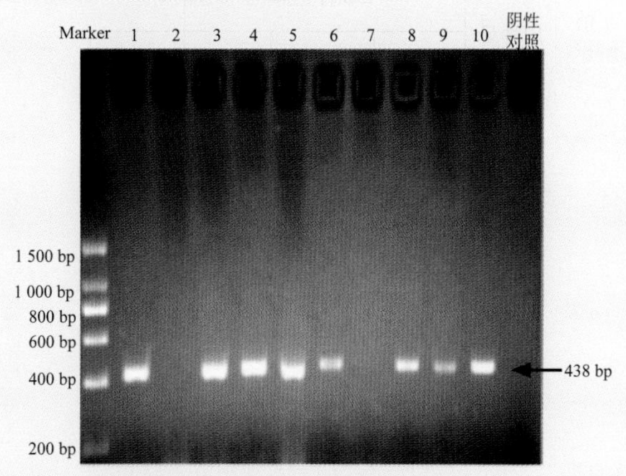


甘蔗宿根矮化病菌PCR检测

采集样品

## ▲甘蔗种苗温水脱毒处理

● 选择生长健壮成熟蔗茎，切成带有2～4个芽节的段（或切成每段170厘米以内），装入网袋（或绑成小捆）堆放于吊篮内。

● 处理池水温加热到51～52℃，放入装有种苗吊篮，使其完全浸没。

● （50±0.5）℃温水脱毒处理2小时，从甘蔗种苗放入处理池开始计时。

● 种苗从处理池吊出后，放入装有50%多菌灵可湿性粉剂800倍液的冷却消毒池浸泡5～10分钟冷却消毒，即可种植。也可摆放1～2天待胚芽硬化后种植。

# 120千瓦甘蔗脱毒热水处理设备操作流程

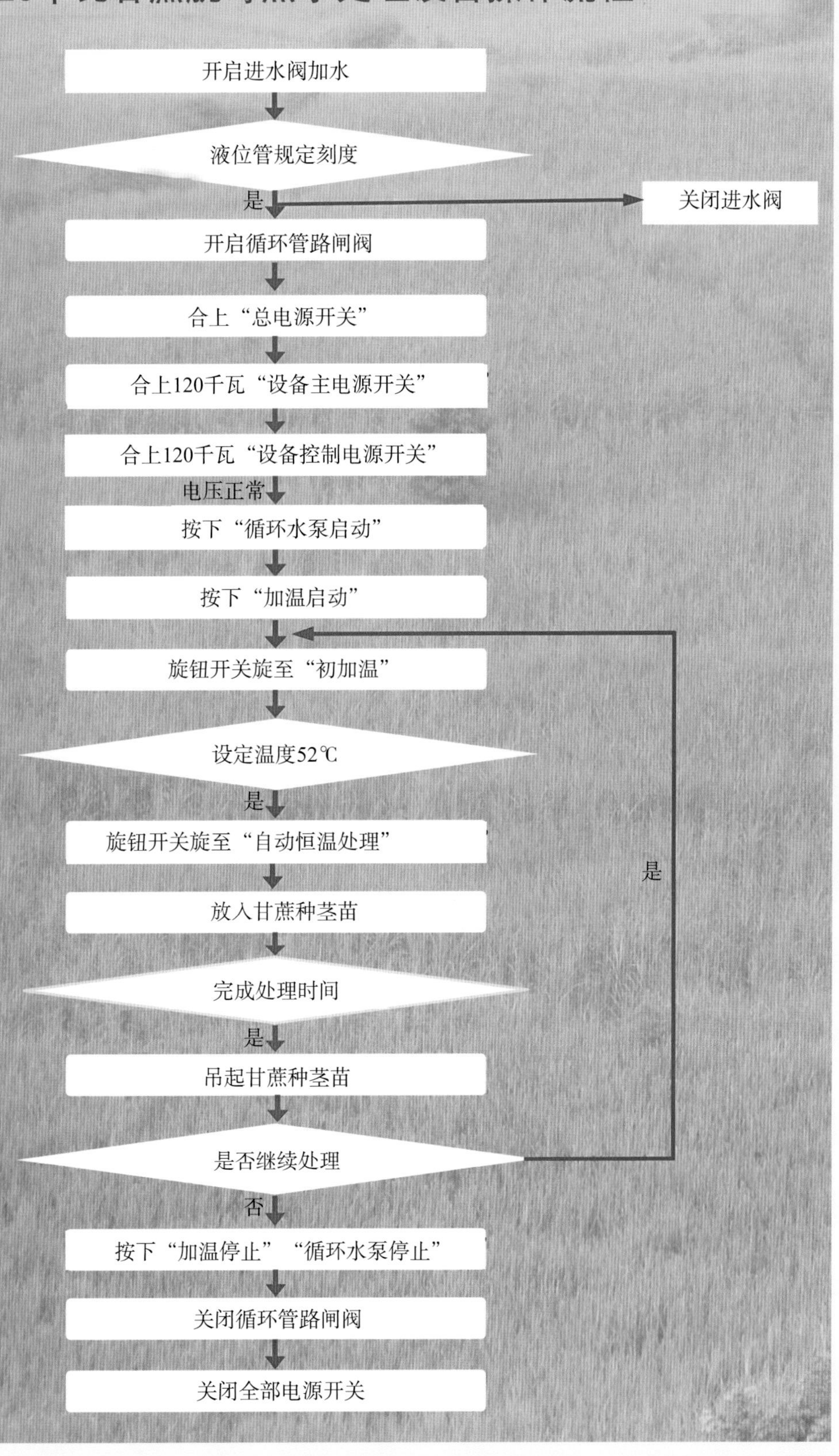

# ▲甘蔗种苗温水脱毒处理设备技术指标及参数

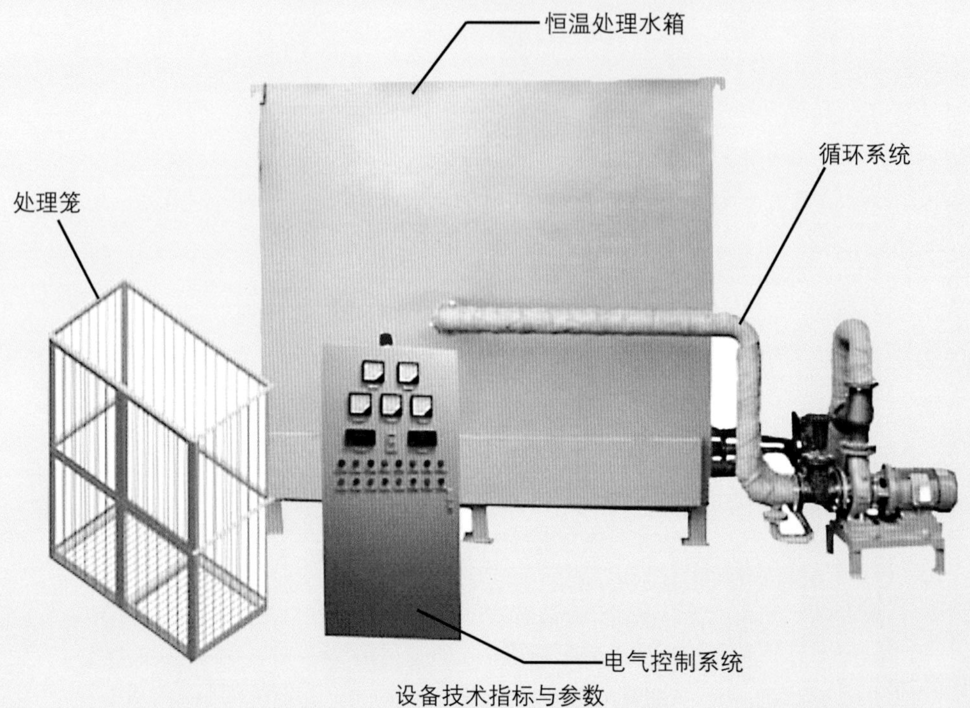


设备技术指标与参数

<table>
<tr><th colspan="8">120千瓦甘蔗种苗温水脱毒处理设备</th></tr>
<tr><td rowspan="15">主要技术参数</td><td rowspan="2">外形尺寸</td><td colspan="2">长（毫米）</td><td colspan="2">宽（毫米）</td><td colspan="2">高（毫米）</td></tr>
<tr><td colspan="2">2 700</td><td colspan="2">2 400</td><td colspan="2">2 700</td></tr>
<tr><td rowspan="2">电加热功率<br>(千瓦)</td><td colspan="3">加 热 功 率</td><td colspan="3">恒 温 功 率</td></tr>
<tr><td colspan="3">120</td><td colspan="3">60</td></tr>
<tr><td>水容量（米³）</td><td colspan="6">13</td></tr>
<tr><td>每次处理量（米³）</td><td colspan="6">3</td></tr>
<tr><td>处理温度（℃）</td><td colspan="6">≤50 ± 0.5</td></tr>
<tr><td>初加温温度（℃）</td><td colspan="6">≤55</td></tr>
<tr><td>温度控制方式</td><td colspan="6">数显智能仪表（无纸记录仪记录温度参数）</td></tr>
<tr><td>温度控制点数</td><td colspan="6">1</td></tr>
<tr><td>温度检测点数</td><td colspan="6">3</td></tr>
<tr><td>热 源 类 型</td><td colspan="6">电热型</td></tr>
<tr><td>控 制 精 度（℃）</td><td colspan="6">≤ ± 0.5</td></tr>
<tr><td>水位控制</td><td colspan="6">自动</td></tr>
<tr><td>恒温处理时间控制</td><td colspan="6">自动控制时间、到时报警</td></tr>
</table>

注：每次可处理1.2 ~ 1.6吨；每天可处理6 ~ 8吨；每年可处理600 ~ 800吨。

# ▲甘蔗温水脱毒健康种苗生产成本核算

甘蔗温水脱毒健康种苗每吨生产成本核算表

| 项　　目 | 费　用 |
| --- | --- |
| 用电 | 75千瓦·时×0.85元/（千瓦·时）=63.75元 |
| 用水 | 0.6米$^3$×2.6元/米$^3$=1.56元 |
| 设备操作用工 | 15元 |
| 装卸调运（30千米） | 101.74元 |
| 设备折旧（20年） | 500 000元÷20年÷700吨=35.71元 |
| 合计 | 217.76元 |
| 利用糖厂热水用电减少一半 | 217.76元-31.88元=185.88元 |

注：生产1吨脱毒种苗，经一级、二级扩繁，可提供50吨生产用脱毒种苗。

# ▲甘蔗温水处理健康种苗繁殖

● 在工厂化生产温水脱毒健康种苗基础上，建立无病种苗圃三级苗圃制。温水脱毒健康种苗通过一、二、三级专用种苗圃扩繁，为大面积生产提供无病种苗。

● 在云南，多数单元蔗区面积小，温水脱毒种苗宜通过一、二级专用种苗圃扩繁，提供生产种植，即可满足生产需求量。

## ▲苗圃选址

● 苗圃应位于交通和管理都比较方便的地方。排灌方便，地势平坦，地块土质、肥力均较好，水利设施配套、田间道路完善。一级苗圃宜设在温水脱毒种苗生产车间附近。

## ▲种苗繁育

● 一级苗圃专用于繁育经温水处理的脱毒种苗。脱毒种苗摆放1～2天待胚芽硬化后种植，每亩下种量为8 000～10 000芽，双行接顶摆放（与当地常规种植方式相同）。一级苗圃需强化病虫害综合防治，各项操作应由经过培训的技术人员担任。

● 二级苗圃大量繁育从一级苗圃收获的蔗种，从下种开始直至收获，都应由专业种植大户加强田间管理，专业技术人员定期巡查指导病虫害防治。二级苗圃收获的蔗种即为生产用脱毒种苗，可供蔗农种植。

## ▲田间管理

● 田间施肥及栽培管理按照当地生产实际。注重病虫害监测、种苗纯度检测。种苗砍收和种植全过程中，用于接触甘蔗的工具应用75%的酒精消毒。

脱毒种苗苗圃繁殖

## ▲甘蔗温水脱毒健康种苗配套高产综合栽培技术

● 在脱毒种苗圃繁殖过程中，配套以地膜覆盖、配方施肥、化学除草、病虫害综合防治等高产综合技术栽培，可提高甘蔗脱毒健康种苗繁殖倍数和增产效能、降低生产成本，加快推广应用。

种苗消毒、浸种处理

下种栽培

喷施除草剂和进行地膜覆盖

加强田间管理

温水脱毒种苗长相健壮

## ▲甘蔗温水脱毒健康种苗质量要求及监测

● 在脱毒种苗各级苗圃繁育过程中，利用电镜（EM）、血清学（ELISA）及PCR等检测技术，采集样品进行宿根矮化病菌检测。经EM、ELISA或PCR检测呈阳性者为带毒种苗，各级种苗带毒允许率及其他质量要求见下表。根据检测结果，达到脱毒健康种苗标准后，可提供蔗农种植，逐级进行推广。

| 项　目 | 要　求 | | | | | |
|---|---|---|---|---|---|---|
| | 品种纯度（%） | 夹杂物（%） | 茎径（厘米） | 含水量（%） | 发芽率（%） | 带毒检出率（%） |
| 一级苗圃种苗 | 100.0 | ≤1.0 | ≥2.2 | 60 ~ 75 | ≥80.0 | 0 |
| 二级苗圃种苗 | 100.0 | ≤1.0 | ≥2.2 | 60 ~ 75 | ≥80.0 | ≤5.0 |
| 三级苗圃种苗 | 100.0 | ≤1.0 | ≥2.2 | 60 ~ 75 | ≥80.0 | ≤10.0 |

## ▲甘蔗温水脱毒种苗性能特点

● 温水脱毒处理是国际上广泛采用的脱毒健康种苗生产技术，操作简单、成本低、简便易行。田间栽种管理与大田生产一致，蔗农易于接受。

● 与常规种苗相比，脱毒种苗在整个生长期中都表现出明显生长优势，早生快发、伸长拔节早、长相健壮；株高、茎径、有效茎数等参数指标均明显高于带病种苗，增产增糖效果十分显著。

● 健康种苗种植，平均每亩产量比传统种植提高1吨以上，按吨蔗价420元计，每亩增收420元；甘蔗糖分提高0.5%，延长宿根年限2 ~ 3年。

温水脱毒种苗应用效果

## ▲甘蔗温水处理健康种苗试验示范结果

甘蔗温水处理健康种苗试验示范结果（云南开远，2007年3月至2012年3月平均值）

| 品种名称 | 处理 | 出苗率（%） | 出苗率比对照增(%) | 株高(厘米) | 株高比对照增(厘米) | 茎径(厘米) | 茎径比对照增(厘米) | 每亩有效茎（条） | 每亩有效茎比对照增(条) | 每亩产量(千克) | 每亩产量比对照增(千克) | 每亩产量增幅(%) | 甘蔗糖分(%) | 甘蔗糖分比对照增(%) | （RSD）-PCR检测 |
|---|---|---|---|---|---|---|---|---|---|---|---|---|---|---|---|
| 粤糖93-159 | 温水处理 | 78.25 | 32.86 | 201 | 31 | 2.76 | 0.19 | 5 769 | 1 546 | 5 510 | 1 664 | 43.27 | 17.13 | 0.57 | - |
| | 对照 | 45.39 | — | 170 | — | 2.57 | — | 4 223 | — | 3 846 | — | — | 16.56 | — | + |
| ROC10 | 温水处理 | 61.77 | 21.74 | 197 | 8 | 2.86 | 0.19 | 4 373 | 261 | 4 914 | 1 578 | 47.3 | 16.08 | 0.86 | - |
| | 对照 | 40.03 | — | 189 | — | 2.67 | — | 4 112 | — | 3 336 | — | — | 15.22 | — | + |
| 闽糖69-421 | 温水处理 | 62.53 | 14.21 | 238 | 8 | 2.84 | 0.24 | 5 242 | 380 | 5 221 | 1 279 | 32.45 | 17.57 | 0.68 | - |
| | 对照 | 48.32 | — | 230 | — | 2.60 | — | 4 862 | — | 3 942 | — | — | 16.89 | — | + |
| ROC25 | 温水处理 | 60.74 | 1.47 | 250 | 1 | 2.73 | 0.29 | 5 587 | 627 | 5 652 | 936 | 19.85 | 15.99 | 0.37 | - |
| | 对照 | 59.27 | — | 249 | — | 2.44 | — | 4 960 | — | 4 716 | — | — | 15.62 | — | + |
| 桂糖17号 | 温水处理 | 55.72 | 6.56 | 268 | 22 | 2.80 | 0.35 | 6 736 | 928 | 6 627 | 2 479 | 59.76 | 15.66 | 0.35 | - |
| | 对照 | 49.16 | — | 246 | — | 2.45 | — | 5 808 | — | 4 148 | — | — | 15.31 | — | + |
| 备注 | | 新植(1年)3个重复平均值 | | | | | | | | 新植宿根(5年)砍收实产平均值 | | | 新植(1年)3个重复平均值 | | 新植宿根(5年)检测结果一致 |

注：“+”表示RSD检测结果阳性；“-”表示RSD检测结果阴性。

## ▲甘蔗温水脱毒种苗示范与应用

● 2008年在开远、弥勒良繁基地进行云蔗99-91、粤糖93-159、ROC25、ROC10等主栽及新品种脱毒处理试验示范30多公顷，为大田生产提供一级脱毒种苗2 000吨。

● 2009年分别在开远、弥勒、瑞丽、陇川安排布置了ROC22、ROC10、云蔗99-91、粤糖93-159等16个主栽及新品种温水脱毒种苗技术示范近70公顷，为大田生产提供一级脱毒种苗4 000吨。脱毒种苗示范效果显著，与常规种苗相比，甘蔗增产20%以上。

● 2008—2009年连续2年通过举办“甘蔗新品种新技术推介会”，重点就温水脱毒种苗生产技术及展示示范效果进行了推介和现场观摩，与会人员对温水脱毒健康种苗生产技术有了深入的认识和了解，特别对脱毒种苗显著效果表示出浓厚兴趣，各地踊跃引进脱毒种苗进行展示示范，为温水脱毒种苗生产技术推广应用产生了积极作用。

● 2009年云南省农业科学院甘蔗研究所成功在广西英糖公司(宜州)示范建设了一套日处理6 ~ 10吨温水脱毒健康种苗生产车间，2011年示范种植2 000公顷，温水脱毒健康种苗示范效果显著。

温水脱毒处理车间

温水脱毒健康种苗应用效果

- 2010年1月在耿马临沧南华公司示范建设了一套日处理6～10吨温水脱毒种苗生产车间，2011年推广示范278公顷，核心区比常规种苗平均每亩增产1.32吨，增幅23.5%。

- 2011年先后在新平云新公司、南恩公司、云县凤糖公司、双江南华公司、勐海版纳英茂公司建成温水脱毒种苗生产车间5间，当年即生产脱毒种苗800多吨进行示范种植。

- 2012年在元江金珂公司、盈江德宏英茂公司、施甸康丰公司、昌宁康丰公司、凤庆凤糖公司新建温水脱毒种苗生产车间6间，全省年生产脱毒种苗规模可达万吨以上，为云南推广应用脱毒健康种苗奠定坚实基础。

- 2012年云南4个国家糖料生产基地建设温水脱毒种苗生产车间4间，全省年生产脱毒种苗规模达2万吨以上，为云南蔗区全面推广应用脱毒健康种苗提供有力支撑和种源保障。

甘蔗温水脱毒种苗生产车间建设与应用

## ▲甘蔗温水脱毒种苗示范与应用

**图书在版编目 (CIP) 数据**

现代甘蔗病虫草害诊治彩色图谱 / 黄应昆，李文凤主编. —北京：中国农业出版社，2023.4 (2023.8重印)
ISBN 978-7-109-30575-5

Ⅰ. ①现… Ⅱ. ①黄… ②李… Ⅲ. ①甘蔗－病虫害防治－图解②甘蔗－除草－图解 Ⅳ. ①S435.661-64

中国国家版本馆CIP数据核字 (2023) 第056576号

中国农业出版社出版
地址：北京市朝阳区麦子店街 18 号楼
邮编：100125
责任编辑：阎莎莎　　文字编辑：董　倪
版式设计：王　晨　　责任校对：刘丽香
印刷：北京中科印刷有限公司
版次：2023年 4 月第 1 版
印次：2023年 8 月北京第 2 次印刷
发行：新华书店北京发行所
开本：787mm×1092mm　1/16
印张：13　　插页：8
字数：308 千字
定价：88.00 元